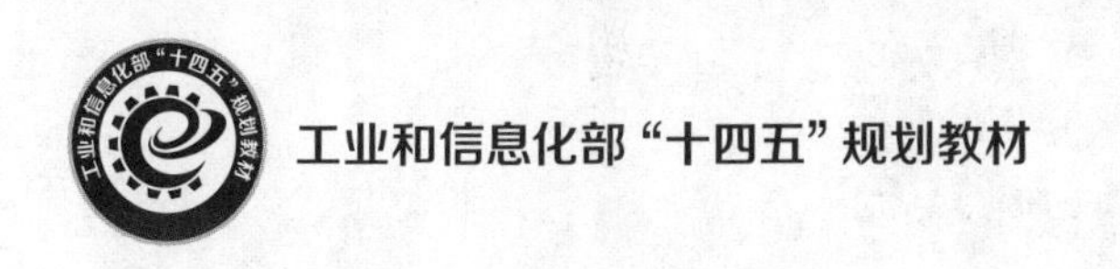

名校名师精品系列教材

Practical Application of JavaScript+jQuery Program Design and Development

JavaScript+jQuery 程序设计开发实战

慕课版

刘斌 权小红 | 主编

管文强 鲁大林 裴拯 | 副主编

人民邮电出版社

北京

图书在版编目（CIP）数据

JavaScript+jQuery程序设计开发实战 : 慕课版 / 刘斌, 权小红主编. -- 北京 : 人民邮电出版社, 2024.4
名校名师精品系列教材
ISBN 978-7-115-63763-5

Ⅰ. ①J… Ⅱ. ①刘… ②权… Ⅲ. ①JAVA语言－程序设计－教材 Ⅳ. ①TP312.8

中国国家版本馆CIP数据核字(2024)第035975号

内 容 提 要

本书从 JavaScript 的基础语法开始，由浅入深、循序渐进地引领读者进入 JavaScript 的开发世界，同时也介绍了 jQuery 的使用方法。本书共 6 个单元，主要包括 JavaScript 基础、面向对象编程、浏览器对象模型（BOM）、文档对象模型（DOM）、事件和 jQuery。通过本书的学习，读者不仅可以掌握 JavaScript 的基本语法和常用功能，还可以熟练运用 jQuery 来简化和优化 Web 开发过程，提升开发效率。

本书既可作为应用型本科院校和高职高专学校计算机相关专业的教材，也可作为各类计算机培训班的教材。

◆ 主　　编　刘　斌　权小红
副 主 编　管文强　鲁大林　裴　拯
责任编辑　刘　佳
责任印制　王　郁　焦志炜

◆ 人民邮电出版社出版发行　　北京市丰台区成寿寺路 11 号
邮编　100164　　电子邮件　315@ptpress.com.cn
网址　https://www.ptpress.com.cn
三河市君旺印务有限公司印刷

◆ 开本：787×1092　1/16
印张：19.25　　2024 年 4 月第 1 版
字数：460 千字　　2024 年 4 月河北第 1 次印刷

定价：69.80 元

读者服务热线：(010)81055256　印装质量热线：(010)81055316
反盗版热线：(010)81055315
广告经营许可证：京东市监广登字 20170147 号

前　言

JavaScript 是一种脚本语言，JavaScript 代码可以直接嵌入 HTML 文件，由浏览器一边解释一边执行。近几年随着前端主流框架的普及和 Node.js 在服务器端的广泛应用，作为它们共同的底层基础语言，JavaScript 越来越多地受到 Web 开发者的重视。

本书由学习目标、综合项目实训、单元小结、拓展练习等内容组成，部分重要知识点配有相关参考视频，读者可以通过扫描二维码查看视频并学习。通过对正文部分的学习，读者可以掌握实现每一单元实际案例所需的知识。通过将综合项目实训进行任务分解，完成各个子任务的设计与编码，读者可以最终实现每一单元的学习目标。

本书融入了素养拓展内容，旨在引导学生在学习 JavaScript 和 jQuery 的同时，树立正确的思想观念，培养学生刻苦学习的习惯，帮助学生树立人生的长远目标。这些思想观念与党的二十大精神中的“艰苦奋斗”“自力更生”“实事求是”等精神相契合，有助于学生在学习 JavaScript 和 jQuery 的过程中形成正确的思维方式和行为准则，为未来的发展打下坚实的基础。

本书读者对象如下。

（1）对 Web 前端开发有兴趣，具有一定 HTML、CSS 开发经验的人员。

（2）应用型本科院校与高职高专学校计算机相关专业的学生。

本书由刘斌、权小红任主编，管文强、鲁大林、裴拯任副主编，赵香会、殷兆燕参编。

在编写本书的过程中编者得到了朱利华、陈湘军、郭永洪、叶期财、叶青松、李娜、王雨萱等老师的大力支持和帮助，他们提出了许多宝贵的意见和建议，在此向他们表示衷心的感谢。

由于编者水平有限，书中难免存在疏漏之处，恳请广大读者批评指正。

编　者

2023 年 10 月

目　录 CONTENTS

单元 1 JavaScript 基础

在 Web 前端开发中，超文本标记语言（Hypertext Markup Language，HTML）、层叠样式表（Cascading Style Sheets，CSS）和 JavaScript 是开发网页所必备的技术。掌握了 HTML 和 CSS 技术之后，就已经能够编写出各式各样的网页了，但若想让网页具有良好的交互性，JavaScript 技术就是一个极佳的选择。本单元将介绍 JavaScript 的基本概念，并通过实践案例来带领读者体验 JavaScript 编程。

学习目标

知识目标

- 熟悉 JavaScript 的用途和发展状况。
- 理解 JavaScript 与 ECMAScript 的关系。
- 掌握 JavaScript 的基本语法。
- 掌握 JavaScript 中数组的用法。
- 掌握 JavaScript 中函数的基本概念和用法。

能力目标

- 能够使用开发工具编写 JavaScript 程序。
- 能够定义变量、编写语句，实现简单的函数功能。
- 能够创建项目基本框架，实现简单的功能。

素质目标

- 培养学生社会责任感，使学生牢记专业使命，肩负专业的社会责任，促进社会的良性发展。
- 培养学生良好的行为习惯，引导学生形成真善美的良好品质，具备大局意识和社会服务意识。
- 通过综合项目实训，引导学生理解敬业、精益、专注、创新等工匠精神的基本内涵，养成追求卓越的创造精神、精益求精的品质精神和用户至上的服务精神。

1.1 JavaScript 概述

JavaScript 是目前 Web 应用程序开发者使用最为广泛的客户端脚本语言之一，它可用来开发交互式的 Web 页面，更重要的是它将 HTML、可扩展标记语言（eXtensible Markup Language，XML）和 Java Applets、Flash 等功能强大的 Web 对象有机结合起来，使开发人员能快捷生成在 Internet 或 Intranet 上使用的分布式应用程序。另外由于 Windows 对 JavaScript

有较为完善的支持，并提供二次开发的接口，便于 JavaScript 程序访问操作系统各组件并实施相应的管理功能，所以 JavaScript 成为 Windows 系统里使用最为广泛的脚本语言之一。

1.1.1 JavaScript 的发展历史

微课 1

扫码观看微课视频

20 世纪 90 年代初期，大部分 Internet 用户使用 28.8kbit/s 的 Modem 连接网络，进行网上冲浪。为解决网页功能简单的问题，HTML 文件变得越来越复杂和庞大，更让用户痛苦的是，为验证一个表单的有效性，客户端必须与服务器端进行多次的数据交互。难以想象这样的情景：当用户填完表单，单击鼠标进行提交后，经过漫长的几十秒的等待，服务器端返回的不是"提交成功！"，而是"某某字段必须为阿拉伯数字，请单击按钮返回上一页面重新填写表单！"的错误提示！当时业界已经开始考虑开发一种客户端脚本语言来处理诸如验证表单数据合法性等简单而实用的问题。

1995 年网景（Netscape）公司和太阳微系统（Sun）公司联合开发出 JavaScript 脚本语言，并在 Netscape Navigator（网景浏览器）2 中实现了 JavaScript 脚本规范的第一个版本，即 JavaScript 1.0，不久 JavaScript 就显示了其强大的生机和发展潜力。当时 Netscape Navigator 几乎"主宰"着 Web 浏览器市场，而 Microsoft 的 Internet Explorer（简称 IE）则扮演追赶者的角色。为了跟上 Netscape 步伐，Microsoft 公司在其 Internet Explorer 3 中以 JScript 为名发布了一个 JavaScript 的"克隆"版本 Jscript 1.0。

1997 年，为了避免无效竞争，同时解决 JavaScript 几个版本语法、特性等方面的混乱问题，JavaScript 1.1 作为草案提交给欧洲计算机制造商协会（European Computer Manufacturers Association，ECMA），并由 Netscape、Sun、Microsoft、Borland 及其他一些对脚本语言比较感兴趣的公司组成的第 39 技术委员会（Technical Committee 39，TC39）协商并推出了 ECMA-262 标准版本，其定义了以 JavaScript 为蓝本的全新的 ECMAScript 脚本语言。ECMA-262 标准 Edition1 删除了 JavaScript 1.1 中与浏览器相关的部分，同时要求对象是平台无关的并且支持 Unicode 标准。

在接下来的几年，国际标准化组织/国际电工委员会（International Organization for Standardization/International Electrotechnical Commission，ISO/IEC）采纳 ECMAScript 作为 Web 脚本语言标准（ISO/IEC-16262）。从此，ECMAScript 作为 JavaScript 脚本的基础，开始得到越来越多的浏览器厂商在不同程度上的支持。

为了与 ISO/IEC-16262 标准严格一致，ECMA-262 标准 Edition2 发布了，此版本并没有添加、更改和删除内容。ECMA-262 标准 Edition3 更新了字符串处理、错误定义和数值输出等方面的功能，同时增加了对 try...catch 异常处理、正则表达式、新的控制语句等方面的支持。这标志着 ECMAScript 成为一门真正的编程语言，以 ECMAScript 为核心的 JavaScript 脚本语言得到了迅猛的发展。ECMA-262 标准 Edition 5.1 版本于 2011 年制定完成，明确了类的定义方法和命名空间等概念。

1999 年 6 月 ECMA 发布 ECMA-290 标准，其主要添加了用 ECMAScript 来开发可复用组件的内容。

2005 年 12 月 ECMA 发布 ECMA-357 标准（ISO/IEC 22537），主要增加了对可扩展标记语言（XML）的有效支持。

2007 年 10 月，ECMAScript 4.0 草案发布，相对 3.0 版本做了大幅升级，预计次年 8 月发布正式版本。草案发布后，由于 4.0 版本的目标过于激进，各方对于是否通过这个标准，产生了严重分歧。以雅虎（Yahoo）、Microsoft、谷歌（Google）为首的大公司，反对 JavaScript 的大幅升级，主张小幅改动；JavaScript 创造者 Brendan Eich 所在的 Mozilla 公司，则坚持当前的草案。

2008 年 7 月，由于对于下一个版本应该包括哪些功能，各方分歧太大，争论过于激烈，ECMA 开会决定，中止 ECMAScript 4.0 的开发（即废除了这个版本），将其中涉及现有功能改善的一小部分，发布为 ECMAScript 3.1，而将其他激进的设想扩大范围，放入以后的版本。考虑到会议的气氛，该版本的项目代号起名为和谐（Harmony）。会后不久，ECMAScript 3.1 就改名为 ECMAScript 5.0。

2009 年 12 月，ECMAScript 5.0 正式发布。Harmony 项目则一分为二，一些较为可行的设想定名为 JavaScript.next 继续开发，后来演变成 ECMAScript 6；一些不是很成熟的设想，则被视为 JavaScript.next.next，在更远的将来再考虑推出。TC39 的总体考虑是，ECMAScript 5 与 ECMAScript 3 基本保持兼容，较大的语法修正和新功能加入，将由 JavaScript.next 完成。当时，JavaScript.next 指的是 ECMAScript6。6.0 版本发布以后，JavaScript.next 将指 ECMAScript 7。TC39 表示，ECMAScript 5 会在 2013 年的年中成为 JavaScript 开发的主流标准，并在此后 5 年中一直保持这个位置。

2011 年 6 月，ECMAScript 5.1 发布，并且成为 ISO 国际标准（ISO/IEC16262:2011）。到了 2012 年底，几乎所有主流浏览器都支持 ECMAScript 5.1 的全部功能。

2013 年 3 月，ECMAScript 6 草案冻结，不再添加新功能。新的功能设想将被放到 ECMAScript 7。

2013 年 12 月，ECMAScript 6 草案发布。然后进入 12 个月的讨论期，听取各方反馈。

2015 年 6 月，ECMAScript 6 正式发布，并且更名为“ECMAScript 2015”。这是因为 TC39 计划，以后每年发布一个 ECMAScript 的版本。

2016 年，ECMAScript 2016（ES7）发布，引入用于检查数组中是否包含特定项的了 Array.prototype.includes()方法。

2017 年 ECMAScript 2017（ES8）发布，引入了一些新的语言特性，包括用于简化异步编程的 async/await 关键字；用于操作对象的值和键值对等的 Object.values()和 Object.entries()方法。

2018 年 ECMAScript 2018（ES9）发布，引入了一些新的功能，包括用于处理对象和数组的解构和扩展的 Rest/Spread 属性等。

2019 年 ECMAScript 2019（ES10）发布，引入了一些新的语言特性，包括用于操作嵌套数组的 Array.prototype.flat()和 Array.prototype.flatMap()方法等。

2020 年 ECMAScript 2020（ES11）发布，引入了一些新的功能，包括用于处理大整数的 BigInt 类型等。

ECMAScript 不断推出新的功能和语法糖，以提供更好的开发体验和更强的语言能力。目前，最新的版本是 ECMAScript 2021（ES12），它引入了一些新的功能，如 String.prototype.replaceAll()方法、Promise.any()方法、WeakRefs 和 FinalizationRegistry 等。

微课 2

扫码观看微课视频

1.1.2 JavaScript 特点

JavaScript 是一种基于对象和事件驱动并具有相对安全性的客户端脚本语言，主要用于创建交互性较强的动态页面，主要具有如下特点。

（1）基于对象：JavaScript 是基于对象的脚本编程语言，能通过文档对象模型（Document Object Model，DOM）及自身提供的对象及操作方法来实现所需的功能。

（2）事件驱动：JavaScript 采用事件驱动方式，能响应键盘事件、鼠标事件及浏览器窗口事件等，并能执行指定的操作。

（3）解释型语言：JavaScript 是一种解释型脚本语言，无须通过专门编译器编译，而是在引入 JavaScript 脚本的 HTML 文件载入时被浏览器逐行地解释，可大大节省客户端与服务器端进行数据交互的时间。

（4）实时性：JavaScript 事件处理是实时的，不经服务器就可以直接对客户端的事件做出响应，并用处理结果实时更新目标页面。

（5）动态性：JavaScript 提供简单高效的语言流程，灵活处理对象的各种方法和属性，同时及时响应文档页面事件，实现页面的交互性和动态性。

（6）跨平台：JavaScript 脚本的正确执行依赖于浏览器，而与具体的操作系统无关。只要客户端装有支持 JavaScript 脚本的浏览器，JavaScript 脚本执行结果就能正确反映在客户端的浏览器平台上。

（7）开发使用简单：JavaScript 程序基本结构类似 C 语言程序，均采用小程序段的方式编程，通过简易的开发平台和便捷的开发流程，就可以引入 HTML 文件中供浏览器解释执行。同时 JavaScript 的变量类型是弱类型，使用不严格。

（8）相对安全性：JavaScript 是客户端脚本语言，JavaScript 程序通过浏览器解释执行。JavaScript 不允许访问本地的硬盘，并且不能将数据存到服务器上，不允许对网络文档进行修改和删除，只能通过浏览器实现信息浏览或动态交互，从而有效地防止数据的丢失。

综上所述，JavaScript 是一种有较强生命力和发展潜力的脚本语言。它可以被直接引入 HTML 文件，供浏览器解释执行，直接响应客户端事件，如验证表单数据合法性；并调用相应的处理方法，迅速返回处理结果并更新页面，满足 Web 交互性和动态性的要求；同时将大部分的工作交给客户端处理，将 Web 服务器的资源消耗降到最低。

1.1.3 JavaScript 常用功能

JavaScript 脚本语言由于其效率高、功能强大等特点，在表单数据合法性验证、网页特效设计、交互式菜单设计、动态页面设计、数值计算等方面获得广泛的应用，甚至出现了完全使用 JavaScript 编写的基于 Web 浏览器的类 Unix 操作系统 JS/UIX 和无须安装即可使用的中文输入法程序 JustInput，可见 JavaScript 脚本编程能力不容小觑！下面仅介绍 JavaScript 常用功能。

微课 3

扫码观看微课视频

1. 表单数据合法性验证

使用 JavaScript 脚本语言能有效验证客户端提交的表单数据的合法性，如数据合法则执行下一步操作，否则返回错误提示信息，如图 1-1 所示。

2. 网页特效

使用 JavaScript 脚本语言，结合文本对象模型（Document Object Model，DOM）和层叠样式表能创建绚丽多彩的网页特效，如火焰状闪烁文字、文字环绕光标旋转等。火焰状闪烁文字特效如图 1-2 所示。

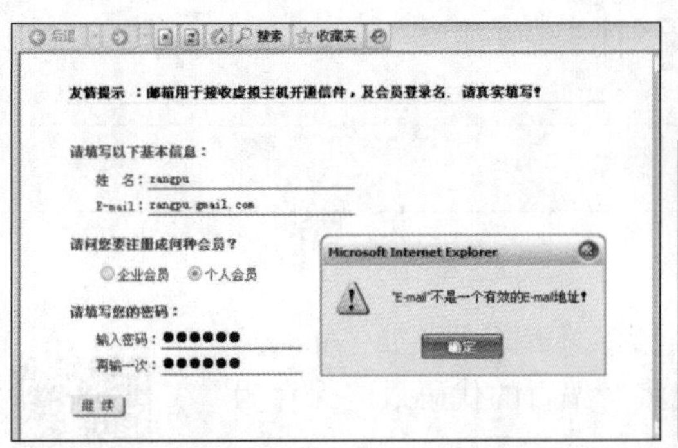

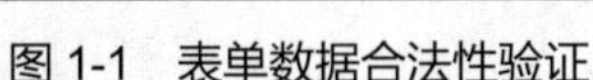
图 1-1 表单数据合法性验证

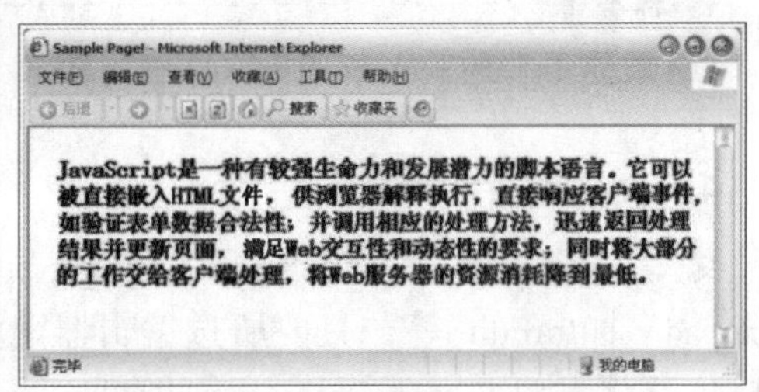

图 1-2 火焰状闪烁文字特效

3. 交互式菜单

使用 JavaScript 脚本可以创建具有动态效果的交互式菜单，效果完全可以与 Flash 制作的页面导航菜单相媲美。如图 1-3 所示，在页面内任何位置单击，将在其周围出现导航菜单。

4. 动态页面

使用 JavaScript 脚本可以对 Web 页面的所有元素对象进行访问，即使用对象的方法访问元素也可修改其属性实现动态页面效果，其典型应用如网页版《俄罗斯方块》、扑克牌游戏等。图 1-4 所示为网页版《俄罗斯方块》游戏。

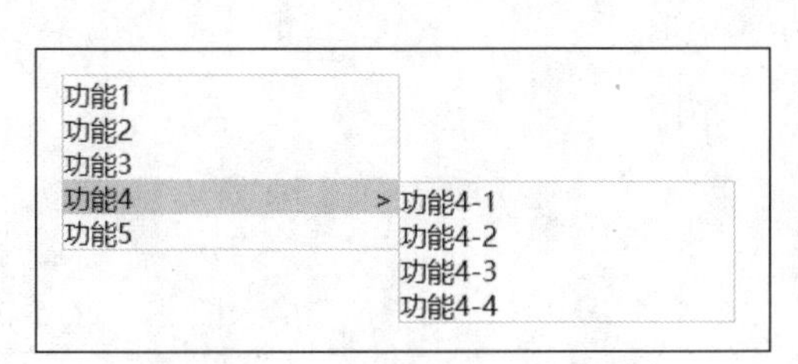

图 1-3 动态的交互式菜单

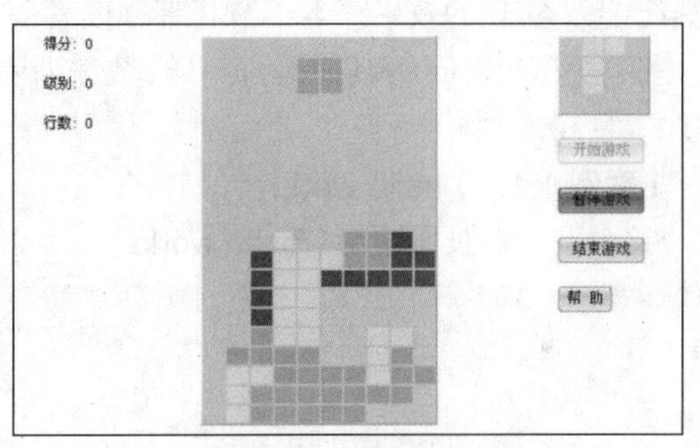

图 1-4 网页版《俄罗斯方块》游戏

5. 数值计算

JavaScript 脚本将数据类型作为对象，并提供丰富的操作方法用于数值计算。图 1-5 所示为用 JavaScript 脚本编写的计算器。

图 1-5 网页版计算器

JavaScript 脚本的应用远非如此，Web 应用程序开发者将其与 XML 有机结合，并引入 Java Applets 和 Flash 等小插件，就能实现功能强大并集可视性、动态性和交互性于一体的 HTML 页面，吸引更多的客户来浏览网站。

结合 DOM 所定义的文档结构，JavaScript 可用于多框架的 HTML 页面中框架之间的数据交互。同时利用 Windows 提供给 JavaScript 特有的二次编程接口，客户端可以通过编写非常短小的 JavaScript 脚本文件（.js 格式），通过内嵌的解释执行平台 Windows 脚本宿主

（Windows Script Host，WSH）来实现高效的文件系统管理。

> **思考**
> 说说你了解的 JavaScript 的应用场景。

1.1.4 JavaScript 编辑器

微课 4

扫码观看微课视频

编写 JavaScript 脚本代码时可以选择普通的文本编辑器，如 Windows Notepad、UltraEdit 等，只要所选编辑器能将所编辑的代码最终保存为 HTML 文件类型（.htm、.html 等）即可。

编者依然建议 JavaScript 脚本程序开发者在起步阶段使用主流的 Web 开发编辑器，如 HBuilder（HBuilderX）、Visual Studio Code 等进行开发。同时，如果脚本代码出现错误，可用编辑器打开源文件（格式为.html、.html 或.js）修改后保存，并重新使用浏览器查看效果。重复此过程直到没有错误出现为止。

1.1.5 JavaScript 基本用法

JavaScript 已经成为 Web 应用程序开发中一门流行的语言，成为编写客户端脚本的首选语言。网络上有着形态各异的、实现了不同功能的 JavaScript 脚本，但用户也许并不了解 JavaScript 脚本是如何被浏览器解释执行的，更不知如何开始编写自己的 JavaScript 脚本来实现自己想要实现的效果。本小节将带领读者一步步踏入 JavaScript 脚本语言编程的大门。

像学习 C、Java 等其他语言一样，先来看看使用 JavaScript 脚本语言编写的“hello world”程序。

【案例 1.1.1】hello world

这个例子在页面输出“hello world”。

```
<!DOCTYPE html>
<html>
    <head>
        <meta charset="utf-8">
        <title></title>
        <script language="javascript" type="text/javascript">
             document.write("hello world");
        </script>
    </head>
    <body>
    </body>
</html>
```

将上述代码保存为.html（或.htm）文件并双击打开，系统调用默认浏览器解释执行，效果如图 1-6 所示。

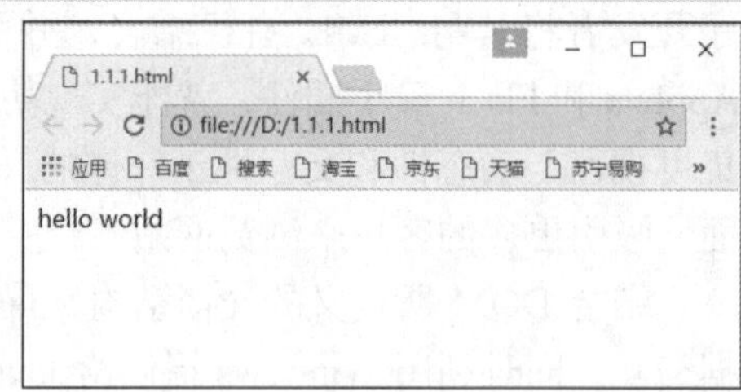

图 1-6　案例 1.1.1 输出效果

JavaScript 脚本编程一般分为如下步骤：

① 选择 JavaScript 编辑器编辑脚本代码；

② 将 JavaScript 脚本代码引入 HTML 文件；

③ 选择支持 JavaScript 脚本的浏览器浏览 HTML 文件；

④ 如果出现错误则检查并修正源代码，重新浏览；重复此过程直至代码正确为止；

⑤ 处理不同浏览器的兼容性问题。

由于 JavaScript 脚本代码是引入 HTML 文件后被浏览器解释执行的，所以开发 JavaScript 脚本代码并不需要特殊的编程环境，只需要普通的文本编辑器和支持 JavaScript 脚本的浏览器即可。

1.1.6 JavaScript 脚本引入方式

微课 5

扫码观看微课视频

将 JavaScript 脚本引入 HTML 文件中有 4 种标准引入方式：

① 代码包含于<script>和</script>标签对，然后引入 HTML 文件，即嵌入式；

② 通过<script>标签的 src 属性链接外部的 JavaScript 脚本文件，即外链式；

③ 通过 JavaScript 伪 URL 地址引入；

④ 通过 HTML 文件事件处理程序引入。

下面分别介绍 JavaScript 脚本的 4 种标准引入方式。

1. 嵌入式

在案例 1.1.1 的代码中除了<script>与</script>标签对之间的内容外，都是基本的 HTML 代码，可见<script>和</script>标签对将以下 JavaScript 脚本代码封装并引入 HTML 文件。

```
document.write("hello world");
```

浏览器载入嵌有 JavaScript 脚本的 HTML 文件时，能自动识别 JavaScript 脚本代码起始标签<script>和结束标签</script>，并将其间的代码按照解释 JavaScript 脚本代码的方法加以解释，然后将解释结果返回 HTML 文件并在浏览器窗口显示。

注意，所谓标签对，就是必须成对出现的标签，否则其间的脚本代码不能被浏览器解释执行。

来看看下面的代码。

```
<script type="text/javascript">
       document.write("hello world");
</script>
```

首先，<script>和</script>标签对将 JavaScript 脚本代码封装，同时告诉浏览器其间的代码为 JavaScript 脚本代码，然后调用 document 文档对象的 write()方法将字符串到 HTML 文件中。

下面重点介绍<script>标签的几个属性。

① language 属性：用于指定封装代码的脚本语言及其版本，有的浏览器还支持 Perl、VBScript 等，几乎所有浏览器都支持 JavaScript（当然，非常旧的版本除外），同时 language 属性默认值也为 JavaScript。

② type 属性：指定<script>和</script>标签对之间插入的脚本代码类型。

③ src 属性：用于将外部的脚本文件内容引入当前文档，一般在较新版本的浏览器中使用，使用 JavaScript 编写的外部脚本文件必须使用.js 为扩展名，同时在<script>和</script>标签对中不包含任何内容，如下：

```
<script language="JavaScript" type="text/javascript" src="Sample.js">
</script>
```

type 属性为对应脚本的多用途互联网邮件扩展（Multipurpose Internet Mail Extensions，MIME）类型（JavaScript 的 MIME 类型为“text/javascript”）。但在 language 属性中可设定所使用脚本的版本，有利于根据浏览器支持的脚本版本来编写有针对性的脚本代码。

2. 外链式

改写 1.1.1.html 的代码并将其保存为 1.1.2.html。

【案例 1.1.2】改写 hello world

这个例子引用外部 JS 文件输出“hello world”。

```
<!DOCTYPE html>
<html>
    <head>
        <meta charset="utf-8">
        <title></title>
        <script src="1.1.2.js"></script>
    </head>
    <body>
    </body>
</html>
```

同时在文本编辑器中编辑如下代码并将其保存为 1.1.2.js。

```
document.write("hello world");
```

将 1.1.2.html 和 1.1.2.js 文件放置于同一目录，双击执行 1.1.2.html，结果和之前的例子完全一致。

可见通过引入外部 JavaScript 脚本文件的方式，能实现与上一种方式相同的功能。引入外部脚本文件的方式具有如下优点。

① 将脚本程序同现有页面的逻辑结构及浏览器结果分离。通过外部脚本，可以轻易实现多个页面共用实现同一功能的脚本文件，以便通过更新一个脚本文件内容达到批量更新的目的。

② 浏览器可以实现对目标脚本文件的高速缓存，避免由于使用具备同样功能的脚本代码而导致下载时间的增加。与 C 语言使用外部头文件（.h 文件等）相似，引入 JavaScript 脚本代码时使用外部脚本文件的方式是结构化编程思想的体现。

但引入外部脚本文件的方式也有不利的一面，主要表现在如下几点。

① 不是所有支持 JavaScript 脚本的浏览器都支持外部脚本，如 Netscape 2 和 Internet Explorer 3 就不支持外部脚本。

② 外部脚本文件功能过于复杂或其他原因导致的加载时间过长，有可能导致页面事件得不到处理或者得不到正确的处理，程序员必须谨慎使用并确保脚本加载完成后其中的函数才被页面事件调用，否则浏览器报错。

综上所述，引入外部 JavaScript 脚本文件的方式是效果与风险并存的，开发者应权衡优缺点以决定是将脚本代码引入目标 HTML 文件还是通过引用外部脚本文件的方式来实现相同的功能。

一般来讲，将实现通用功能的 JavaScript 脚本代码作为外部脚本文件引用，而实现特有功能的 JavaScript 代码则直接引入 HTML 文件的<head>与</head>标签对之间提前载入以及时、正确响应页面事件。

下面介绍一种高效的脚本代码引入方式：伪 URL 地址引入。

3. 通过 JavaScript 伪 URL 地址引入

在多数支持 JavaScript 脚本的浏览器中，可以通过 JavaScript 伪 URL 地址调用语句来引入 JavaScript 脚本代码。伪 URL 地址调用语句的一般格式如下。

```
javascript:alert("你好")
```

一般以“javascript:”开始，后面紧跟要执行的操作。下面的代码演示如何使用伪 URL 地址来引入 JavaScript 代码。

【案例 1.1.3】伪 URL 地址

```
<!DOCTYPE html>
<html>
    <head>
        <meta charset="utf-8">
        <title></title>
    </head>
    <body>
        <a href="javascript:alert('你好')">点我</a>
    </body>
</html>
```

单击超链接，弹出警告消息对话框，如图 1-7 所示。

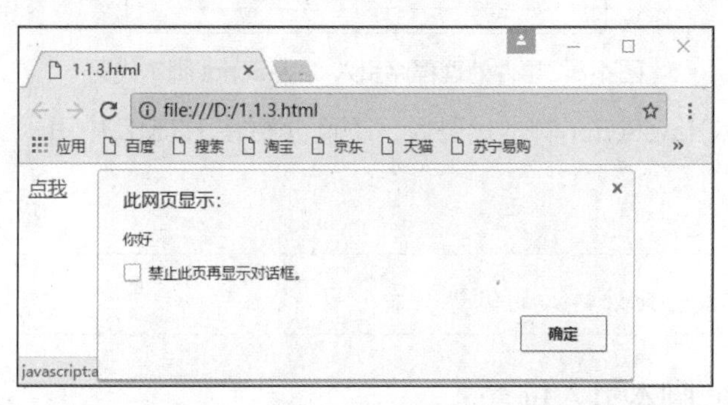

图 1-7 伪 URL 地址引入 JavaScript 脚本代码实例

伪 URL 地址可用于文档中任何地方，并触发任意数量的 JavaScript 函数或对象固有的方法。由于采用这种方式代码短小精悍，同时效果颇佳，其在表单数据合法性验证，譬如某个字段是否符合日期格式等方面，应用非常广泛。

4. 通过 HTML 文件事件处理程序引入

在开发 Web 应用程序的过程中，开发者可以在 HTML 文件中设定不同的事件处理器，通常通过设置某 HTML 元素的属性来引用一个脚本（可以是一个简单的动作或者函数），属性一般以 on 开头，如鼠标指针移动 onmousemove 等。

下面的程序演示如何使用 JavaScript 脚本对按钮单击事件进行响应。

【案例 1.1.4】按钮点击

这个例子编写页面按钮单击事件处理代码，用于弹出警告消息框提示用户点击了按钮。

```
<!DOCTYPE html>
<html>
    <head>
        <meta charset="utf-8">
        <title></title>
        <script>
             function b_click(){
                  alert('点击了按钮')
             }
        </script>
    </head>
    <body>
        <input type="button" onclick="b_click()" value="按 钮" >
    </body>
</html>
```

程序执行后，在原始页面单击按钮，出现如图 1-8 所示的警告消息框。

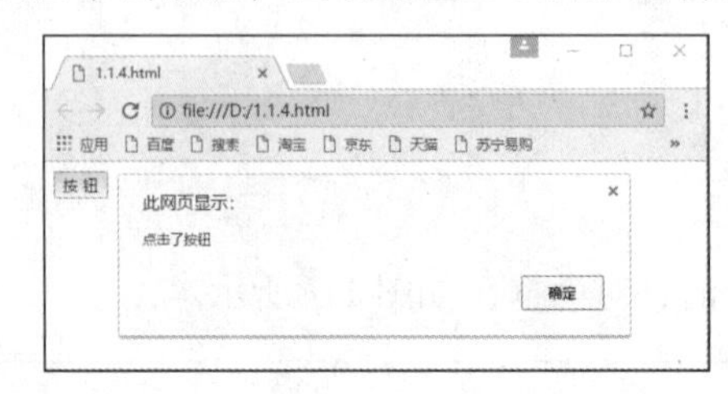

图 1-8　事件处理程序引入 JavaScript 脚本代码

知道了如何引入 JavaScript 脚本代码后，下面介绍在 HTML 中引入 JavaScript 脚本代码的位置。

思考

请说出与嵌入式相比外链式的优势。

1.1.7　JavaScript 脚本引入位置

微课 6

扫码观看微课视频

JavaScript 脚本代码可放在 HTML 文件任何需要的位置。一般来说，可以在<head>与</head>标签对、<body>与</body>标签对之间按需要放置 JavaScript 脚本代码。

1. <head>与</head>标签对之间放置

放置在<head>与</head>标签对之间的 JavaScript 脚本代码一般用于提前载入以响应用户的动作，一般不影响 HTML 文件的浏览器显示内容。如下是其基本文档结构。

```
<!DOCTYPE html>
<html>
    <head>
        <meta charset="utf-8">
        <title>文档标题</title>
        <script language="javascript" type="text/javascript">
```

```
            //脚本语句
        </script>
    </head>
    <body>
    </body>
</html>
```

2. <body>与</body>标签对之间放置

如果需要在页面载入时执行 JavaScript 脚本以生成网页内容，应将脚本代码放置在<body>与</body>标签对之间，可根据需要编写多个独立的脚本代码段并与 HTML 代码结合在一起。如下是其基本文档结构。

```
<!DOCTYPE html>
<html>
    <head>
        <meta charset="utf-8">
        <title>文档标题</title>
    </head>
    <body>
        <script type="text/javascript">
          //脚本语句
        </script>
        //HTML 语句
        <script type="text/javascript">
          //脚本语句
        </script>
    </body>
</html>
```

3. 在两个标签对之间混合放置

如果既需要提前载入脚本代码以响应用户的事件，又需要在页面载入时使用脚本生成页面内容，可以综合以上两种方式。如下是其基本文档结构。

```
<!DOCTYPE html>
<html>
    <head>
        <meta charset="utf-8">
        <script type="text/javascript">
                //脚本语句
        </script>
    </head>
    <body>
        <script type="text/javascript">
                //脚本语句
        </script>
    </body>
</html>
```

在 HTML 文件中哪一位置引入 JavaScript 脚本代码应由其实际功能需求来决定。引入脚本的 HTML 文件编辑完成，下一步选择合适的浏览器，执行代码，查看结果。

1.1.8 JavaScript 与 Java

JavaScript 和 Java 虽然名字中都带有“Java”，但它们是两种不同的语言，也可以说是两种互不相干的语言：前者是一种基于对象的脚本语言，可以嵌在网页代码里实现交互及控制功能；而后者是一种面向对象的编程语言，可用在桌面应用程序、Internet 服务器、中间件、嵌入式设备以及其他众多设备中。其主要区别如下。

① 开发公司不同：JavaScript 是 Netscape 公司的产品，是为了扩展 Netscape Navigator 的功能而开发的一种可以引入 Web 页面中的基于对象和事件驱动的解释型语言；Java 是 Sun 公司推出的新一代面向对象的程序设计语言，特别适合于 Internet 应用程序的开发。

② 语言类型不同：JavaScript 是基于对象和事件驱动的脚本语言，本身提供了非常丰富的内部对象供设计人员使用；Java 是面向对象的编程语言，即使是开发简单的程序，也必须设计对象。

③ 执行方式不同：JavaScript 是一种解释型语言，其源代码在发往客户端执行之前无须经过编译，而是将文本格式的字符代码发送给客户端，由浏览器解释执行；Java 的源代码在传递到客户端执行之前，必须经过编译，因而客户端上必须具有相应平台上的编译器或解释器，Java 源代码可以通过编译器或解释器实现编译代码。

④ 代码格式不同：JavaScript 的代码是一种文本字符，可以直接引入 HTML 文件，并且可动态装载；Java 代码的格式是一种与 HTML 无关的格式，必须通过专门编译器将其编译为 Java Applets 插件，Java 代码以字节代码的形式保存在独立的文档中，在 HTML 文件中通过引用外部插件的方式进行装载。

⑤ 变量类型不同：JavaScript 采用弱类型变量，即变量在使用前无须特别声明，而在浏览器解释执行该代码时才检查其数据类型；Java 采用强类型变量，即所有变量在通过编译器编译之前必须专门声明，否则报错。

⑥ 引入方式不同：JavaScript 使用<script>和</script>标签对来标识其脚本代码并将其引入 HTML 文件；Java 程序通过专门编译器编译后保存为单独的 Java Applets 插件，并通过使用<applet></applet>标签对来标识该插件。

⑦ 联编方式不同：JavaScript 采用动态联编，即其对象引用在浏览器解释执行时进行检查，如不经编译则无法实现对象引用的检查；Java 采用静态联编，即 Java 的对象引用必须在编译时进行，以使编译器能够实现强类型检查。

经过以上几个方面的比较，读者应该能清醒认识到 JavaScript 和 Java 是没有任何联系的两种语言。

拓展练习

一、单选题

1. 下列选项中，可以实现警告消息框的方法是（　　）。

A. alert()　　　　B. prompt()

C. document.write()　　　　D. console.log()

2. (　　)标签可在页面中直接引入 JavaScript 脚本。

   A. <script>　　B. <href>　　C. <link>　　D. <style>

3. 下列属性中，用于引入外部 JavaScript 脚本文件的是(　　)。

   A. src　　B. type　　C. language　　D. defer

4. 下面不属于<script>标签属性的是(　　)。

   A. src　　B. type　　C. href　　D. defer

5. 以下关于 JavaScript 的特点不正确的是(　　)。

   A. 脚本语言　　B. 仅需要浏览器支持

   C. 语法规则比较松散　　D. 依赖于操作系统

6. 下列选项中，可以接收用户输入的信息的是(　　)。

   A. alert()　　B. document.write()

   C. console.log()　　D. prompt()

7. 下面链接外部 JavaScript 脚本正确的是(　　)。

   A. <script src="animation.js"></script>　　B. <link src="animation.js">

   C. <script href="animation.js"></script>　　D. <style src="animation.js"></style>

8. 下列选项中，不能编辑 JavaScript 程序的是(　　)。

   A. 记事本　　B. Dreamweaver　　C. Photoshop　　D. WebStorm

9. 以下代码是通过哪种形式引入 JavaScript 代码的(　　)。

```
<a href="javascript:alert('Hello');"> test</a>
```

   A. 嵌入式　　B. 外链式

   C. 行内式　　D. 以上答案都不正确

10. 下面关于 console.log("Hello")的说法正确的是(　　)。

   A. 可以在警告消息框内输出 Hello　　B. 可以在网页中输入 Hello

   C. 可以在控制台输出 Hello　　D. 以上说法都不正确

11. 下面不是 JavaScript 的主要特点的是(　　)。

   A. 自动解释与编译　　B. 不依赖操作系统

   C. 支持面向对象　　D. 编译型语言

二、判断题

1. JavaScript 的缺点是执行效率不如 Java 高。(　　)
2. JavaScript 代码对空格、换行、缩进不敏感，一条语句可以分成多行书写。(　　)
3. alert("test")与 Alert("test")都表示以警告消息框的形式弹出 test 提示信息。(　　)
4. JavaScript 是服务器端的脚本语言，用于从交互的方面提升用户体验。(　　)
5. PHP 和 Java 都不属于脚本语言。(　　)
6. “/js/test.js”表示以绝对路径的方式在网页中引入 JavaScript 文件。(　　)
7. prompt()函数的第 2 个参数用于设置弹出的输入框中的默认文本。(　　)

三、简答题

请写出引用 JavaScript 代码中嵌入式与外链式的区别。

1.2 JavaScript 基本语法

JavaScript 脚本语言作为一门功能强大、使用范围广泛的程序语言，其基本语法包括变量、数据类型、运算符以及核心语句等内容。本节主要介绍 JavaScript 脚本语言的基本语法，带领读者初步领会 JavaScript 脚本语言的精妙之处，并为后续的深入学习打下坚实的基础。通过下面几点对 JavaScript 语言的基本语法进行简单的说明。

（1）脚本执行顺序

Web 浏览器将按照代码出现的顺序来解释执行程序语句，因此在学习初期可以将代码放在 HTML 文档的末尾，这样可以防止编写访问 DOM 元素的代码时造成无法访问的错误，后期可以根据需要放在<head>和</head>之间或其他位置，要注意的是函数定义的代码是不会被执行的，只有调用时才会被执行。

（2）大小写敏感

JavaScript 脚本程序对大小写敏感，相同的字母，大小写不同，代表的意义也不同，如变量名 name、Name 和 NAME 代表 3 个不同的变量。在 JavaScript 脚本程序中，变量名、函数名、运算符、关键字、对象属性等都是对大小写敏感的。同时，特别要注意系统已经定义的关键字、内置对象名称及其属性和方法，要确保使用时名称大小写输入正确，否则程序将运行出错。

（3）空白字符

空白字符包括空格、制表符和换行符等，在编写脚本代码时占据一定的空间，但脚本被浏览器解释执行时无任何作用。程序员经常使用空格作为空白字符，增加程序的可读性。观察如下赋值语句：

```
s=  s  +  5;
```

以及

```
s=s+5;
```

上述代码的执行结果相同，浏览器解释执行第一条赋值语句时忽略了其中的空格。在编写 JavaScript 脚本代码时经常使用一些多余的空格，这样不仅有助于增强脚本代码的可读性，还有助于专业的 JavaScript 程序员（或者非专业人员）查看代码结构，同时有助于脚本代码的日后维护。

（4）分号

在编写脚本语句时，用分号作为当前语句的结束符，例如

```
var x=25;
var y=16;
var z=x+y;
```

当然，也可将多条语句写在同一行中，例如

```
var x=25;var y=16;var z=x+y;
```

值得注意的是，为养成良好的编程习惯，尽量不要将多条语句写在同一行中，避免降低脚本代码的可读性。

另外，语句分行后，作为语句结束符的分号可省略。例如可改写上述语句如下。

```
var x=25
var y=16
var z=x+y
```

代码执行结果相同，如将多条语句写在同一行中，则语句之间的分号不可省略。

（5）块

在定义函数时，使用花括号“{}”将函数体封装起来，例如

```
function muti(m,n)
{
    var result=m*n;
    return result;
}
```

在使用 if 语句时，使用花括号“{}”将代码段封装起来，例如

```
if(age<18)
{
   alert("对不起，您的年龄小于 18 岁，您无权浏览此网页");
}
```

从本质上讲，使用花括号“{}”将某段代码封装起来后，构成“块”的概念。JavaScript 脚本代码中的块，即实现特定功能的多句（也可为空或一句）脚本代码构成的整体。

1.2.1 变量

微课 7

扫码观看微课视频

几乎每种程序语言都会引入变量（Variable），涉及变量标识符、变量声明和变量作用域等内容。JavaScript 脚本语言中也引入了变量，其主要目的是存取数据。下面分别介绍变量标识符、变量声明和变量作用域等内容。

1. 变量标识符

与 C++、Java 等高级程序语言使用多个变量标识符不同，JavaScript 脚本语言使用关键字 var 作为其唯一的变量标识符，其用法为在关键字 var 后面加上变量名。例如

```
var age;
var MyData;
```

2. 变量声明

在 JavaScript 脚本语言中，声明变量的过程相当简单，例如，通过下面的代码声明名为 age 的变量。

```
var age;
```

JavaScript 脚本语言允许开发者不声明变量就直接使用，而在变量赋值时自动声明该变量。一般来说，为培养良好的编程习惯，同时为了使程序结构更加清晰易懂，建议在使用变量前对变量进行声明。

变量赋值和变量声明可以同时进行（也称初始化变量），例如下面的代码声明名为 age 的变量，同时给该变量赋初值 25。

```
var age=25;
```

当然，可在一句 JavaScript 脚本代码中同时声明两个及两个以上的变量，例如

```
var age,name;
```

同时初始化两个及两个以上的变量也是允许的，例如

```
var age=35,name="tom";
```

在编写 JavaScript 脚本代码时，养成良好的变量命名习惯相当重要。规范的变量命名，不仅有助于脚本代码的输入和阅读，也有助于排除脚本编写的错误。应尽量使用单词组合来描述变量的含义，并可在单词间添加下划线，或者第一个单词首字母小写而后续单词首字母大写。例如：

```
var studentName;    //驼峰命名法
var student_name;   //蛇形命名法
```

3．变量作用域

要讨论变量的作用域，先要了解全局变量和局部变量。

① 全局变量：可以在脚本中的任何位置被调用，作用域是当前文档中整个脚本区域。

② 局部变量：只能在此变量声明语句所属的函数内部使用，作用域仅为函数体内部。

声明变量时，要根据编程的目的决定将变量声明为全局变量还是局部变量。一般而言，全局多次使用的变量（如 DOM 元素、ajax 对象等）须声明为全局变量，而保存临时信息（如输入的字符串、数学运算中间值等）的变量则可声明为局部变量。总体而言，在实际项目开发中尽量避免使用全局变量，因为它们可能导致命名冲突和难以追踪的 bug。

4．弱类型

JavaScript 脚本语言与其他程序语言一样，其变量都有数据类型，具体数据类型将在 1.2.2 小节中介绍。C++、Java 等为强类型语言，与其不同的是，JavaScript 脚本语言是弱类型语言，在变量声明时无须显式地指定其数据类型，变量的数据类型将根据变量的具体内容推导出来，且根据变量内容的改变而自动更改，而强类型语言在变量声明时必须显式地指定其数据类型。

变量声明时无须显式指定其数据类型既是 JavaScript 脚本语言的优点也是其缺点，优点是编写脚本代码时无须指明数据类型，使变量声明过程简单明了；缺点就是有可能不经意的错误赋值，变量的数据类型发生变化，因微妙的导致致命的错误。

1.2.2 数据类型

在程序代码中，一般需定义变量来存储数据（作为初始值、中间值、最终值或函数参数等）。变量包含多种类型，JavaScript 脚本语言支持的基本数据类型包括 Number 型、String 型、Boolean 型、Undefined 型和 Null 型，分别对应于不同的存储空间，汇总如表 1-1 所示。

表 1-1　5 种基本数据类型

类型	举例	简要说明
Number	45、-34、32.13、3.7E-2、	数值型数据
String	"name"、'Tom'	字符型数据，需标注双引号或单引号
Boolean	true、flase	布尔型数据，无须标注引号，表示逻辑真或假
Undefined	undefined	JavaScript 中未定义的值
Null	null	表示空值

1．Number 型

Number 型数据即数值型数据，包括整数和浮点数，整数可以使用十进制、八进制以及十六进制表示，而浮点数为包含小数点的实数，且可用科学记数法来表示。一般来说，Number 型数据为不在括号内的数字，例如

```
var myDataA=8;
var myDataB=6.3;
```

微课 8

扫码观看微课视频

上述代码分别定义值为整数 8 的 Number 型变量 myDataA 和值为浮点数 6.3 的 Number 型变量 myDataB。

2. String 型

String 型数据表示字符型数据。JavaScript 不区分单个字符和字符串，任何字符或字符串都可以用双引号或单引号标注。例如下列语句中定义的 String 型变量 nameA 和 nameB 包含相同的内容。

```
var nameA="Tom";
var nameB='Tom';
```

微课 9

扫码观看微课视频

如果字符串本身含有双引号，则应使用单引号标注字符串；若字符串本身含有单引号，则应使用双引号标注字符串。一般来说，在编写脚本的过程中，标注字符或字符串的双引号或单引号在整个 JavaScript 脚本代码中应尽量保持一致，以养成好的编程习惯。

3. Boolean 型

Boolean 型数据表示的是布尔型数据，取值为 true 或 false，分别表示逻辑真和假，且任何时刻都只能使用两种状态中的一种，两种状态不能同时出现。例如下列语句分别定义 Boolean 型变量 bChooseA 和 bChooseB，并分别赋予初值 true 和 false。

```
var bChooseA=true;
var bChooseB=false;
```

值得注意的是，为 Boolean 型变量赋值时，不能在 true 或 false 外面加引号，例如

```
var happyA=true;
var happyB="true";
```

上述语句分别定义初始值为 true 的 Boolean 型变量 happyA 和初始值为字符串"true"的 String 型变量 happyB。

4. Undefined 型

Undefined 型即未定义类型，用于定义不存在或者没有被赋初始值的变量或对象的属性，如下列语句定义变量 name 为 Undefined 型。

```
var name;
```

定义 Undefined 型变量后，可在后续的脚本代码中对其进行赋值操作，从而自动获得由其值决定的数据类型。

5. Null 型

Null 型数据表示空值，作用是表明数据空缺的值，一般将准备保存对象的变量初始为空较为常用。区分 Undefined 型和 Null 型需特别小心，看似都表示没有，但含义完全不同。

【案例 1.2.1】数据类型

下面的代码在浏览器的控制台的选项卡（以下简称控制台）中输出 5 种数据类型的值。

```
var a=3.14;
var b="abc";
var c=true;
var d;
var e=null;
console.log(a);
console.log(b);
console.log(c);
console.log(d);
console.log(e);
```

案例 1.2.1 的执行结果如图 1-9 所示。

```
3.14          1.2.1.html:12
abc           1.2.1.html:13
true          1.2.1.html:14
undefined     1.2.1.html:15
null          1.2.1.html:16
```

图 1-9　数据类型执行结果

JavaScript 脚本语言除了支持上述 5 种基本数据类型外，也支持组合类型，如数组（Array）和对象（Object）等，后文会陆续介绍。

思考

为什么 JavaScript 数值运算的结果会与数学上的计算结果精度不一致？

1.2.3　运算符

编写 JavaScript 脚本代码的过程中，对目标数据进行运算操作需用到运算符。JavaScript 脚本语言支持的运算符包括赋值运算符、算数运算符、位运算符、比较运算符、逻辑运算符、逗号运算符、条件运算符及 typeof 运算符等，下面分别予以介绍。

微课 10

扫码观看微课视频

1. 赋值运算符

JavaScript 脚本语言的赋值运算符包含“=”“+=”“-=”“*=”“/=”“%=”“&=”“^=”等，“=”为基本赋值运算符，其余为复合赋值运算符。复合赋值运算符由基本赋值运算符和其他运算符组成，汇总如表 1-2 所示。

表 1-2　赋值运算符

运算符	描述	例子	等同于
=	简单的赋值运算符，把右边操作数的值赋给左边操作数	x=y	x=y
+=	加且赋值运算符，把右边操作数加上左边操作数的结果赋值给左边操作数	x+=y	x=x+y
-=	减且赋值运算符，把左边操作数减去右边操作数的结果赋值给左边操作数	x-=y	x=x-y

续表

运算符	描述	例子	等同于
*=	乘且赋值运算符，把右边操作数乘以左边操作数的结果赋值给左边操作数	x*=y	x=x*y
/=	除且赋值运算符，把左边操作数除以右边操作数的结果赋值给左边操作数	x/=y	x=x/y
%=	求模且赋值运算符，求两个操作数的模赋值给左边操作数	x%=y	x=x%y
<<=	左移且赋值运算符	x<<=y	x=x<<y
>>=	右移且赋值运算符	x>>=y	x=x>>y
>>>=	二进制数右移且赋值运算符，左边操作数右移右边操作数位位，左边补 0，结果赋值给左边操作数	x>>>=y	x=x>>>y
&=	按位与且赋值运算符	x&=y	x=x&y
^=	按位异或且赋值运算符	x^=y	x=x^y
|=	按位或且赋值运算符	x|=y	x=x|y
**=	幂次方且赋值运算符，左边操作数的右边操作数次方结果赋值给左边操作数	x**=y	x=x**y

【案例 1.2.2】赋值运算

```
var a=1,b=2;
a+=b;
console.log("a="+a+",b="+b);
```

案例 1.2.2 的执行结果为“a=3,b=2”。

由上述结果可知，JavaScript 脚本语言的运算符在参与数值运算时，其右侧的变量将保持不变。从本质上讲，运算符右侧的变量作为运算的参数而存在，脚本解释器执行指定的操作后，将运算结果作为返回值赋予运算符左侧的变量。

微课 11

扫码观看微课视频

2. 基本算术运算符

JavaScript 脚本语言中基本的算术运算包括加、减、乘、除以及取余等，其对应的算术运算符分别为“+”“-”“*”“/”“%”等，如表 1-3 所示。

表 1-3　基本算术运算符

运算符	描述
+	加法
-	减法
*	乘法
/	除法
%	取余
++	递加
--	递减

【案例 1.2.3】算术运算

这个例子演示算术运算符的基本使用方法。

```
var a,b,c,d,e=10,f=100;
a=1+2;
b=100-50;
c=3*4;
d=16%3;
e++;
f--;
console.log(a);
console.log(b);
console.log(c);
console.log(d);
console.log(e);
console.log(f);
```

案例 1.2.3 的执行结果如图 1-10 所示。

```
3                                   1.2.4.html:14
50                                  1.2.4.html:15
12                                  1.2.4.html:16
1                                   1.2.4.html:17
11                                  1.2.4.html:18
99                                  1.2.4.html:19
```

图 1-10　算术运算执行结果

3. 位运算符

JavaScript 脚本语言支持的基本位运算符包括“&”“|”“~”“^”等。脚本代码执行位运算时先将操作数转换为二进制数，操作完成后将返回值转换为十进制数。位运算符如表 1-4 所示。

表 1-4　位运算符

<table>
<tr><th>运算符</th><th>描述</th><th>例子</th><th>等同于</th><th>结果</th><th>十进制结果</th></tr>
<tr><td>&</td><td>与</td><td>5&1</td><td>0101&0001</td><td>0001</td><td>1</td></tr>
<tr><td>|</td><td>或</td><td>5|1</td><td>0101|0001</td><td>0101</td><td>5</td></tr>
<tr><td>~</td><td>非</td><td>~5</td><td>~0101</td><td>0110</td><td>-6
（涉及原码、补码、反码）</td></tr>
<tr><td>^</td><td>异或</td><td>5^1</td><td>0101^0001</td><td>0100</td><td>4</td></tr>
<tr><td><<</td><td>零填充左位移</td><td>5<<1</td><td>0101<<1</td><td>1010</td><td>10</td></tr>
<tr><td>>></td><td>有符号右位移</td><td>5>>1</td><td>0101>>1</td><td>0010</td><td>2</td></tr>
<tr><td>>>></td><td>零填充右位移</td><td>5>>>1</td><td>0101>>>1</td><td>0010</td><td>2</td></tr>
</table>

微课 12

扫码观看微课视频

4. 比较运算符

JavaScript 脚本语言中用于比较两个数据的运算符称为比较运算符，包括“==”“!=”“>”“<”“<=”“>=”等，见表 1-5。

表 1-5 比较运算符

运算符	描述
==	等于
===	等值等型
!=	不相等
!==	不等值或不等型
>	大于
<	小于
>=	大于或等于
<=	小于或等于

微课 13

扫码观看微课视频

5. 逻辑运算符

JavaScript 脚本语言的逻辑运算符包括“&&”“||”“!”等，用于两个逻辑型数据之间的操作，返回值的数据类型为布尔型。逻辑运算符如表 1-6 所示。

表 1-6 逻辑运算符

运算符	描述
&&	逻辑与
||	逻辑或
!	逻辑非

【案例 1.2.4】比较运算和逻辑运算

这个例子通过在文本框中输入年龄值，判断年龄区间，并通过警告消息框输出最终的结果。

```
<!DOCTYPE html>
<html>
 <head>
     <title>1.2.4 比较运算</title>
     <script type="text/javascript">
          //响应按钮的 onclick 事件处理程序
          function Test()
          {
               var myAge=prompt("请输入您的年龄（数值类型）：",25);
               var msg="\n 年龄测试 ：\n\n";
               msg+="年龄 ："+myAge+" 岁\n";
               if(myAge<16)
                    msg+="结果 ：您处于青少年时期！\n";
               if(myAge>=18&&myAge<35)
                    msg+="结果 ：您处于青年时期！\n";
```

```
                if(myAge>=35&&myAge<50)
                    msg+="结果 : 您处于中年时期! \n";
                if(myAge>=55)
                    msg+="结果 : 您处于老年时期! \n";
                alert(msg);
            }
        </script>
    </head>
    <body>
        <form>
            <input type=button value="运算符测试" onclick="Test()">
        </form>
    </body>
</html>
```

程序执行后，在原始页面中单击“运算符测试”按钮，将弹出提示框提示用户输入相关信息，在提示框中输入相关信息（如年龄 36）后，单击“确定”按钮，弹出警告消息框，如图 1-11 所示。

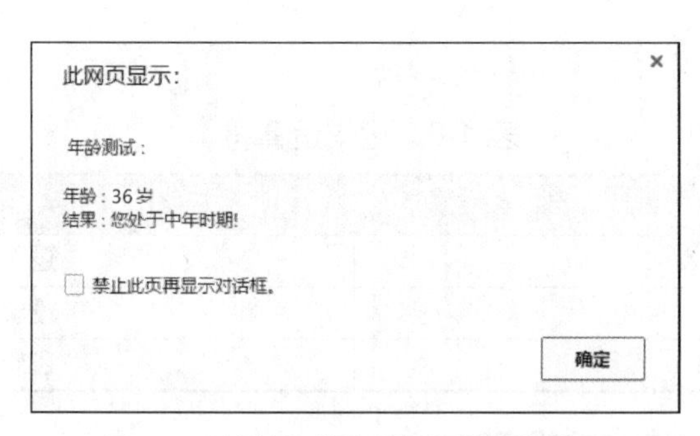

图 1-11　比较运算和逻辑运算执行结果

可以看出，脚本代码采集用户输入的数值，然后通过比较运算符进行判定，再做出相对应的操作，实现了程序流程的有效控制。

6. 逗号运算符

编写 JavaScript 脚本代码时，可使用逗号“,”将多条语句连在一起，浏览器载入该代码时，将其作为一条完整的语句来调用，但语句的返回值是最右边语句的值。逗号“,”一般用于在函数定义和调用时分隔多个参数，例如

```
function sum(a,b,c){
    //函数体
}
```

7. 条件运算符

条件运算符是 ECMAScript 中功能最多的运算符，它的形式与 Java 中的相同。

```
variable=boolean_expression?true_value:false_value;
```

该表达式主要是根据 boolean_expression 的计算结果有条件地为变量赋值。如果 boolean_expression 为 true，就把 true_value 赋给变量；否则把 false_value 赋给变量。

【案例 1.2.5】条件运算符

下面的例子用条件运算符输出两个数中较大的一个数。

```
var a=1,b=2,max;
max=a>b?a:b
console.log(max)
```

执行结果输出 2。

8. typeof 运算符

typeof 运算符用于表明操作数的数据类型，返回字符串表示数据类型。在 JavaScript 脚本语言中，其使用格式如下。

```
var myString=typeof(data);
```

【案例 1.2.6】typeof 运算符

如下代码演示变量在被赋予不同类型的值后，数据类型的变化情况。

```
var a;
console.log(typeof a);
a=1;
console.log(typeof a);
a="hello";
console.log(typeof a);
a=null;
console.log(typeof a);
```

案例 1.2.6 的执行结果如图 1-12 所示。

```
undefined    1.2.6.html:8
number       1.2.6.html:10
string       1.2.6.html:12
object       1.2.6.html:14
```

图 1-12　typeof 运算符执行结果

可以看出，使用关键字 var 定义变量时，若不指定其初始值，则变量的数据类型默认为未定义类型。若在程序执行过程中，变量被赋予其他隐性包含特定数据类型的数值时，其数据类型也随之发生更改。

除了上述的基本运算符，JavaScript 针对字符串和对象有一些特殊的运算操作，这些运算将在后文介绍。

思考

使用 prompt()函数输入时，要求输入数值，但是不小心输入了其他的字母，此时应该怎样处理？

1.2.4　程序结构

微课 14

扫码观看微课视频

前面讲述了 JavaScript 脚本语言数据结构方面的基础知识，包括基本数据类型、运算符等，1.2.4 节～1.2.7 节将重点介绍 JavaScript 语言的程序结构。

在 JavaScript 脚本语言中，语句的基本格式为

```
<statement>;
```

分号为语句结束标识符。

在 JavaScript 里，基本的处理流程包含 3 种结构，即顺序结构、选择结构和循环结构。

顺序结构即按照语句出现的先后顺序依次执行，为 JavaScript 脚本程序中最基本的结构，如图 1-13 所示。

选择结构即按照给定的逻辑条件来决定执行顺序，可以分为单向选择、双向选择和多向选择。但无论是哪一种选择，程序在执行过程中都只能执行其中一条分支。单向选择和双向选择结构如图 1-14 所示。

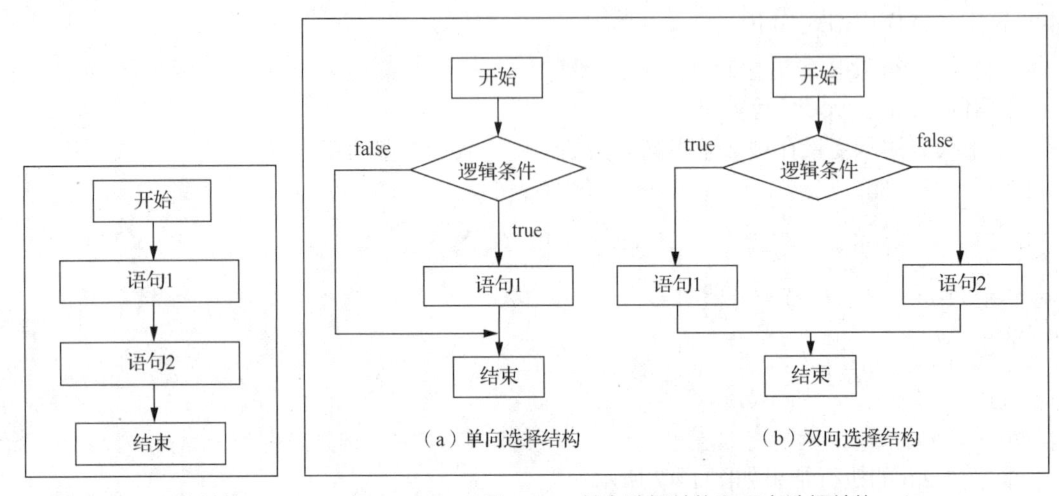

图 1-13　顺序结构　　图 1-14　单向选择结构和双向选择结构

循环结构即根据代码的逻辑条件来判断是否重复执行某一段程序。若逻辑条件为 true，则重复执行，即进入循环，否则结束循环。循环结构可分为先判断再循环和先循环再判断两种形式，如图 1-15 所示。

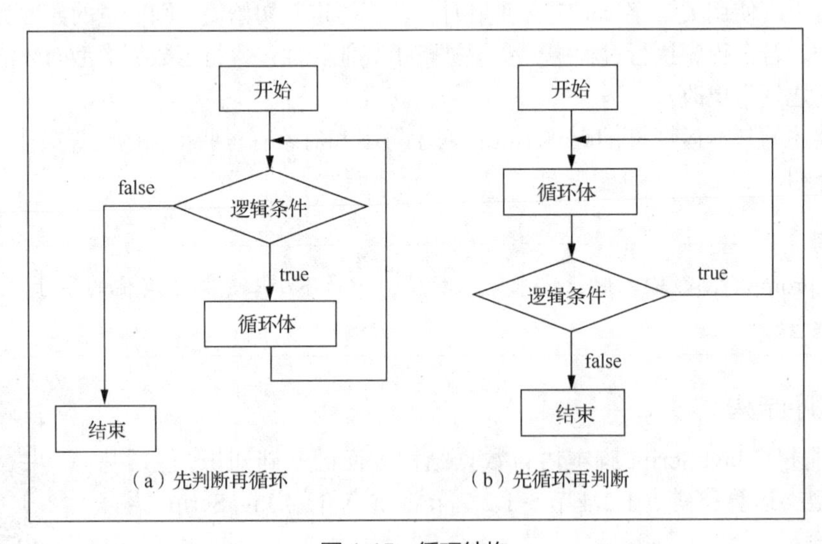

图 1-15　循环结构

一般而言，在 JavaScript 脚本语言中，程序总体是按照顺序结构执行的，而在顺序结构中可以包含选择结构和循环结构。

1.2.5 选择语句

1. if 语句

微课 15

扫码观看微课视频

if 语句是比较简单的一种选择语句，若给定的逻辑条件表达式结果为 true，则执行一组给定的语句。其基本结构如下。

```
if(conditions)
{
   statements;
}
```

逻辑条件表达式 conditions 必须放在圆括号里，且仅当该表达式结果为 true 时，执行花括号内的语句，否则将跳过该条件语句而执行其下的语句。花括号内的语句可为一条或多条，当仅有一条语句时，花括号可以省略。但一般而言，为养成良好的编程习惯，同时增强程序代码的结构化特性和可读性，建议使用花括号标注指定执行的语句。

【案例 1.2.7】if 语句

这个例子判断输入时间是否为早上。

```
var time=prompt('输入时间');
if(time>=6&&time<=10)
     alert('早上好')
```

输入 9 的执行结果为“早上好”。

2. if...else 语句

if 后面可增加 else 进行扩展，即组成 if...else 语句，其基本结构如下。

```
if(conditions)
{
    statement1;
}
else
{
    statement2;
}
```

当逻辑条件表达式 conditions 运算结果为 true 时，执行 statement1 语句（或语句块），否则执行 statement2 语句（或语句块）。

【案例 1.2.8】if...else 语句

这个例子通过 if...else 语句判断某一年是否是闰年。

```
var year=prompt("输入年份")
if(year%400==0||(year%4==0&&year%100!=0))
    alert(year+"是闰年")
else
    alert(year+"不是闰年")
```

3．if....else if...else 语句

使用 if...else if...else 语句来选择多个语句块之一来执行。其基本结构如下。

```
if(condition1)
{
     statement1;
}
else if(condition2)
{
     statement2;
}
else
{
     statement3;
}
```

【案例 1.2.9】if…else if…else 语句

这个例子判断输入的成绩等级。

```
var grade=prompt("输入成绩");
if(grade>=90)
      alert("优");
else if(grade>=80)
      alert("良");
else if(grade>=70)
    alert("中");
else if(grade>=60)
    alert("及格");
else
    alert("不及格")
```

4．switch 语句

微课 16

扫码观看微课视频

在单支或双支 if 语句中，逻辑条件只能有一个，如果有多个条件，可以使用多支的 if 语句来解决，但此种方法程序的可读性不是很直观。使用 switch 语句就可“完美地”解决此问题，其基本结构如下。

```
switch(a)
{
     case a1:
       statement1;
       [break;]
     case a2:
       statement2;
       [break;]
       ……
     case an:
       statement2;
       [break;]
```

```
    default:
      [statement;]
}
```

其中 a 是数值型或字符型数据，将 a 的值与 a1、a2…比较，若 a 与其中某个值相等，执行相应数据后面的语句，且当遇到关键字 break 时，程序跳出 switch 语句；若找不到与 a 相等的值，则执行关键字 default 下面的语句。

【案例 1.2.10】switch 语句

这个例子通过 switch 语句判断今天是星期几。

```
var d=new Date().getDay();
switch (d)
{
  case 0:x="今天是星期日";
    break;
  case 1:x="今天是星期一";
    break;
  case 2:x="今天是星期二";
    break;
  case 3:x="今天是星期三";
    break;
  case 4:x="今天是星期四";
    break;
  case 5:x="今天是星期五";
    break;
  case 6:x="今天是星期六";
    break;
}
alert(x);
```

案例 1.2.10 的执行结果如图 1-16 所示。

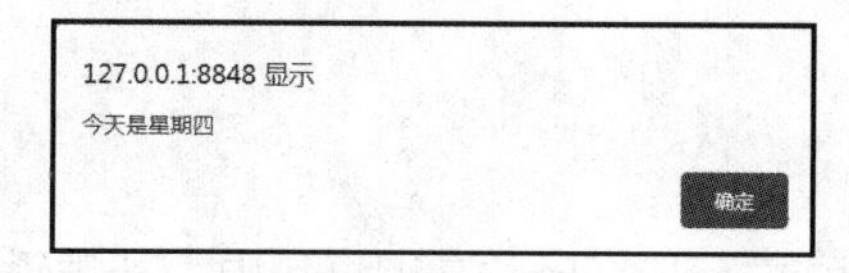

图 1-16　switch 语句的执行结果

思考

说说 if 和 switch 的特点和区别。在什么情况下用 if 比较好，在什么情况下用 switch 比较好。

1.2.6　循环语句

1. for 语句

微课 17

扫码观看微课视频

for 语句是循环语句，可按照指定的循环次数，循环执行循环体内（花括号内部）的语句（或语句块），其基本结构如下。

```
for(initialcondition;testcondition;altercondition)
{
    statements;
}
```

循环控制代码（即圆括号内代码）中各参数的含义如下。

① initialcondition 表示循环变量初始值；

② testcondition 为控制循环是否结束的条件表达式，程序每执行完一次循环体内的语句（或语句块），均要判断该表达式结果是否为 true，若结果为 true，则继续执行循环体内的语句（或语句块）；若结果为 false，则跳出循环体。

③ altercondition 指循环变量更新的方式，程序每执行完一次循环体内的语句（或语句块），均需要更新循环变量。

上述循环控制参数之间使用分号“;”间隔。

【案例 1.2.11】for 语句

这个例子通过 for 语句求 1～100 的累加和。

```
var sum=0;
for(var i=1;i<=100;i++)
{
     sum+=i;
}
alert(sum);
```

执行结果为 5050。

2. while 语句

while 语句的循环变量的初始化在循环体前，循环变量更新则放在循环体内；for 语句的循环变量赋值和更新语句都在 for 后面的圆括号中，由于 for 语句的紧凑格式不容易遗忘循环变量的初始化以及循环变量的更新，因此在实际编程中更多会使用 for 语句。

```
while(conditions)
{
    statements;
}
```

while 语句与 if 语句的不同之处在于：在 if 语句中，若逻辑条件表达式结果为 true，则执行 statements 语句（或语句块），且仅执行一次；while 语句则是在逻辑条件表达式结果为 true 的情况下，反复执行循环体内的语句（或语句块）。

while 语句的循环变量的赋值语句在循环体前，循环变量更新则放在循环体内；for 语句的循环变量赋值和更新语句都在 for 后面的圆括号中，在编程中应注意二者的区别。

改写案例 1.2.11 代码如下，程序执行结果不变。

【案例 1.2.12】while 语句

这个例子通过 while 语句求 1～100 的累加和。

```
var sum=0;
var i=1;
while(i<=100)
```

```
{
    sum+=i;
    i++;
}
alert(sum);
```

3. do…while 语句

微课 19

扫码观看微课视频

在某些情况下，while 语句花括号内的 statements 语句（或语句块）可能一次也不被执行，因为对逻辑条件表达式的判断在执行 statements 语句（或语句块）之前。若逻辑条件表达式判断结果为 false，则程序直接跳过循环而一次也不执行 statements 语句（或语句块）。若希望至少执行一次 statements 语句（或语句块），可改用 do…while 语句，其基本语法结构如下。

```
do{
       statements;
}while(condition);
```

改写案例 1.2.12 代码如下，程序执行结果不变。

【案例 1.2.13】do...while 语句

这个例子通过 do…while 语句求 1～100 的累加和。

```
var sum=0;
var i=1;
do{
    sum+=i;
    i++;
}while(i<=100);
alert(sum);
```

for、while、do...while 这 3 种循环语句具有基本相同的功能，在实际编程过程中，应根据需要和本着使程序简单易懂的原则来选择使用哪种循环语句。

除上述 3 种基本循环语句外，JavaScript 还提供了专门用于对象的循环语句 for...in，将在后文中详细介绍。

1.2.7 break 和 continue 语句

微课 20

扫码观看微课视频

在循环语句中，某些情况下需要跳出循环或者跳过循环体内剩余的语句，而直接执行下一次循环，此时需要通过 break 和 continue 语句来实现。break 语句的作用是立即跳出循环，continue 语句的作用是停止正在进行的循环，而直接进入下一次循环。

【案例 1.2.14】判断一个数是否是质数

这个例子通过 for 语句判断一个数字是否是质数。

```
var n=prompt();
var flag=0;
for(var i=2;i<=Math.sqrt(n);i++)
{
    if(n%i==0)
{
        flag=1;
```

```
            break;
        }
}
if(flag==1)
        alert(n+"是合数");
else
        alert(n+"是质数");
```

输入 23，显示结果为“23 是质数”，输入 4，显示结果为“4 是合数”。在循环中一旦能被数字整除则利用 break 直接跳出循环。

【案例 1.2.15】输出 100 以内所有不能被 3 整除的数

```
for(i=0;i<100;i++){
    if(i%3==0){continue;}
    console.log(i+",");
}
```

案例 1.2.15 的执行结果如图 1-17 所示。

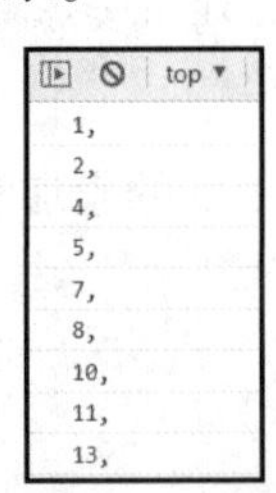

图 1-17　案例 1.2.15 的执行结果

拓展练习

一、单选题

1. 下列函数中可以将 true 转换为 1 的是（　　）。

   A. Number()　B. parseInt()　C. parseFloat()　D. String()

2. 下列选项中，不属于赋值运算符的是（　　）。

   A. =　B. %=　C. ==　D. >>>=

3. 下面关于逻辑运算符的说法错误的是（　　）。

   A. 逻辑运算有时会出现短路的情况
   B. !a 表示若 a 为 false 则结果为 true，否则相反
   C. 逻辑运算的返回值是布尔型
   D. a||b 表示 a 与 b 中只要有一个为 true，则结果为 true

4. 下列选项中，在操作数为 9 和 15 时，结果为负数的是（　　）。

   A. “&”　B. “|”　C. “~”　D. “^”

5. 以下选项中不属于选择语句的是（　　）。

   A. if 语句　B. if...else 语句　C. if...else if...else　D. while 语句

6. 下列语句中可以重复执行一段代码的是（　　）。

   A. if　B. while
   C. switch　D. 以上答案都正确

7. 下列选项中与 for(;;)的功能相同的是（　　）。
   A. while(0)　　B. while(1)
   C. do...while(0)　　D. 以上答案都正确
8. 下面关于赋值运算符的说法错误的是（　　）。
   A. 运算符“=”在 JavaScript 中可表示相等　　B. 赋值运算符都是从右向左进行运算的
   C. 运算符“+=”表示相加并赋值　　D. 运算符“-=”表示相减并赋值
9. 下列选项中可以将 null 转换成字符型的是（　　）。
   A. String()　　B. toString()　　C. Boolean()　　D. Number()
10. 语句 for(k=0;k=1;k++){}和语句 for(k=0;k==1;k++){}的执行次数分别为（　　）。
   A. 无限次和 0　　B. 0 和无限次　　C. 都是无限次　　D. 都是 0
11. 下列选项中，与 0 相等（==）的是（　　）。
   A. null　　B. undefined　　C. NaN　　D. ''
12. 下面关于变量的说法错误的是（　　）。
   A. 保留字不能够作为变量名称使用　　B. 在声明变量时 var 关键字可以省略
   C. 未赋初始值的变量值为 undefined　　D. _it123 为合法的变量名
13. 下列选项中与三元运算符的功能相同的是（　　）。
   A. if 语句　　B. if...else 语句
   C. if...else if...else 语句　　D. 以上答案皆正确
14. 以下选项中不属于基本数据类型的是（　　）。
   A. Null　　B. Undefined　　C. String　　D. Object

二、判断题

1. Null 型的数据指的是空字符串或 0。（　　）
2. 不同类型的数据不能放在一起进行比较。（　　）
3. JavaScript 中的变量必须在声明的同时赋值。（　　）
4. “a<<b”表示将 a 左移 b 位，右边用 0 填充。（　　）
5. 利用 typeof 检测 Null 型返回的是 object 而不是 null。（　　）
6. 循环条件永远为 true 时，会出现死循环。（　　）
7. true 和 false 是布尔型仅有的两个值。（　　）
8. 表达式(-9)%3 与 9%(-3)的运算结果相同。（　　）

三、编程题

1. 有红、白、黑 3 种球若干个，其中红、白球共 25 个，白、黑球共 31 个，红、黑球共 28 个，求这 3 种球各有多少个？
2. 求 100 以内所有奇数的和。
3. 请编写代码生成指定行列数的表格。

1.3 数组

要存储和使用很多值时最好使用数组。数组可以用一个变量来存储所有的值，并且可以用数组名访问数组中的任何一个值，数组中的每个元素都有自己的索引，以便它可以很容易地被访问到。

1.3.1　创建数组

微课 21

扫码观看微课视频

数组（array）是按次序排列的一组值。每个值的位置都有编号（默认从 0 开始，就是键名），整个数组用方括号标识。

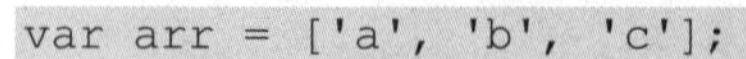

```
var arr = ['a', 'b', 'c'];
```

上面代码中的 a、b、c 就构成一个数组，两端的方括号是数组的标志。a 占据 0 号位置，b 占据 1 号位置，c 占据 2 号位置。

使用 JavaScript 关键词 new 也会创建类似数组，并为其赋值：

```
var arr =new Array('a', 'b', 'c');  //等同于 var arr = ['a', 'b', 'c'];
```

除了在定义时赋值，数组也可以先定义后赋值：

```
var arr = [];
arr[0] = 'a';
arr[1] = 'b';
arr[2] = 'c';
```

任何类型的数据，都可以放入数组。

```
var arr = [{a: 1},[1, 2, 3],function() {return true;} ];
```

上面数组 arr 的 3 个成员的类型依次是对象、数组、函数。

如果数组的元素还是数组，就形成了多维数组。

```
var a = [[1, 2], [3, 4]];
```

【案例 1.3.1】定义数组

```
var arr = ['a', 'b', 'c'];
alert(arr);
```

案例 1.3.1 的执行结果如图 1-18 所示。

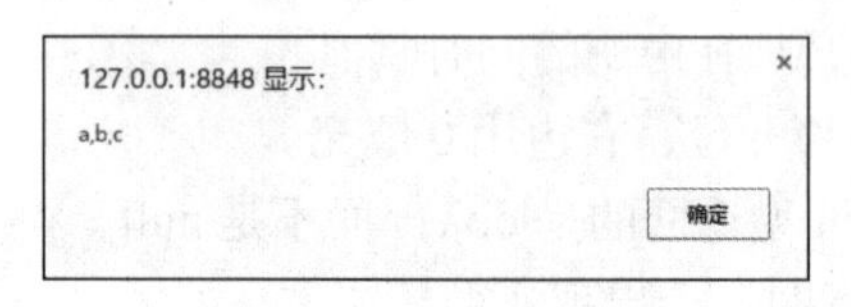

图 1-18　定义数组执行结果

除了在上面例子中直接通过数组名访问整个数组，更多的时候数组成员用方括号来访问，arr[0]表示访问 arr 数组中的索引为 0 的数组元素，其中方括号是运算符。

【案例 1.3.2】数组元素访问

```
var arr = ['a','b','c'];
alert(arr[1]);
```

案例 1.3.2 的执行结果如图 1-19 所示。

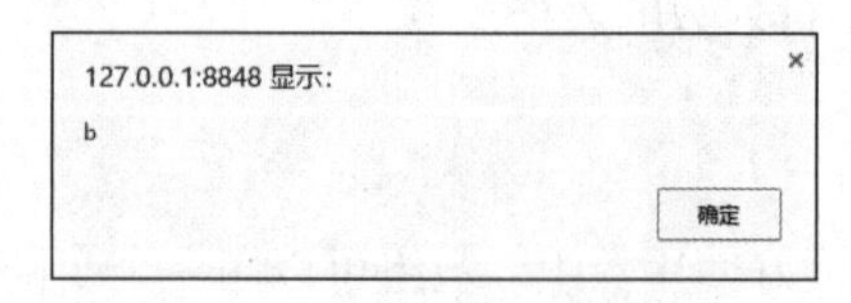

图 1-19　访问数组元素执行结果

思考

JavaScript 中的数组有什么特点？

1.3.2 数组的长度

数组的 length 属性，用于返回数组的成员数量。JavaScript 使用一个 32 位整数，保存数组的元素个数。这意味着，数组成员最多有 4294967295 个，也就是说 length 属性的最大值就是 4294967295。只要是数组，就一定有 length 属性。该属性的值是动态的，等于键名中的最大整数加上 1。

【案例 1.3.3】动态增加数组长度

这个例子通过设置数组的值改变数组的长度。

```
var arr=['a','b'];
console.log(arr.length)   // 2
arr[2]='c';
console.log(arr.length)   // 3
arr[9]='d';
console.log(arr.length)   // 10
arr[1000]='e';
console.log(arr.length)   // 1001
```

案例 1.3.3 的执行结果如图 1-20 所示。

2	1.3.3.html:10
3	1.3.3.html:12
10	1.3.3.html:14
1001	1.3.3.html:16

图 1-20　动态增加数组长度执行结果

上面代码表示，数组的数字键名不需要连续，length 属性的值总是比最大的那个整数键名大 1。另外，这也表明数组是一种动态的数据结构，可以随时增减数组的成员。实际上数组本来应该使用连续分配的内存，但是在 JavaScript 中不是这样的，而是以类似哈希映射的方式存在的。对于读取操作，哈希表的效率并不高，而修改、删除操作的效率比较高。

现在浏览器为了优化其操作，对数组创建时的内存分配进行了优化：

① 对于同构的数组，也就是元素类型一致的数组，会创建连续的内存分配；

② 对于不同构的数组，按照原来的方式创建；

③ 如果你想插入一个异构数据，就会重新解构，通过哈希映射的方式创建。

length 属性是可写的。如果人为设置一个小于当前成员个数的值，该数组的成员数量会自动减少到 length 设置的值。

【案例 1.3.4】动态减小数组长度

这个例子通过设置数组的 length 属性值，减小数组长度。

```
var arr = [ 'a', 'b', 'c' ];
arr.length = 2;
alert(arr) // ["a", "b"]
```

上面代码表示，当数组的 length 属性值设为 2（即最大的整数键只能是 1）时，整数键 2

（值为 c）就已经不在数组中了，被自动删除了。因此清空数组的一个有效方法，就是将 length 属性值设为 0。

当 length 属性值设为大于数组个数时，读取新增的位置都会返回 undefined。如果人为设置 length 值为不合法的值，JavaScript 会报错。

1.3.3 in 运算符

微课 22

扫码观看微课视频

检查某个键名是否存在的运算符 in，适用于对象，也适用于数组。

```
 var arr = ['a','b','c'];
2 in arr // true
4 in arr // false
```

上面代码表明，数组存在键名为 2 的键。由于键名都是字符串，所以数值 2 会自动转换成字符串。注意，如果数组的某个位置是空位，in 运算符返回 false。

```
var arr = [];
arr[100] = 'a';
100 in arr // true
1 in arr // false
```

上面代码中，数组 arr 只有一个成员 arr[100]，访问其他位置的键名都会返回 false。

for...in 循环不仅可以遍历对象，也可以遍历数组，毕竟数组只是一种特殊的对象。

【案例 1.3.5】for…in 访问数组

```
var a = [1, 2, 3];
for (var i in a)
{
    console.log(a[i]);
}
```

思考

上述代码中 i 的数据类型是什么？可以设计一个测试代码验证。

拓展练习

一、单选题

1. 下列关于数组的说法错误的是（　　）。
   A. 数组是存储一系列值的变量集合
   B. 数组元素之间使用逗号“,”分割
   C. 索引可以是整型、字符串型和浮点型的
   D. 索引默认从 0 依次递增
2. 下列创建数组的方式错误的是（　　）。
   A. new Array　　B. new Array(,,)　　C. []　　D. [,,]
3. 下面关于数组中 length 属性的说法错误的是（　　）。
   A. 数组的 length 属性用于获取数组的长度
   B. 设置 length 值小于数组长度，则多余的数组元素会被舍弃
   C. 设置 length 值大于数组长度，会出现空的存储位置

D. 数组中的 length 是可读不可写的属性

4. 下面关于数组长度的说法中错误的是（　　）。

A. 指定 length 后，添加的数组元素个数不能超过这个限制

B. 数组在创建时可以指定数组的长度

C. 若指定的 length 值小于数组元素个数，则多余的数组元素会被舍弃

D. 若指定的 length 值大于数组元素个数，则没有值的元素会占用空存储位置

5. 下面关于二维数组描述正确的是（　　）。

A. 将 arr 初始化为[[]]后，可正确执行 arr[0][1] = 'a'

B. 将 arr 初始化为[[]]后，可正确执行 arr[1][0] = 'a'

C. 将多维数组 arr 初始化为[]后，可正确执行 arr[0][0] = 'a'

D. 以上说法全部正确

6. 以下在遍历数组时会忽略空存储位置的是（　　）。

A. for　　B. for...in　　C. while　　D. for...of

二、判断题

1. 若 arr=[[]]，则可以将 arr[1][0]设置为 a。（　　）
2. 二维数组是多维数组中的一种。（　　）
3. 数组遍历的顺序与添加数组的顺序完全相同。（　　）
4. 在数组中，索引是数组元素的唯一标识。（　　）
5. 数组的 length 属性值等于数组元素最大索引加 1。（　　）
6. JavaScript 中只有[]可以创建空数组。（　　）

三、简答题

编写程序，找出指定元素“y”在数组['a','b','y','a','y','y']中出现的所有位置。

1.4 函数

日常生活中，当面对一件复杂的事情时，我们总是习惯将其分解为多件简单的事情，以方便解决。在编程的世界里，函数可以实现同样的解决方案。在 JavaScript 中，函数是由事件驱动的，当函数被调用时执行可重复使用的代码块。通常会把需要重复执行的代码写成函数形式，以便达到代码复用的目的。

1.4.1 函数的基本概念

微课 23

扫码观看微课视频

1. 函数定义

JavaScript 函数可以通过 function 关键词进行定义，其后是函数名和圆括号。函数名可包含字母、数字、下划线和美元符号（命名规则与变量名规则相同）。圆括号可包括由逗号分隔的参数。声明函数的基本语法格式如下。

```
function functionName(参数) {
        执行的代码
}
```

需要注意的是，JavaScript 对大小写敏感。关键词 function 必须是小写的。这种写法是最基本的写法，使用关键字 function 定义函数，函数声明后不会立即执行，可在我们需要的时候调用。这种函数作用范围是全局的，如果有两个同名的声明式函数存在，那么第二个会覆盖第一个。

【案例 1.4.1】一个 JavaScript 函数

```
function myfunction(){
    alert("hello world!");
}
```

在这个函数中，myfunction 是函数的名字，后面的圆括号里面没有参数，所以 myfunction() 是一个无参函数。函数体内使用 alert()函数输出“hello world!”字符串。执行此程序，弹出显示“hello world!”的警告消息框，如图 1-21 所示。

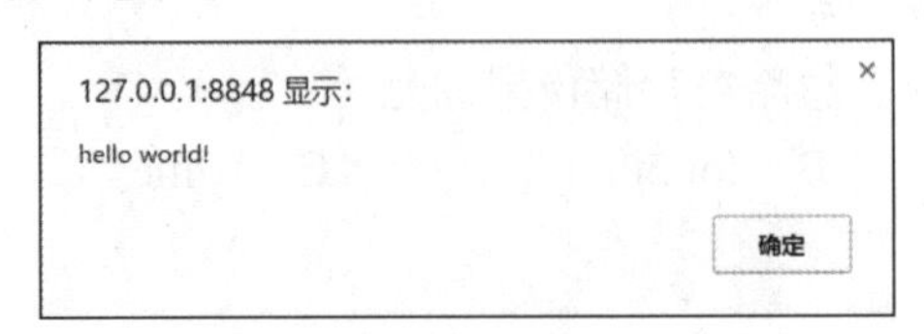

图 1-21　一个 JavaScript 函数

【案例 1.4.2】同名函数

```
function  test1(){
    alert('test1') ;
} ;
test1() ;
function  test1(){
    alert('test2');
} ;
```

执行此程序，因为上面代码中定义了两个 test1()函数，后面定义的 test1()函数会覆盖掉前面定义的 test1()函数，所以输出“test2”，如图 1-22 所示。

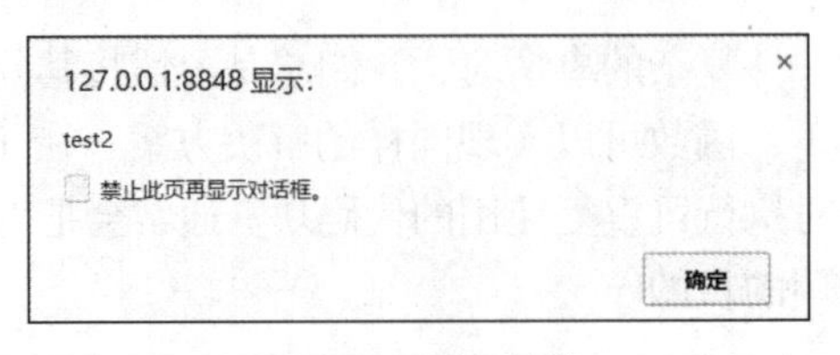

图 1-22　同名函数

另外也可以通过 JavaScript 函数构造器（Function()）实例化来定义函数，前面定义各种变量，最后定义函数的返回值或者输出，通常情况下这种函数不太常用。

【案例 1.4.3】使用函数构造器定义函数

```
var test= new Function("a", "b", "return a * b");
var a=3;
var b=4;
var result;
result=test(a,b);
alert(result);
```

上述代码中通过实例化函数构造器 Function()定义了一个函数 test()，该函数有两个参数，返回两个参数的乘积，如图 1-23 所示。

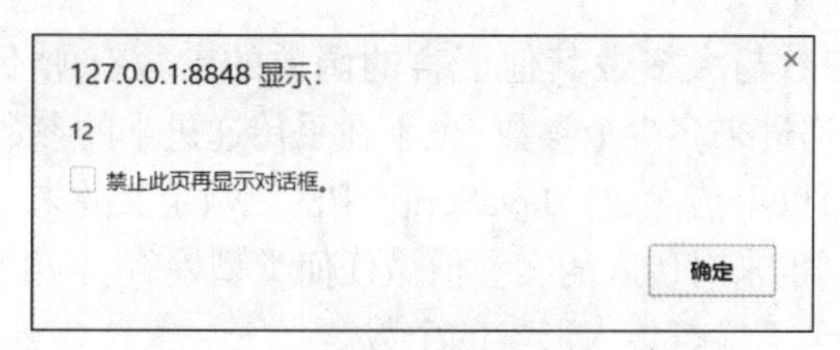

图 1-23　使用函数构造器定义函数

JavaScript 函数有多种定义方法，包括前面提到的函数声明方式，后面还会介绍几种特殊的函数：匿名函数、ES6 的箭头函数等。

2. 函数调用

前面已经介绍了如何创建函数。函数定义后不会立即执行，可在我们需要的时候调用，函数中的代码在函数被调用后执行。JavaScript 函数有 4 种调用方式，下面介绍基本的函数调用格式。函数作为对象方法调用，使用构造函数调用函数、作为函数方法调用函数在后文中进行介绍。

【案例 1.4.4】普通方式调用函数

```
function myFunction(a,b){
      return a + b;
}
alert(myFunction(5,6));
```

执行程序，输出结果如图 1-24 所示。

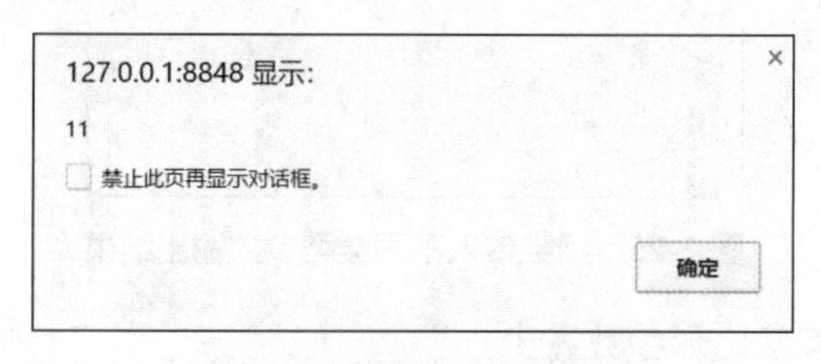

图 1-24　普通方式调用函数

以上函数不属于任何对象。但是在 JavaScript 中它始终是默认的全局对象。在 HTML 中默认的全局对象是 HTML 页面本身，所以函数属于 HTML 页面。在浏览器中的页面对象是浏览器窗口（window）对象，以上函数会自动变为 window 对象的函数，因此使用 myFunction(5,6)和 window.myFunction(5,6)输出结果是一样的。

【案例 1.4.5】 全局对象方式调用函数

```
function myFunction(a, b) {
      return a + b;
}
alert(window.myFunction(5, 6));
```

上述代码执行后与案例 1.4.4 的结果是一样的。需要注意的是函数作为全局对象调用，会使 this 的值成为全局对象。使用 window 对象作为变量容易造成程序崩溃，因此这种方式应尽量减少使用。

3. 函数参数

微课 25

扫码观看微课视频

JavaScript 函数的参数与大多数其他语言的函数的参数有所不同。JavaScript 函数不介意传递进来多少个参数，也不在乎传递进来的参数是什么数据类型的，当然也可以不传参数。JavaScript 中的函数定义并未指定函数形参的类型，函数调用也未对传入的实参值做任何类型检查。实际上，JavaScript 函数调用时甚至不检查传入形参的个数。

【案例 1.4.6】为函数传入不同类型的参数

这个例子中，通过为函数设置不同类型的参数，可以观察函数执行后的结果。

```
function add(x){
    return x+1;
}
console.log(add(1));//2
console.log(add('1'));//'11'
console.log(add());//NaN
console.log(add(1,2));//2
```

案例 1.4.6 代码中如果为 add()函数传入数值 1，则函数计算 1+1，将结果 2 输出到控制台；如果为 add()函数传入字符串 1，则函数计算'1'+1，将结果字符串 11 输出到控制台；如果调用 add()函数时没有传入参数，则函数计算 undefined+1，将结果 NaN（非数字）输出到控制台；如果调用 add()函数时传入参数的数量超出了函数定义时参数的个数，则函数只接收第一个参数，计算 1+1，将结果 2 输出到控制台。程序执行结果如图 1-25 所示。

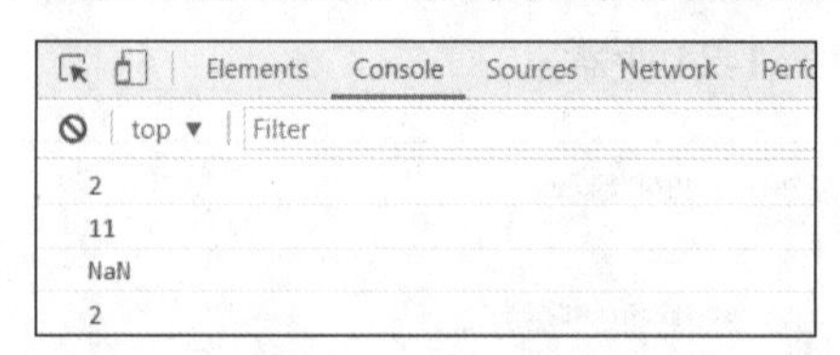

图 1-25　函数传入不同类型参数输出结果

【案例 1.4.7】函数实参比形参数量少

这段代码演示当实参比函数声明指定的形参数量少时，剩下的形参值都将设置为 undefined。

```
function add(x,y){
    console.log(x,y);//1 undefined
}
add(1);
```

在案例 1.4.7 中第 2 个实参 y 因为在函数调用时只有 1 个参数，所以实际使用中 y 的值是 undefined，如图 1-26 所示。

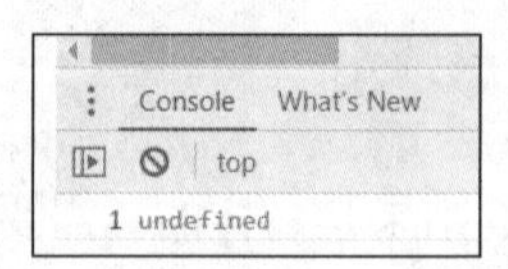

图 1-26　函数实参比形参数量少输出结果

而当实参比形参数量多时，剩下的实参没有办法直接获得，需要使用 arguments 对象。

JavaScript 中的参数在内部是用一个数组来表示的。函数接收到的始终都是这个数组，而不关心函数的形参，实际上完全可以不写形参。在函数体内可以通过 arguments 对象来访问这个参数数组，从而获取传递给函数的每一个参数。arguments 对象并不是 Array 的实例，它是一个类数组对象，可以使用方括号语法访问它的每一个元素。

【案例 1.4.8】函数实参比形参数量多

这个例子通过演示实参比形参数量多时，输出 arguments 对象，可以看到 arguments 对象接收了所有实参值。

```
function add(x){
   console.log(arguments[0],arguments[1],arguments[2]);//1 2 3
   console.log(arguments.length);
   return x+1;
}
var result;
result=add(1,2,3);
console.log(result);
```

执行上述代码，输出结果如图 1-27 所示。

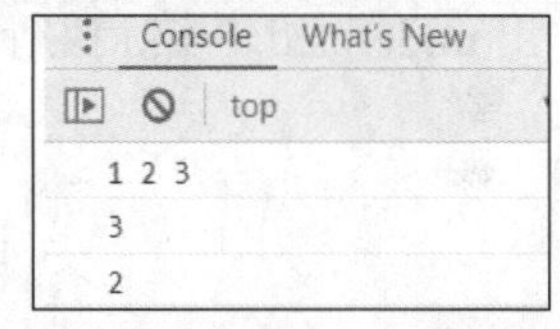

图 1-27 函数实参比形参数量多输出结果

对于 JavaScript 函数来说，形参只用于提供便利，但不是必需的。

【案例 1.4.9】函数参数传递

JavaScript 中所有函数的参数都是按值传递的。也就是说，把函数外部的值赋值到函数内部的参数，就和把值从一个变量赋值到另一个变量一样。因此当函数的形参值发生变化时，对外面的实参没有影响。

```
function addTen(num){
     num += 10;
     return num;
}
var count = 20;
var result = addTen(count);
console.log(count);//20，没有变化
console.log(result);//30
```

上述代码中，形参 num 的改变不会影响实参 count 的值。程序执行结果如图 1-28 所示。

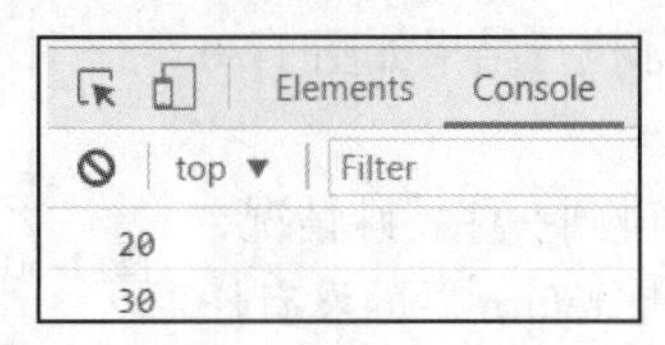

图 1-28 函数参数传递执行结果

思考

如果把数组名作为参数传递，在函数中修改了形参数组的值，那么实参所表示的数组里面的值是否发生了改变呢？如果值改变了，请解释为什么会改变？

JavaScript 函数不支持像传统意义上那样实现重载。在其他语言中，可以为一个函数编写两个定义，只要这两个定义的签名（接收的参数的类型和数量）不同即可。JavaScript 函数没有签名，因为其参数是由包含 0 或多个值的数组来表示的。而没有函数签名，真正的重载是做不到的。

4．函数返回值

微课 26

扫码观看微课视频

当函数调用结束后，需要把函数的执行结果返回到调用函数处，此时可以使用 return 语句实现。在 JavaScript 中，return 语句就是用来返回值的。

【案例 1.4.10】函数没有使用 return 语句返回值

这个例子演示如果函数没有显式使用 return 语句，那么函数有默认的返回值：undefined。

```
function show(a,b){
    var c=a+b;
}
var result=show(4,5);
console.log(result);
```

上述代码中，在 show()函数中因为没有使用 return 语句将计算结果返回，所以输出 result 时，输出 undefined。实际执行结果如图 1-29 所示。

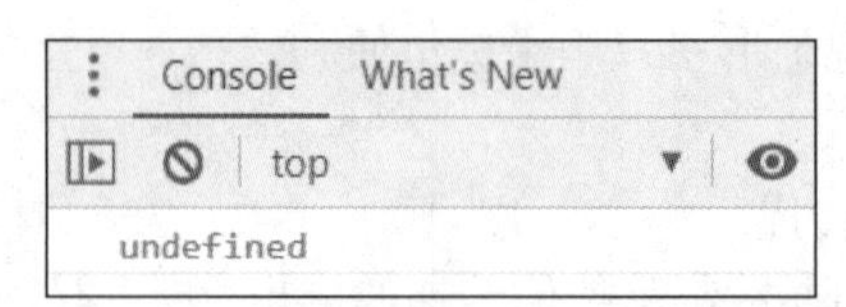

图 1-29　函数没有使用 return 语句返回值的结果

【案例 1.4.11】函数使用 return 语句返回值

这个例子演示如果函数使用 return 语句，那么跟在 return 后面的值或者表达式，就是函数的返回值，函数调用结束后，就会将其返回到调用函数处。

```
function show(a,b){
    var c=a+b;
    return c;
}
var result=show(4,5);
console.log(result);
```

上述代码中，因为使用 return 语句返回了计算结果 c，所以控制台输出结果 9。实际执行结果如图 1-30 所示。

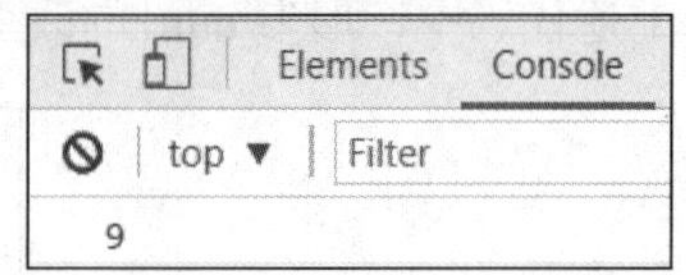

图 1-30　函数使用 return 语句返回值的结果

在使用 return 语句时，还会碰到一些特殊情况，例如函数使用了 return 语句，但是 return 后面没有任何值，那么函数的返回值也是 undefined。

思考

如果返回的是一个数组名，那么输出返回值的结果会输出什么呢？

需要注意的是函数使用 return 语句后，会在执行完 return 语句之后停止并立即退出，也就是说 return 后面的所有其他代码都不会再执行，所以函数返回语句具有“截断”函数执行的功能。

【案例 1.4.12】return 语句切断函数执行

这个例子通过在函数中插入 return 语句，切断后续语句的执行。

```
function show(a,b){
    var c=a+b;
    return c;
    console.log("这句话不会输出在控制台");
}
var result=show(4,5);
console.log(result);
```

因为 return 语句截断了 show()函数的执行，所以“console.log("这句话不会输出在控制台");”这行代码没有执行。程序的输出仍然如图 1-30 所示。

1.4.2 变量作用域

在 JavaScript 中，变量作用域按照作用范围分为 3 种：局部变量作用域、全局变量作用域、块级变量作用域（ES6 中引入）。引入变量作用域后产生自由变量，JavaScript 通过作用域链对其进行搜索访问。变量是否可用也与函数的调用存在关联，调用函数的同时变量的生命周期开始。下面对上述内容分别进行介绍。

微课 27

扫码观看微课视频

1. 局部变量作用域

局部变量：在函数内部定义的变量称为局部变量，其作用域为该函数内部，在该函数外部不能被访问。

【案例 1.4.13】局部变量

这个例子演示一个函数试图访问另一个函数中局部变量的情况。

```
// 定义函数 fn()
function fn(){
    var a=5;// 定义局部变量
    console.log(a);
};
// 调用函数 fn()
fn();
// 定义函数 fn2()
function fn2(){
    console.log(a);    //无法访问 a，报错
};
// 调用函数 fn2()
fn2();
```

上述代码中，在 fn2()函数中试图去访问 fn()中定义的局部变量 a，此时会因未定义 a 而报错，执行结果如图 1-31 所示。

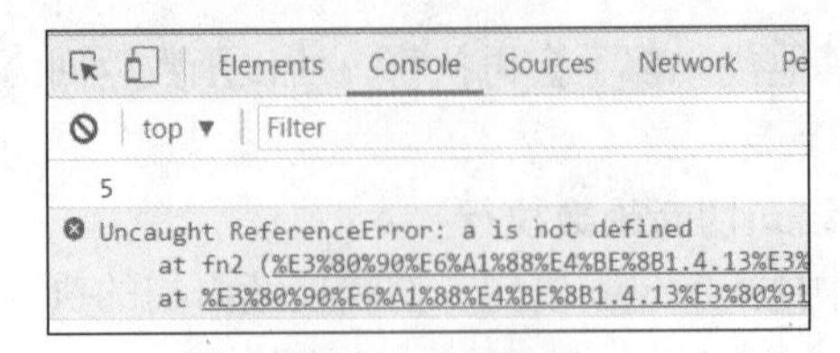

图 1-31　局部变量

2. 全局变量作用域

微课 28

扫码观看微课视频

全局变量：定义在函数外部的变量称为全局变量，其作用域是整个 JavaScript 代码块。事实上如果一个页面中存在多个<script>标签，在不同的<script>标签中依然可以访问在其他的<script>标签中定义的全局变量。

【案例 1.4.14】全局变量

这个例子演示不同函数访问全局变量的情况。

```
function fn3(){
    console.log("number的值是："+number);
}

var number=5; // 全局变量
function fn(){
    console.log("number的值是："+number);
}
function fn2(){
    ++number;
    console.log("number的值是："+number);
}
fn();
fn2();
fn3();
```

在上述代码中，定义了全局变量 number，fn()函数和 fn2()函数都已访问 number 变量，甚至在该变量定义语句前的函数 fn3()也可以访问 number 变量。程序输出结果如图 1-32 所示。

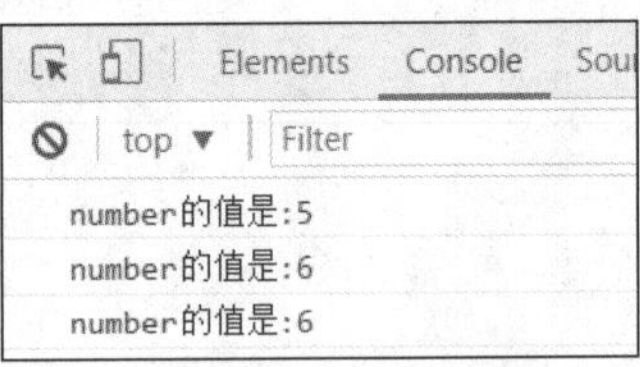

图 1-32　全局变量

思考

在上面的代码中如果把 fn3()函数调用语句放到全局变量定义之前，结果会是什么？

【案例 1.4.15】局部变量与全局变量冲突

这个例子演示如果在函数内定义了和全局变量名称相同的局部变量，那么在函数内部使用就近原则，即在函数内部局部变量起作用。

```
var number; // 全局变量

// 就近原则
function fn(){
    var number="我是局部变量";
    console.log("number 的值是: "+number);
}
function fn2(){
    number="我是全局变量"
    console.log("number 的值是: "+number);
}
fn();
fn2();
```

上述代码 fn()函数中定义的 number 字符串变量名字与全局变量 number 相同，此时根据就近原则，局部变量起作用，故在 fn()函数内，number 的值为“我是局部变量”。执行结果如图 1-33 所示。

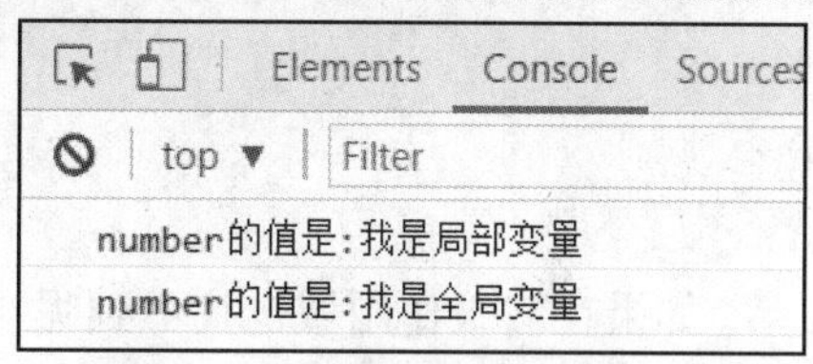

图 1-33 局部变量与全局变量冲突

3. 块级变量作用域

在 ES6 之前，是没有块级变量作用域的概念的。ES6 可以使用 let 关键字来实现块级变量作用域。

let 声明的变量只在 let 命令所在的代码块{}内有效，在{}之外不能访问。使用 var 关键字重新声明变量可能会带来问题：在块中重新声明变量也会重新声明块外的变量。

【案例 1.4.16】使用 let 定义块级变量

这个例子比较 var 声名变量和 let 定义变量的不同。

```
var x = 6;
console.log(x);
{
    var x = 3;
    console.log(x);
}
console.log(x);    //使用 var 定义的变量会出问题

var y = 6;
console.log(y);
{
    let y = 3;
    console.log(y);
}
console.log(y);    //使用 let 定义的变量就会解决刚才的问题
```

在上述代码中，在{}中使用 var 声明了变量 x，会重新声明块外的变量 x。因此在块外再次输出 x 的值时，会输出 3。如果在{}中使用 let 声明变量 y，则不会重新声明块外变量 y，因此输出值为 6。具体执行结果如图 1-34 所示。

图 1-34　使用 let 定义块级变量

4. 作用域链

在介绍作用域链之前，首先认识一下什么叫作自由变量。在下面这段代码中，console.log(a)表示输出 a 变量的值，但是在当前的作用域中没有定义 a。当前作用域没有定义的变量，称为自由变量。那么自由变量的值如何得到呢？答案是向父级作用域寻找。

微课 29

扫码观看微课视频

【案例 1.4.17】自由变量

这个例子演示如何确定自由变量的值。

```
var a = 10;
function fn() {
    var b = 20;
    console.log(a); // 这里的 a 就是一个自由变量
    console.log(b);
}
fn();
```

如果在父级作用域也找不到呢？继续一层一层向上寻找，若在全局作用域中还是没找到，就宣布放弃。这种一层一层的关系，就称为作用域链。

【案例 1.4.18】作用域链

这个例子用于演示作用域在代码中的作用。

```
var a = 10;
function F1() {
    var b = 20;
    function F2() {
        var c = 30;
        console.log(a); // 自由变量，顺作用域链向父级作用域寻找
        console.log(b); // 自由变量，顺作用域链向父级作用域寻找
        console.log(c); // 本作用域的变量
    }
    F2();
}
F1();
```

上述代码执行时，自由变量 a 和 b 顺着作用域链向父级作用域寻找。程序执行结果如图 1-35 所示。

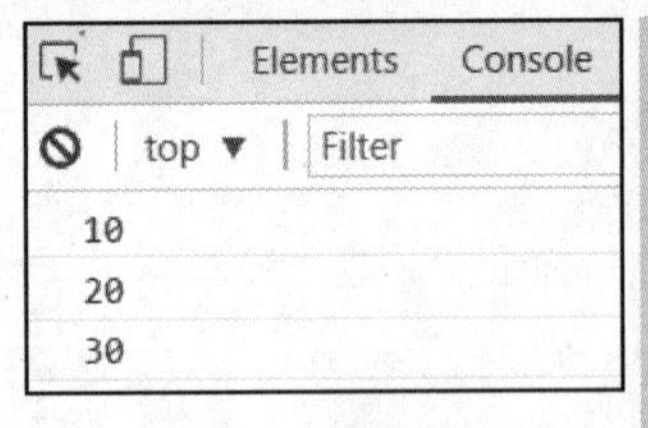

图 1-35　作用域链

5. 变量的生命周期

全局变量的作用域是全局性的，即在整个 JavaScript 程序中，全局变量处处都在。而在函数内部声明的变量，只在函数内部起作用。这些变量是局部变量，作用域是局部性的；函数

的参数也是局部性的，只在函数内部起作用。

在 JavaScript 中，对于 for 语句中定义的 i 变量，其生命周期在循环结束后仍然是有效的。这是因为 JavaScript 变量作用范围没有语句块的概念，使用 ES6 中提供的 let 关键字声明块级变量可以使变量的生命周期与语句相同。

【案例 1.4.19】变量的生命周期

这个例子演示使用 var 时的全局变量和局部变量的生命周期。

```
var global_one = "我是全局变量 1";
function fun(){
    global_two = "我是全局变量 2";
    var local_one = "我是局部变量";
}
console.log(global_one); // "我是全局变量 1"
console.log(global_two);// global_two is not defined

fun();
console.log(global_one); // "我是全局变量 1"
console.log(global_two);// "我是全局变量 2"
```

上述代码的执行结果如图 1-36 所示。

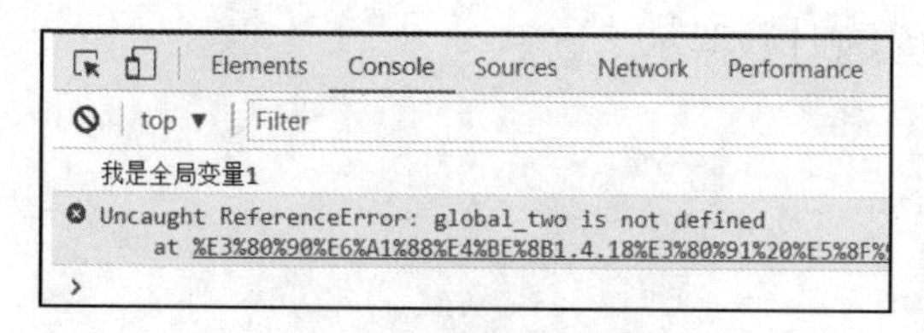

图 1-36　变量生命周期

从上面的案例 1.4.19 可以看到以下两点。

① JavaScript 中的函数内部定义变量的时候如果没有加 var，就是全局变量；否则为局部变量。

② 当 fun()没有执行的时候，函数内部的全局变量是不会声明并且定义的。

1.4.3　特殊函数

1. 匿名函数

所谓匿名函数就是没有指定函数名的函数。匿名函数的创建有两种方式。

第一种方式：将函数赋值给一个变量名，然后可以通过变量名(参数)的方式进行调用。

【案例 1.4.20】匿名函数 1

这个例子演示使用匿名函数返回形参的 2 倍数。

```
var double = function(x){
    return 2* x;
}
console.log(double(3));  //6
```

第二种方式：第一个圆括号表示创建一个匿名函数；第二个圆括号表示定义匿名函数的形参；第三个圆括号用于调用该匿名函数，并传入参数。实际上第二种方式就是函数的自调用，函数创建完毕后，会自动执行。

【案例 1.4.21】匿名函数 2

这个例子演示使用匿名函数求两个参数的和。

```
(function(x, y){
    alert(x + y);  //输出 5
})(2, 3);
```

匿名函数最大的用途是创建闭包（这是 JavaScript 语言的特性之一），它也经常用于函数的参数传递，用于实现回调函数。

简单地说，闭包就是函数的嵌套，是一种保护私有变量的机制，在函数执行时形成私有的作用域，保护里面的私有变量不受外界干扰。直观地说，闭包就是一个不会被销毁的栈环境。

内层的函数可以使用外层函数的所有变量，即使外层函数已经执行完毕。但是在函数外部不能访问内部变量和嵌套函数。此时就可以通过闭包来实现。

微课 32

扫码观看微课视频

闭包的主要用途有以下两种。

① 在函数外部读取函数内部的变量。

② 让变量的值始终保存在内存中。

【案例 1.4.22】闭包

这个例子通过闭包实现计数器。

```
var add = (function() {
    var counter = 0;
    return function() {
        return counter += 1;
    }
})();  //函数自调用

console.log(add());  //1
console.log(add());  //2
console.log(add());  //3
```

上述代码利用闭包实现了在全局作用域中访问局部变量 counter，并让变量的值始终保存在内存中。代码执行后，控制台实际输出如图 1-37 所示。

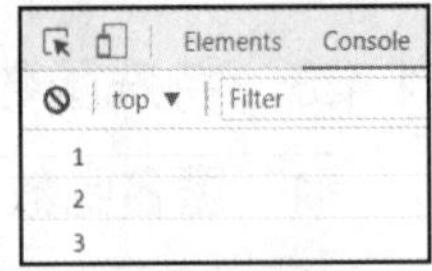

图 1-37 闭包

2. 回调函数

在 JavaScript 中回调函数非常重要，它们几乎无处不在。在 JavaScript 中，函数是比较奇怪的，但它们确确实实是对象。确切地说，函数是用 Function()构造函数创建的 Function 对象。Function 对象包含一个字符串，字符串包含函数的 JavaScript 代码。

微课 33

扫码观看微课视频

JavaScript 中函数可以作为参数传递。回调函数就是一个参数，将这个函数作为参数传到另一个函数里面，当那个函数执行完之后，再执行传进去的这个函数。这个过程就叫作回调。

【案例 1.4.23】回调函数 1

这个例子演示使用回调函数输出“Hello JavaScript.”。

```
function say(value) {
    alert(value);
}
function execute(someFunction,value){
    someFunction(value);
}
execute(say,'Hello JavaScript.');    //输出“Hello JavaScript.”
```

这段代码是将 say()函数作为参数传递给 execute()函数，这里的 say()函数就是回调函数。

【案例 1.4.24】回调函数 2

这段代码则是直接将匿名函数作为参数传递给 execute()函数，同样这个匿名函数也被称为回调函数。

```
function execute (someFunction, value) {
    someFunction(value);
}
execute(function(value){alert(value);}, 'Hello javascript.');
```

3. 箭头函数

微课 34

扫码观看微课视频

箭头函数是 ES6 引入的新的函数定义方式。按常规语法定义函数。

```
function funcName(params) {
      return params + 2;
}
funcName(2);
```

该函数使用箭头函数可以使用仅仅一行代码实现。

```
var funcName = (params) => params + 2
funcName(2);
```

上面的代码体现了在使用箭头函数写代码时的优势。下面介绍箭头函数的语法。

```
(parameters) => { statements }
```

如果没有参数，那么可以进一步简化。

```
( ) => { statements }
```

如果只有一个参数，可以省略圆括号。

```
parameter => { statements }
```

如果返回值只有一个表达式（expression），还可以省略花括号。

```
parameters => expression
```

和一般的函数不同，箭头函数不会绑定 this。利用这个特性可以解决一些实际问题。下面通过几个例子予以说明。在下面这段代码中，因为使用了关键字 new 构造，Counter()函数中的 this 绑定到一个新的对象，并且赋值给 a。通过 console.log()输出 a.num，会输出 0。

```
function Counter() {
    this.num = 0;
}
var a = new Counter();
```

下面在上述的代码中增加一个功能，每隔 1s 将 num 的值加 1。

【案例 1.4.25】箭头函数 1

这段代码通过定时器函数实现按指定间隔输出数字。

```
function Counter() {
      this.num = 0;
      this.timer = setInterval(function add() {
            this.num++;
            console.log(this.num);
    }, 1000);
}
var a = new Counter();
```

上述代码执行后会在控制台每隔 1s 输出 NaN，如图 1-38 所示。

事实上此输出结果并不是我们想要的，原因就是 setInterval()函数里面的 this 被重新绑定到全局对象 window 上，而 window.num 未定义，因此输出 NaN。此时可以使用箭头函数解决这个问题，因为箭头函数不会导致 this 被重新绑定到全局对象。

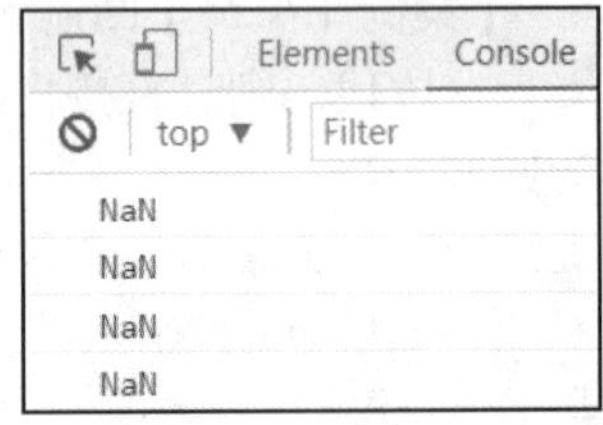

图 1-38　输出结果

【案例 1.4.26】箭头函数 2

这段代码改写了案例 1.4.25 的代码，使用箭头函数改写了定时器函数 Counter()。

```
function Counter() {
  this.num = 0;
  this.timer = setInterval(() => {
    this.num++;
    console.log(this.num);
  }, 1000);
}
var a = new Counter();
```

上述代码执行后会在控制台每隔 1s 输出累加的数字，如图 1-39 所示。

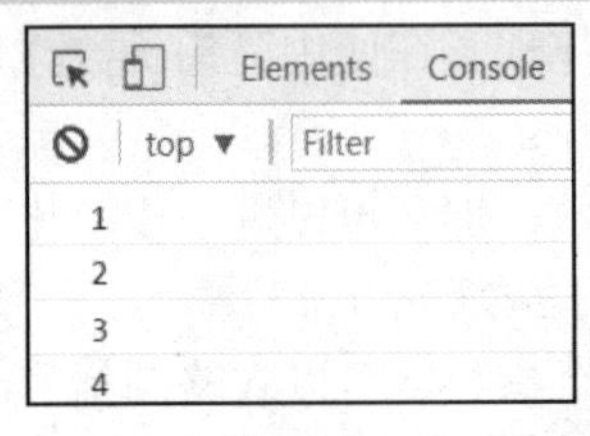

图 1-39　箭头函数输出结果

微课 35

扫码观看微课视频

4. 内部函数

所谓内部函数，指的是定义在另一个函数中的函数。例如下面这段代码中，inner()就是内部函数，它的作用域在函数 outer()内部，在 outer()外部执行无效。

```
function outer() {
      console.log("out");
      function inner () {
           console.log("in");
      }
}
```

那么如何在任何地方调用内部函数？JavaScript 允许像传递任何类型的数据一样传递函数，也就是说，JavaScript 中的内部函数能够“逃脱”定义它们的外部函数。

（1）给内部函数指定一个全局变量

【案例 1.4.27】内部函数 1

```
var bgg;
function outer() {
     console.log("out");
     function inner() {
          console.log("in");
     }
     bgg = inner;
}
outer(); // out
bgg(); // in
```

上述代码执行后，控制台输出如图 1-40 所示。

（2）通过在父函数中返回值来实现对内部函数的引用

【案例 1.4.28】内部函数 2

```
function outer() {
     console.log('out');
     function inner() {
          console.log('in');
     }
     return inner;
}
var res = outer(); // out
res(); // in
outer(); //out
```

上述代码执行后，控制台输出如图 1-41 所示。

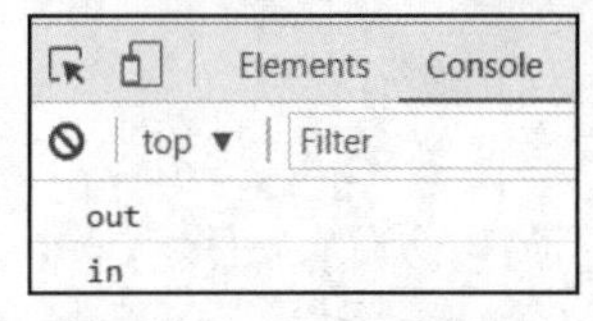

图 1-40　内部函数输出

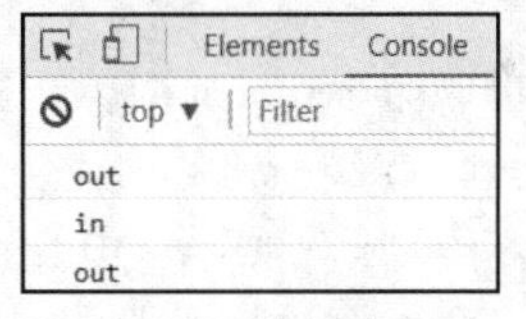

图 1-41　内部函数输出

5. 返回函数的函数

既然函数始终有一个返回值，即便不是显式的返回值，它也会隐式地返回 undefined，所以既然函数能返回一个唯一值，那么自然函数也能够返回一个函数。函数跟其他类型的值在本质上是一样的。所以就出现了返回函数的函数。

【案例 1.4.29】返回函数的函数

```
function a() {
  console.log('a!');
  return function () {
    console.log('b!')
  }
}
```

```
a();
a()();
```

直接调用 a()函数会返回 a()函数中返回的函数，a()();的意思是先调用 a()函数，再调用 a()函数返回的函数。所以最后会输出 a! 和 b!。

上述代码执行后，控制台输出结果如图 1-42 所示。

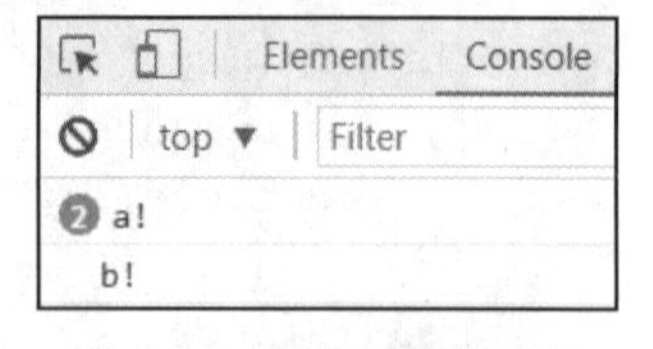

图 1-42 返回函数的函数

1.4.4 函数应用

1. 验证哥德巴赫猜想

哥德巴赫在 1742 年给欧拉的信中提出了以下猜想：任一大于 2 的整数都可写成 3 个质数之和。但是哥德巴赫自己无法证明它，于是就写信请教赫赫有名的大数学家欧拉帮忙证明，但是一直到死，欧拉也无法证明。因现今数学界已经不使用“1 也是质数”这个约定，原猜想的现代陈述为：任一大于 5 的整数都可写成 3 个质数之和。欧拉在回信中也提出另一等价版本，即任一大于 2 的偶数都可写成两个质数之和。如今常见的猜想陈述为欧拉的版本。目前哥德巴赫猜想还没有完全证明，但是我们可以编写一个程序去验证一个大于 2 的偶数是否能够分解为两个质数。具体的代码如下。

微课 37

扫码观看微课视频

【案例 1.4.30】验证哥德巴赫猜想

```
function prime(num){            //判断质数函数
    for(var i=2;i<num;i++){
        if(num%i==0)
            return false;
    }
    return true;
}

var number=parseInt(prompt("请输入一个大于 2 的偶数"));
for(var n=1;n<=number/2;n+=2){
    if(prime(n)&&prime(number-n)){      //将数字分解成 n 与 number-n
        console.log(number+"="+n+"+"+(number-n));
    }
}
```

上述代码中定义了一个函数 prime()用于判断一个数字是否是质数，如果是则返回 true，否则返回 false。用户输入数字 number 后，将数字拆分成 n 和 number-n 两部分，只有当两部分都是质数时，才将 true 输出到控制台。

素养课堂

哥德巴赫猜想的证明过程

1920 年，挪威的布朗证明了“9 + 9”。

1924 年，德国的拉特马赫证明了“7 + 7”。

1932 年，英国的埃斯特曼证明了“6 + 6”。

1937 年，意大利的蕾西先后证明了“5 + 7”“4 + 9”“3 + 15”“2 + 366”。

1938 年，苏联的布赫夕太勃证明了“5 + 5”。

1940 年，苏联的布赫夕太勃证明了“4 + 4”。

1948 年，匈牙利的瑞尼证明了“1+ c”，其中 c 是很大的自然数。

1956 年，中国的王元证明了“3 + 4”。之后证明了“3 + 3”“2 + 3”。

1962 年，中国的潘承洞和苏联的巴尔巴恩证明了“1 + 5”和“1 + 4”。

1965 年，苏联的布赫夕太勃和小维诺格拉多夫，及意大利的朋比利证明了“1 + 3 ”。

1966 年，中国的陈景润证明了“1 + 2 ”。

一般而言，只要明白什么是质数和偶数，就能看懂哥德巴赫猜想的表述。不过要证明或证伪它并不是一件容易的事情，将近 300 年过去了，这道题依然悬而未决。

中国人对哥德巴赫猜想有着特殊的感情，不仅是因为王元、潘承洞等数学家在用筛法试图证明哥德巴赫猜想的道路上做出了贡献，以及陈景润的 1+2（大偶数可以表示为一个质数和不超过两个质数乘积之和的形式）走到了距离证明哥德巴赫猜想最近的位置。更重要的原因是，陈景润的事迹借着当年“科学的春天”之风“吹”遍了大江南北，全国上下都知道陈景润证明了 1+2，知道了他是“摘取数学皇冠上的明珠”的人。

作为新时代的学生，也是未来的建设者，我们也要具有这样的工匠精神和崇高的追求。

2. 寻找水仙花数

微课 38

扫码观看微课视频

所谓的“水仙花数”是指对于一个 n 位数来说，每一位的 n 次方相加还等于该数本身。例如对于一个三位数，如果其各位数字的立方和等于该数本身，那么可以称这个数为“水仙花数”，153 是“水仙花数”，因为 $153 = 1^3 + 5^3 + 3^3$。具体的代码如下。

【案例 1.4.31】寻找水仙花数

```
function narcissus(num){
   var n=parseInt(num)
   var sum=0;
   var a,b,c;
   a=parseInt(n%10);          //把 num 的每一位分解
   b=parseInt(n/10%10);
   c=parseInt(n/100%10);
   sum=a*a*a+b*b*b+c*c*c;  //求立方和
   if(num===sum){
        return true;
   }
   else{
        return false;
   }
}

for(var num=100;num<1000;num++){
     if(narcissus(num)){
          console.log(num);
     }
}
```

narcissus()函数的作用是将一个数字拆分成百位、十位、个位，计算它们的立方之和，判断是否与原数字相同。

3. 寻找回文质数

微课 39

扫码观看微课视频

对一个整数 n（$n \geqslant 11$）从左向右和从右向左读其结果值相同且是质数，即称 n 为回文质数。除了 11，偶数位的数不存在回文质数。4,6,8…位数不存在回文质数。因为四位及四位以上的偶数位的回文数都可以被 11 整除，故不存在偶数位的回文质数。开始的几个回文质数如下：11,101,131,151,181,191,313,353,373,383,727,757,787,797,919,929…。其中两位回文质数 1 个，三位回文质数 15 个，五位回文质数 93 个，七位回文质数 668 个，九位回文质数 5172 个。具体的代码如下。

【案例 1.4.32】寻找回文质数

```
        function prime(num){          //判断 num 是否是质数
            for(var i=2;i<num;i++){
                if(num%i==0)
                    return false;
            }
            return true;
        }
        function Palindrome(num){
            var arr=[];
            var rarr=[];
            var i=0;
            while(num!=0){
            arr[i++]=parseInt(num%10);
            num=parseInt(num/10);
        }
        for(i=arr.length-1 ;i>=0;i--){
            rarr[rarr.length]=arr[i];
        }

        for(i=0;i<arr.length;i++){    //判断原来的数字与逆置后的数字是否一致
            if(arr[i]!=rarr[i]){
                return false;
            }
        }
        return true;
    }

    for(var n=10001;n<100000;n=n+2){
        if(prime(n)&&Palindrome(n)){    //同时满足质数和逆置一致要求可输出
            console.log(n);
        }
    }
```

上述代码中 prime()函数用来判断一个数字是否是质数，Palindrome()函数是将数字逆置，然后判断逆置后数字是否与原来的数字相等。如果相等，则该数字是回文数。只有当这个数字同时满足质数和逆置一致的要求，才可输出该数字。

拓展练习

一、单选题

1. 下面关于函数表达式的说法错误的是（　　）。

   A. 函数表达式的定义必须在调用前

   B. 函数表达式的调用要用到“变量名”

   C. 匿名函数可以利用函数表达式的方式定义

   D. 以上说法都不正确

2. 请阅读以下代码，调用函数 factorial(4)的结果为（　　）。

```
function factorial(n) { // 定义回调函数
    if (n == 1) {
        return 1; // 递归出口
    }
    return n * factorial(n - 1);
}
```

   A. 1　　B. 2　　C. 6　　D. 24

3. 下列选项中可以获取用户调用函数传递的实参的是（　　）。

   A. arguments.length　　B. theNums

   C. params　　D. arguments

4. 函数参数的数据类型可以是（　　）。

   A. 字符型　　B. 对象

   C. 数值型　　D. 以上答案全部正确

5. 下面关于函数的描述错误的是（　　）。

   A. 函数可提高代码的复用性，降低程序的维护难度

   B. 参数是外界传递给函数的值，多个参数之间使用分号隔开

   C. 定义函数的关键字是 function

   D. 函数名不能以数字开头

6. 下面关于闭包的说法错误的是（　　）。

   A. 闭包的使用可以节省内存的消耗，提高程序的处理速度

   B. 闭包可以在函数外部读取函数内部的变量

   C. 闭包可以让变量的值始终保持在内存中

   D. 闭包指的是有权访问另一函数作用域内变量的函数

7. 阅读以下代码，执行 fn(5,3)的返回值是（　　）。

```
function fn(x, y){
    return (++x) + (y++);
}
```

   A. 8　　B. 9　　C. 10　　D. 11

8. 下面对数组的 every()方法的返回值类型描述正确的是（　　）。
   A. 字符型　　B. 数组
   C. 布尔型　　D. 任意类型
9. 以下不能作为函数名称的是（　　）。
   A. getMin　　B. show　　C. const　　D. it_info
10. 阅读以下代码，执行结果为（　　）。

```
[2,3,4,5].reduce(function(total,item){return total+item;});
```

   A. 14　　B. 3　　C. 10　　D. 120

二、多选题

1. 以下关键字中与函数的定义无关的是（　　）。
   A. function　　B. continue　　C. break　　D. return
2. 下面选项中函数使用正确的是（　　）。
   A. 'miNI'.toUpperCase()　　B. toUpperCase('miNI')
   C. 'miNI'.toLowerCase()　　D. toLowerCase('miNI')

三、判断题

1. 函数体是专门用于实现特定功能的主体，由一条或多条语句组成。（　　）
2. 函数定义后，需要调用才能在程序中发挥作用。（　　）
3. 匿名函数可避免全局作用域的“污染”。（　　）
4. JavaScript 中形参的个数与实参的个数必须一致。（　　）
5. 递归调用占用的内存和资源比较多，因此开发中慎重使用。（　　）
6. 一个函数中只能有一个 return 关键字。（　　）
7. JavaScript 中函数名称严格区分大小写。（　　）
8. JavaScript 的函数名称中可以包含$符号。（　　）
9. 利用闭包可以让变量的值始终保存在内存中。（　　）
10. 斐波那契数列从第 3 项开始，每一项都等于前两项之和。（　　）

四、填空题

1.（　　）指的是函数定义时设置的参数。
2.（　　）在同一个页面文件中的所有脚本内都可以使用。
3.（　　）指的是没有函数名称的函数，可有效避免函数名的冲突问题。
4. 函数调用时，实参列表的值可以是（　　）、一个或多个。
5. 函数执行结束后，JavaScript 会利用（　　）释放局部变量所占用的存储空间。
6. JavaScript 中函数的作用域分为全局作用域、（　　）和块级作用域。
7. 一个函数在其函数体内调用自身的过程称为（　　）。
8. 在 JavaScript 中，函数的定义是由（　　）、函数名、参数和函数体组成的。

五、简答题

1. 请编写一个函数，利用回调函数，让用户自定义加减乘除运算。
2. 请简述什么是作用域链。

3. 请利用数组提供的 map()方法实现二维数组的转置。例如，[[1, 2, 3], [4, 5, 6], [7, 8, 9]]转为[[1, 4, 7], [2, 5, 8], [3, 6, 9]]。

1.5 综合项目实训——《俄罗斯方块》之创建工程

1.5.1 项目目标

- 掌握 HBuilder 的下载、安装、基本操作。
- 掌握使用 HBuilder 创建 Web 项目和创建页面的方法。
- 掌握 JavaScript 基础语法和程序控制语句（选择语句、循环语句等）。
- 掌握 JavaScript 数组的定义和访问。
- 掌握 JavaScript 函数的定义和使用。
- 掌握浏览器开发者工具的使用。
- 综合应用本单元知识和技能，进行《俄罗斯方块》迭代开发，即创建工程。

1.5.2 项目任务

1. 搭建开发环境

① 安装 Chrome 浏览器。

② 安装 HBuilder 开发工具。

2. 创建 Web 项目

使用 HBuilder 开发工具创建一个 Web 项目，项目名为“RussianBlock”，并创建 HTML 文件、CSS 文件和 JavaScript 文件。

3. 浏览器控制台输出方块信息

通过浏览器控制台输出不同类型的方块信息。例如“J 字型”，效果如图 1-43 所示。

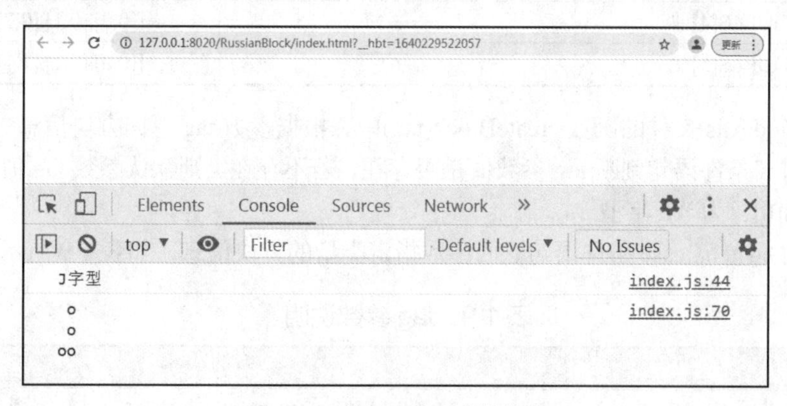

图 1-43 控制台输出方块信息

1.5.3 设计思路

（1）搭建开发环境，安装开发工具，然后创建项目。

① 创建一个《俄罗斯方块》Web 项目的游戏工程，项目命名为“RussianBlock”。

② 在工程中创建 index.html 文件、index.css 文件和 index.js 文件，如表 1-7 所示。

表 1-7　项目文件说明

类型	文件	说明
HTML 文件	index.html	游戏界面
CSS 文件	css/index.css	游戏界面样式
JavaScript 文件	js/index.js	执行游戏脚本

项目目录结构如图 1-44 所示。

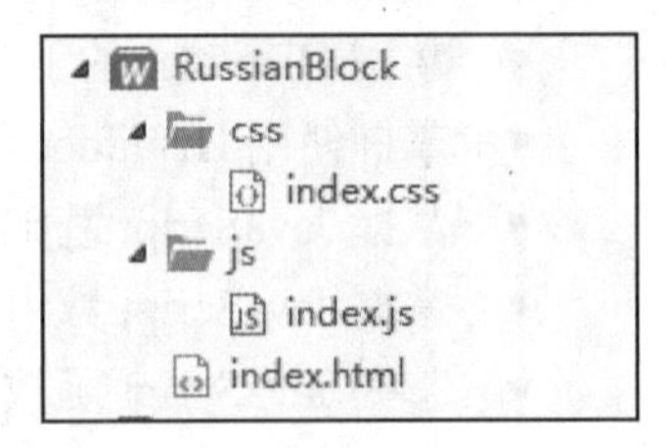

图 1-44　项目目录结构

（2）在 Web 项目的 index.html 页面文件中引入 index.js 文件

① 在 index.html 页面文件的<head>标签中定义网页标题——文本内容“俄罗斯方块”。

② 使用<script>标签引入 js 目录下的 index.js 文件，<script>标签放在结束标签</body>之上。

（3）在 index.js 文件中，编写一个函数 createBlock(tag)

该函数需要一个参数 tag，即方块的类型，可以用来返回该类型的方块信息。

（4）在 index.js 文件的函数 createBlock(tag)中，以字面量的方式定义数组 MODELS

该数组每个元素的值为一个二维数组，每个二维数组用来存储不同类型的方块信息，如表 1-8 所示。

表 1-8　方块结构说明

数组元素	方块类型	16 宫格坐标值（数组元素的值）
MODELS[0]	L 字型	[[0,0],[1,0],[2,0],[2,1]]
MODELS[1]	J 字型	[[0,1],[1,1],[2,0],[2,1]]
MODELS[2]	凸字型	[[1,1],[0,0],[1,0],[2,0]]
MODELS[3]	田字型	[[0,0],[0,1],[1,0],[1,1]]
MODELS[4]	一字型	[[0,0],[0,1],[0,2],[0,3]]
MODELS[5]	Z 字型	[[0,0],[0,1],[1,1],[1,2]]

（5）在 index.js 文件的函数 createBlock(tag)中，根据参数 tag 返回方块信息

① 使用 if 条件语句判断 tag 参数值是否存在，若不存在，则默认参数 tag 值为“zi”，返回 MODELS[0]，为“L 字型”。

② 使用 switch...case 条件语句返回参数指定类型的方块信息，如表 1-9 所示。

表 1-9　tag 参数说明

tag 参数值	函数返回值	方块类型
“er”	MODELS[0]	L 字型
“go”	MODELS[1]	J 字型
“tu”	MODELS[2]	凸字型
“tn”	MODELS[3]	田字型
“yi”	MODELS[4]	一字型
“zi”	MODELS[5]	Z 字型

（6）在 index.js 文件中，调用该函数并将函数的返回值输出到控制台

① 调用函数 createBlock()，例如参数选择“er”，则会输出“L 字型”。

② 定义一个 4×4 二维数组 arr，初始化二维数组 arr 所有元素默认值为 0。

③ 使用 for 语句，将有方块的位置对应的数组 arr 元素值设置为 1。

④ 遍历二维数组 arr，元素为 1 时输出“o”，元素为 0 时输出空格，输出结果为一个 4 行 4 列的图形矩阵。

1.5.4 编程实现

1. 步骤说明

“创建工程”迭代步骤如下。

步骤一：搭建开发环境，安装 HBailder 开发工具。

步骤二：创建《俄罗斯方块》游戏 Web 项目。

步骤三：在 Web 项目的 index.html 页面文件中引入 index.js 文件。

步骤四：在 index.js 文件中，编写函数 createBlock(tag)。

步骤五：在 index.js 文件的函数 create Block(tag)中，根据参数 tag 返回方块信息。

步骤六：在 index.js 文件中，调用 createBlock(tag)函数并将函数的返回值输出到控制台。

2. 实现

步骤一：搭建开发环境，安装 HBuilder 开发工具。

（1）下载 HBuilder

① 进入 HBuilder 官方网站首页，单击符合本机操作系统的版本按钮下载 HBuilder，如图 1-45 所示。

② 下载后得到压缩文件（如 HBuilder.9.1.29.windows.zip）。

（2）安装 HBuilder（解压下载文件后即可使用）

解压 HBuilder.9.1.29.windows.zip 到一个目录下（如解压到 D 盘根目录下，解压后将生成 D:\HBuilder），即 HBuilder 的文件夹，文件目录如图 1-46 所示。

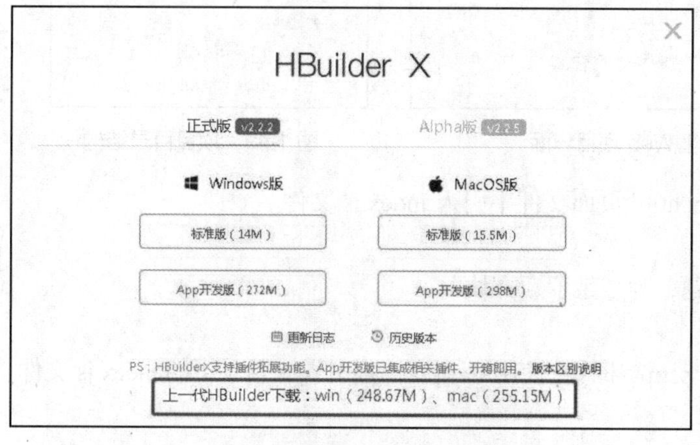

图 1-45 HBuilder 下载界面

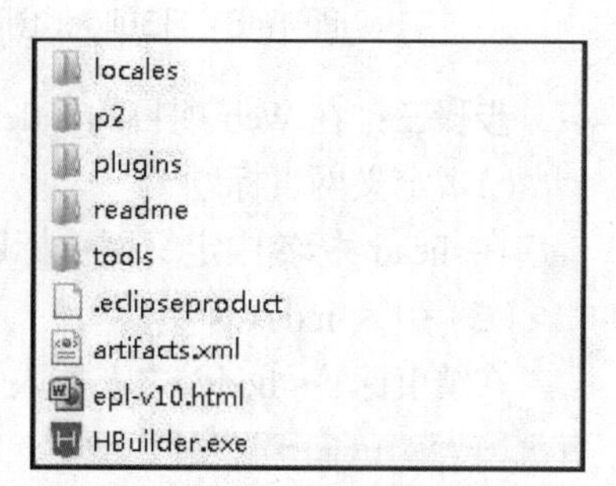

图 1-46 HBuilder 目录结构

步骤二：创建《俄罗斯方块》游戏 Web 项目。

（1）创建 Web 项目

在 HBuilder 主界面上，选择“文件”→“新建”→“Web 项目”命令，如图 1-47 所示。

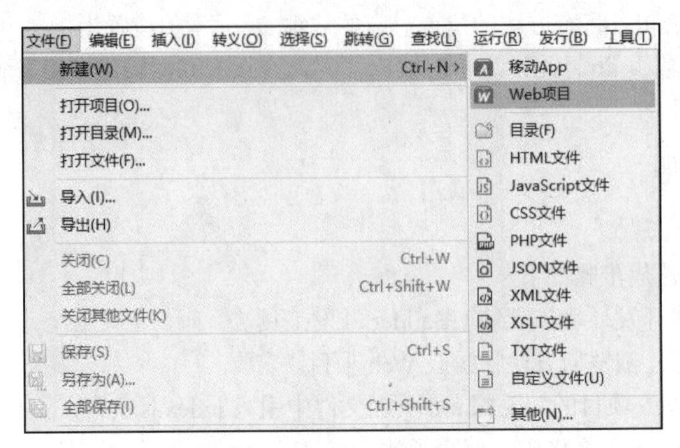

图 1-47　HBuilder 新建项目

（2）输入项目名称

在“创建 Web 项目”对话框中，“项目名称”处填写创建项目的名称，“位置”处填写项目保存路径（更改此路径 HBuilder 会记录，下次默认使用更改后的路径），“选择模板”处可选择使用的模板（可点击“自定义模板”），如图 1-48 所示。

项目目录结构如图 1-49 所示。

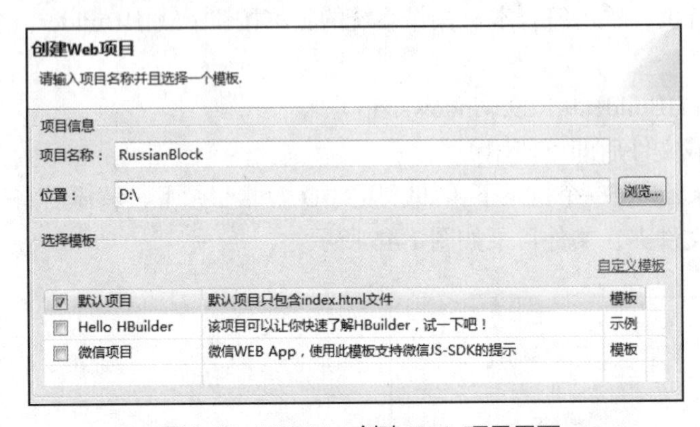

图 1-48　HBuilder 创建 Web 项目界面

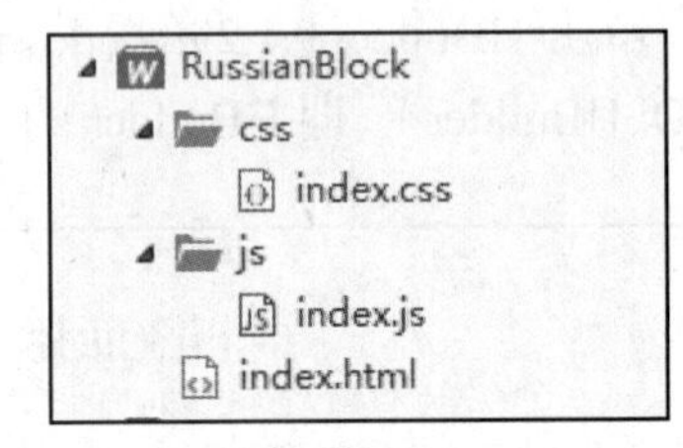

图 1-49　项目目录结构

步骤三：在 Web 项目的 index.html 页面文件中引入 index.js 文件。

（1）定义网页标题

在<head>标签中定义网页标题，为“俄罗斯方块”。

（2）引入 index.js 文件

在结束标签</body>之上加入<script>标签，使用<script>标签引入 js 目录下的 index.js 文件。

```
<!DOCTYPE html>
<html>
    <head>
        <meta charset="UTF-8">
```

```
        <title>俄罗斯方块</title>
    </head>
    <body>
        <script type="text/javascript" src="js/index.js"></script>
    </body>
</html>
```

步骤四： 在 index.js 文件中，编写函数 createBlock(tag)。

函数 createBlock(tag)需要一个参数 tag，即方块的类型，以返回该类型的方块信息。

```
/*
 * 返回该类型的方块信息
 */
function createBlock(tag){
}
```

在 index.js 文件的函数 createBlock(tag)中，使用数组字面量的方式，定义一个数组，数组中存储不同类型的方块信息（包含方块模型名和方块模型内容）。

L 字型，值为“[[0,0],[1,0],[2,0],[2,1]]”的数组，表示在 16 宫格内初始化坐标值，也是在 4×4 的 16 宫格中的方块模型初始的形态。

J 字型，值为“[[0,1],[1,1],[2,0],[2,1]]”的数组，表示在 16 宫格内初始化坐标值，也是在 4×4 的 16 宫格中的方块模型初始的形态。

凸字型，值为“[[1,1],[0,0],[1,0],[2,0]]”的数组，表示在 16 宫格内初始化坐标值，也是在 4×4 的 16 宫格中的方块模型初始的形态。

田字型，值为“[[0,0],[0,1],[1,0],[1,1]]”的数组，表示在 16 宫格内初始化坐标值，也是在 4×4 的 16 宫格中的方块模型初始形态。

一字型，值为“[[0,0],[0,1],[0,2],[0,3]]”的数组，表示在 16 宫格内初始化坐标值，也是在 4×4 的 16 宫格中的方块模型初始的形态。

Z 字型，值为“[[0,0],[0,1],[1,1],[1,2]]”的数组，表示在 16 宫格内初始化坐标值，也是在 4×4 的 16 宫格中的方块模型初始的形态。

```
/*
 * 返回该类型的方块信息
 */
function createBlock(tag){
    //创建所有可能的方块的数组
    var MODELS = [
        [ [0,0], [1,0], [2,0], [2,1] ], //第一个为 L 字型
        [ [0,1], [1,1], [2,0], [2,1] ], //第二个为 J 字型
        [ [1,1], [0,0], [1,0], [2,0] ], //第三个为凸字型
        [ [0,0], [0,1], [1,0], [1,1] ], //第四个为田字型
        [ [0,0], [0,1], [0,2], [0,3] ], //第五个为一字型
        [ [0,0], [0,1], [1,1], [1,2] ], //第六个为 Z 字型
    ];
}
```

步骤五：在 index.js 文件的函数 createBlock(tag)中，根据参数 tag 返回方块信息。

（1）判断参数 tag 的值

使用 if 条件语句判断参数 tag 的值是否存在，若不存在，则定义参数 tag 的默认值为“zi”，返回 MODELS[5]，为“Z 字型”。

（2）判断并返回给定参数类型的方块信息

使用 switch...case 条件语句，判断并返回给定参数类型的方块信息。

① 参数 tag 值为“er”时，返回 MODELS[0]，为“L 字型”。

② 参数 tag 值为“go”时，返回 MODELS[1]，为“J 字型”。

③ 参数 tag 值为“tu”时，返回 MODELS[2]，为“凸字型”。

④ 参数 tag 值为“tn”时，返回 MODELS[3]，为“田字型”。

⑤ 参数 tag 值为“yi”时，返回 MODELS[4]，为“一字型”。

⑥ 参数 tag 值为“zi”时，返回 MODELS[5]，为“Z 字型”。

```
/*
 * 返回该类型的方块信息
 * @param tag 方块类型
 */
function createBlock(tag){
    //创建所有可能的方块的数组（代码省略）

    // tag 不存在，默认为 Z 字型
    if(!tag) tag = 'zi';
    switch (tag){
        case 'er'://L 字型
            block = MODELS[0];
            break;
        case 'go'://J 字型
            block = MODELS[1];
            break;
        case 'tu'://凸字型
            block = MODELS[2];
            break;
        case 'tn'://田字型
            block = MODELS[3];
            break;
        case 'yi'://一字型
            block = MODELS[4];
            break;
        case 'zi'://Z 字型
            block = MODELS[5];
            break;
    }
    return block;
}
```

步骤六：在 index.js 文件中，调用 createBlock(tag)函数并将函数的返回值输出到控制台。

（1）调用函数 createBlock()

调用函数 createBlock()，如参数选择‘go’，则会返回 MODELS[1]，为“J 字型”。

```
var block = createBlock('go'); //测试调用
```

（2）模拟 16 宫格

定义一个空的二维数组 arr，模拟 16 宫格。

```
var arr = [
            [0,0,0,0],
            [0,0,0,0],
            [0,0,0,0],
            [0,0,0,0]
      ];
```

（3）初始化方块

使用 for 语句，将所有方块的位置设置为 1。

① 定义一个 temp 临时变量，存储每个字型的方块信息。

② 将 temp[0]单个方块横坐标、temp[1]单个方块纵坐标组成二维数组，存储在 arr 数组中，若判断数组值（即方块的位置）为 1，则判断该位置是单个方块，我们用“o”代替。

```
//将所有方块的位置设置为 1
for(var i=0; i<block.length; i++){
    var temp = block[i];
    arr[temp[0]][temp[1]] = 1;
}
```

（4）将函数的返回值输出到控制台

使用 for 语句，将函数的返回值输出到控制台。

① 使用 for 语句循环遍历数组 arr，循环变量为 i，定义 temp 临时变量存储 arr[i]的值。

② 在循环内部循环遍历 temp 数组，循环变量为 j，若 temp[j]的值为 1，则定义变量 shape，将变量的值设置为“o”，然后使用“\n”换行。

③ 循环结束，在控制台输出 shape 的值，就可以得到相应的方块类型的图形。

```
//控制台输出图形
var shape = '';
for (var i=0; i<arr.length; i++) {
    var temp = arr[i];
    for (var j=0; j<temp.length; j++) {
        if(temp[j] === 1){
            shape += 'o';
        }else{
            shape += ' ';
        }
    }
    shape += '\n';
}
console.log(shape);
```

单元小结

本单元首先介绍了 JavaScript 的历史与现状，读者可以了解到 JavaScript 是如何以及为何出现的，从它的开始到如今涵盖各种特性的版本的实现。然后带领读者编写自己的“hello world”程序，兼顾 JavaScript 及浏览器的版本差异性提出相应的编程策略；讲述了 JavaScript 脚本语言的实现基础，阐明了易混淆的术语，如 JavaScript 与 Java 等，力图给读者比较全面、直观的印象。还介绍了 JavaScript 基本语法，讲解了数据类型、运算符、基本语句等知识。讲解了数组的创建以及数组的基本操作。详细介绍了 JavaScript 中函数的基本概念、变量作用域、特殊函数等基础知识。通过本单元的学习，读者应能理解 JavaScript 中的基本概念，能够运用基本语句、数据类型和运算符编写代码，能够掌握匿名函数、回调函数、箭头函数的使用规则。还介绍了本书综合案例《俄罗斯方块》的实现，从创建项目工程到分析设计不同方块字型，并通过代码实现了输出不同方块的功能。

单元 2 面向对象编程

JavaScript 中所有的事物都是对象，对象是带有属性和方法的特殊数据类型。使用面向对象程序设计思想进行编程符合人类的思维方式，与现实世界更加接近，所有的对象都被赋予相应的属性和方法，面向对象编程更人性化。

学习目标

知识目标

- 理解面向对象编程的基本概念。
- 掌握 JavaScript 创建对象的方法。
- 掌握 JavaScript 中对象的使用方法。
- 掌握利用构造函数创建对象的方法。
- 掌握 JavaScript 中内置对象的使用方法。

能力目标

- 能够理解面向对象编程的特征，使用面向对象思想分析问题。
- 能够根据实际问题创建对象。
- 能够使用内置对象实现复杂任务。

素质目标

- 提高学生对专业知识技能学习的认可度与专注度，引导学生增强技术自信，树立崇高的职业理想。
- 通过综合项目实例中具体功能的编程实现，提高学生在沟通表达、自我学习和团队协作方面的能力。

2.1 面向对象概述

面向对象程序设计（Object Oriented Programming，OOP）的主要思想是把构成问题的各个事务分解成各个对象，建立对象不是为了完成一个步骤，而是为了描述一个事务在整个解决问题的步骤中的行为。

2.1.1 面向对象的基本概念

微课 40

扫码观看微课视频

1. 面向对象的编程思想

面向对象产生的历史原因有下面两点。

第一，计算机是帮助人们解决问题的，然而计算机终究是机器，它只会按照人们所编写的代码，一步一步执行下去，最终得到结果。因此无论程序多么复杂，计算机总是能轻松“应付”。结构化编程，就是按照计算机的思维写出代码，但是随着代码的逻辑越来越复杂，维护和扩展就会变得非常困难。

第二，结构化编程是以功能为目标来设计、构造应用系统的，这种做法导致我们设计程序时，不得不将客体所构成的现实世界映射到由功能模块组成的解空间中。这种转换过程，背离了人们观察和解决问题的基本思路。

可见使用结构化编程思想设计系统的时候，难以解决重用、维护、扩展的问题，而且会导致逻辑过于复杂，代码晦涩难懂。于是自然而然就会出现这样的问题，能不能让计算机直接模拟现实的环境，用人类解决问题的思路、习惯、步骤来设计相应的应用程序？对于这样的程序，人们在读它的时候，会更容易理解，也不需要再在现实世界和程序世界之间来回转换。

与此同时，人们发现，在现实世界中存在的客体是问题域中的主角。所谓客体是指客观存在的对象实体和主观抽象的概念。这种客体具有属性和行为，而客体是稳定的，其行为是不稳定的，同时客体之间具有各种联系。因此采用面向客体编程实现的系统比采用面向行为编程实现的系统会更稳定。在面对频繁的需求更改时，改变的往往是行为，而客体一般不需要改变，所以我们就把行为封装起来，这样改变的时候只需要改变行为即可，主架构则保持了稳定。于是面向对象就产生了。

2. 面向对象的三大特征

微课 41

扫码观看微课视频

（1）封装

找到行为并且把它封装起来，就可以在不影响其他部分的情况下修改或扩展被封装的行为。所有设计模式的基础就是封装行为，因此封装就解决了程序的可扩展性。

（2）继承

子类继承父类，可以继承父类的方法及属性，可实现多态以及代码的重用，也实现了系统的可重用性和可扩展性。但是继承破坏了封装，因为它是对子类开放的。修改父类会导致所有子类的改变，因此继承一定程度上又破坏了系统的可扩展性。继承要慎用，只有明确的 is-a 关系才能使用。同时继承是在程序开发过程中重构得到的，而不是程序设计之初就使用的。很多面向对象开发者滥用继承，结果造成后期的代码难以适应需求的变化。因此优先使用组合，而不是继承，是面向对象开发中重要的经验。

（3）多态

接口的多种不同的实现方式即多态。接口是对行为的抽象，上面提到，可以找到行为并封装起来，但是封装起来后，怎么适应接下来的行为？这正是接口要解决的问题，接口主要是为不相关的类提供通用的处理服务。我们可以想象一下，比如鸟会飞，但是超人也会飞，我们可以让鸟和超人都实现“飞”这个接口，这就实现了系统的可维护性、可扩展性。

因此面向对象有助于实现人们追求的系统可维护性、可扩展性、可重用性。面向对象是一种编程思想。起初，“面向对象”专指在程序设计中采用封装、继承、多态等设计方法。但现在面向对象的思想已经涉及软件开发的各个方面，比如细分为面向对象的分析（OOA）、面向对象的设计（OOD）、面向对象程序设计（OOP）。

思考

你是如何理解面向对象的？面向对象编程的优点是什么？

2.1.2 定义对象

现实生活中，一辆汽车、一名学生、一本书都可以看作对象。对象有它的属性，如重量、颜色、姓名、价格等，对象的方法有启动、停止、选课、借书等。JavaScript 中可以使用不同的方法针对这些现实中的事物创建对象。

1. 使用 new Object()构造函数创建对象

JavaScript 使用 new 关键字创建用户定义的对象类型的实例或具有构造函数的内置对象的实例。JavaScript 中几乎所有的对象都是 Object 类型的实例，它们都会从 Object.prototype 继承属性和方法。Object()构造函数用于创建对象包装器。Object()构造函数会根据给定的参数创建对象，具体有以下情况。

- 如果给定值是 null 或 undefined，将会创建并返回一个空对象。
- 如果传进去的是一个基本类型的值，则会构造其包装类型的对象。
- 如果传进去的是引用类型的值，仍然会返回这个值，经它们复制的变量保有和源对象相同的引用地址。
- 当以非构造函数形式被调用时，Object()构造函数的行为等同于 new Object()构造函数。

【案例 2.1.1】使用 new Object()构造函数创建对象

这个例子创建一个学生对象，设置并输出学生相应信息，编写一个方法输出"hi"。

```
var stu = new Object();    //创建了一个空的对象
stu.name = 'zhangsan';
stu.age= 19;      //这里需要用 = 赋值添加属性和方法
stu.gender = 'm';      //属性和方法后面以;结束
stu.sayHi = function() {
  console.log('hi');
}
console.log(stu.name);
console.log(stu['age']);  //19
stu.sayHi();          //hi
```

案例 2.1.1 的执行结果如图 2-1 所示。

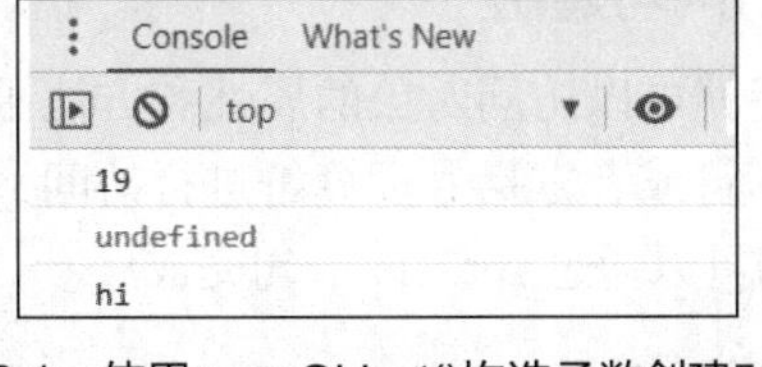

图 2-1 使用 new Object()构造函数创建对象

2. 使用字面量创建对象

JavaScript 中也支持使用字面量的方式创建对象，在计算机科学中，字面量（literal）用于表达源代码中的固定值。JavaScript 中使用一对花括号表示对象，因此可以使用一对花括号的方式表示对象字面量。使用字面量示例代码如下。

【案例 2.1.2】使用字面量创建对象 1

这个例子使用字面量创建一个学生对象。

```
var stu = {}; //空对象
//添加属性
stu.name = "小信";
stu.age = 19;
```

```
//添加方法
stu.sayHi = function () {
     console.log("我叫: " + this.name);
}
stu.sayHi();
```

案例 2.1.2 的执行结果如图 2-2 所示。

图 2-2　使用字面量创建对象 1

【案例 2.1.3】使用字面量创建对象 2

也可以在花括号内直接进行编码创建对象。

```
var stu2 = {
     name: "小信",
     age: 19,
     sayHi:function () {
         console.log("我叫: " + this.name);
     },
     eat:function () {
          console.log('吃了');
     }
}
stu2.sayHi();    //我叫: 小信
stu2.eat();      //吃了
```

案例 2.1.3 的执行结果如图 2-3 所示。

图 2-3　使用字面量创建对象 2

2.1.3　对象成员访问与遍历

对象创建好后，就可以访问对象的属性和方法了，单个成员可以通过点运算符或者方括号运算符进行访问，如果想要遍历所有的成员则可以通过 for…in 语句完成。

1. 对象成员的访问

访问对象属性可以通过两种方式。

```
对象名.属性
```

或

```
对象名['属性']
```

微课 44

扫码观看微课视频

【案例 2.1.4】访问对象属性

这个例子通过两种方式访问对象的属性。

```
var stu = {}; //空对象
```

```
//添加属性
stu.name = "小信";
stu.age = 19;
stu.sayHi = function () {
    console.log("我叫：" + this.name);
}
console.log(stu.name);
console.log(stu['age']);
```

案例 2.1.4 的执行结果如图 2-4 所示。

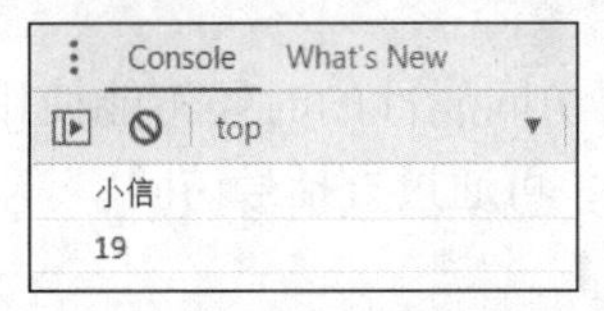

图 2-4　访问对象属性

如果访问对象中不存在的属性，则返回 undefined。

```
var stu = {}; //空对象
console.log(stu.name);    //undefined
```

访问对象方法同样也可以通过两种方式。

```
对象名.方法名()
```

或

```
对象名['方法名']()
```

【案例 2.1.5】访问对象方法

这个例子通过两种方式访问对象的方法。

```
var stu = {}; //空对象
//添加属性
stu.name = "小信";
stu.age = 19;
stu.sayHi = function () {
    console.log("我叫：" + this.name);
}
stu.sayHi();        //我叫：小信
stu['sayHi']();     //我叫：小信
```

案例 2.1.5 的执行结果如图 2-5 所示。

图 2-5　访问对象方法

如果访问对象中不存在的方法，则浏览器会提示该方法不是方法。

```
var stu = {}; //空对象
stu.goodBye();   //Uncaught TypeError: stu.goodBye is not a function
```

思考

访问对象成员所使用的点与方括号的区别是什么？

2. 对象成员的遍历

微课 45

扫码观看微课视频

使用 for...in 语法可以遍历指定对象中的所有属性和方法。其基本语法格式如下。

```
for(var key in obj)
```

需要注意的是，循环内部要访问属性的时候不能使用点访问，因为 for...in 循环的 key 是字符串格式，可通过方括号访问。

【案例 2.1.6】对象成员遍历 1

```
var person={fname:" Tom",lname:" Jerry",age:40};
for (var x in person){
     console.log(x);  //输出属性名，如 fname、lname、age
     console.log(person[x]);  //输出属性的值，如 Tom、Jerry、40
}
```

案例 2.1.6 的执行结果如图 2-6 所示。

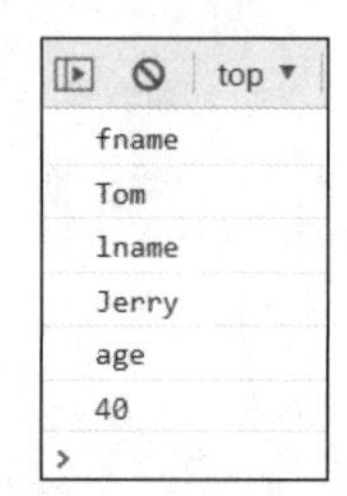

图 2-6　对象成员遍历 1

【案例 2.1.7】对象成员遍历 2

如果对象中有方法，则需要注意输出方法时如果不加圆括号，则输出方法代码。如果需要调用方法，则需要加上一对圆括号。

```
var person={
     fname:"Bill",
     lname:"Gates",
     age:65,
     sayHi:function(){
       console.log('Hi');
     }
};
for (var x in person){
     console.log(x);
     console.log(person[x]); // 当输出 person['sayHi']时，输出的是 sayHi()方法的代码
}
```

案例 2.1.7 的执行结果如图 2-7 所示。

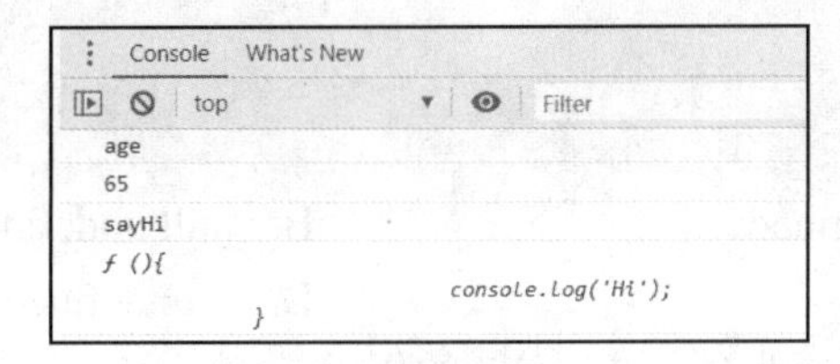

图 2-7 对象成员遍历 2

【案例 2.1.8】对象成员遍历 3

如果需要在遍历到对象方法的时候，去执行方法代码，则需要首先判断遍历结果的类型，如果是方法则通过加圆括号的方式调用方法。

```
var person={
    fname:"Bill",
    lname:"Gates",
    age:65,
    sayHi:function(){
        console.log('Hi');
    }
};
for(var x in person){
    if(typeof person[x]=='function'){
        console.log(x);
        person[x]();    //如果判断遍历结果是方法，则后面应该加上圆括号
    }
    else{
        console.log(x);
        console.log(person[x]);
    }
}
```

案例 2.1.8 的执行结果如图 2-8 所示。

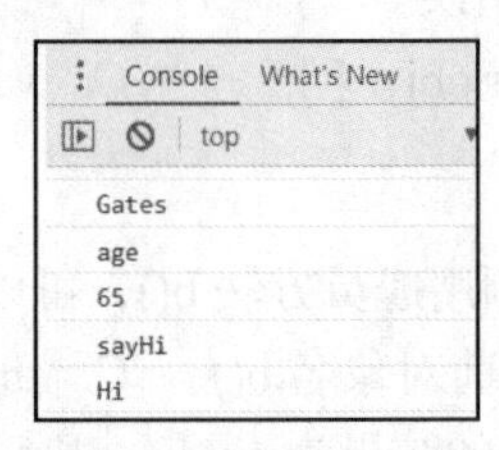

图 2-8 对象成员遍历 3

拓展练习

一、单选题

1. 请选择结果为 true 的表达式。(　　)

A. null instanceof Object　　B. null === undefined

C. null == undefined　　D. NaN == NaN

2. 以下代码的执行结果是（　　）。

```
var a = '1';
var a, b;
console.log(a, b);
```

A. undefined undefined　　B. null undefined
C. 1 1　　D. 1 undefined

3. 若 obj 是一个对象，则 'name' in obj 的作用是（　　）。
A. 判断 obj 中是否含有 name 属性
B. 判断 obj 中是否含有 name 方法
C. 判断 obj 中是否含有 name 成员
D. 判断 obj 中的 name 属性的值是否为空

4. 当调用了不存在的方法时，抛出的错误类型为（　　）。
A. RangeError　　B. ReferenceError　　C. SyntaxError　　D. TypeError

5. “隐藏内部细节，对外开放接口”是面向对象的（　　）特征。
A. 继承　　B. 抽象　　C. 多态　　D. 封装

6. 下列程序输出的对象是（　　）。

```
(function(obj) {
    console.log(obj);
})(this);
```

A. Function　　B. 当前匿名函数　　C. Window　　D. window

7. 函数的 call()方法的第 1 个参数表示（　　）。
A. 函数返回的对象　　B. 函数内部 this 指向的对象
C. 函数的数组形式参数　　D. 以上说法都不正确

8. 当引用了不存在的变量时，抛出的错误类型为（　　）。
A. RangeError　　B. ReferenceError　　C. SyntaxError　　D. TypeError

9. 下列选项不属于面向对象特征的是（　　）。
A. 封装　　B. 继承　　C. 映射　　D. 多态

10. 以下哪条语句会产生执行错误。（　　）
A. var obj = ( );　　B. var obj = [ ];　　C. var obj = { };　　D. var obj = / /;

二、多选题

1. 若在对象的成员方法 a()中调用成员方法 b()，可以使用（　　）语法。
A. b()　　B. 当前对象名.b()　　C. this.b()　　D. this['b']()

2. 若使用 typeof 检测一个变量的结果为 object，则该变量可能是一个（　　）。
A. 字符串　　B. 数组　　C. 函数　　D. 对象

3. 下列选项中，访问对象成员的语法，正确的是（　　）。
A. obj.name　　B. obj['name']　　C. obj->name　　D. obj('name')

4. 下列选项中，哪些场景适合使用面向对象编程。（　　）
A. 要求极高的执行效率　　B. 开发大型项目
C. 开发一次性的功能脚本　　D. 使代码更好维护

5. 若有两个对象 p1 和 p2，执行 p1 = p2 后，下列说法正确的是（　　）。

A. 该操作属于深拷贝　　　　　　　　B. 该操作属于浅拷贝

C. 改变 p1 的成员，p2 也会发生改变　　D. 改变 p2 的成员，p1 不发生改变

三、判断题

1. 在 JavaScript 中，属性是作为对象成员的变量，表明对象的状态。（　　）
2. 在 JavaScript 中定义一个对象使用“[]”。（　　）
3. 对象的成员属于基本数据类型。（　　）
4. 当一个网页中包含两个<script>时，如果第 1 个中的代码出现错误，第 2 个不会执行。（　　）
5. 在 JavaScript 中，方法是作为对象成员的函数，表明对象所具有的行为。（　　）
6. 在 JavaScript 中没有 class 关键字。（　　）
7. 静态成员需要先创建对象才能使用。（　　）
8. 静态成员是指对象中保存的值不变的成员。（　　）
9. 属性是一个变量，用来表示一个对象的特征。（　　）
10. 在使用字面量语法定义对象时，属性名不能省略引号。（　　）

四、填空题

1. 定义对象时，对象的多个成员之间使用（　　）分隔。
2. 在 JavaScript 中，对象就是一组属性与（　　）的集合。
3. 在 Chrome 浏览器中对 JavaScript 进行单步调试，在开发者工具的（　　）面板中进行。

五、简答题

1. 请编写代码实现对对象成员的遍历。
2. 请编写一个函数，实现对象的深拷贝。

2.2 利用构造函数创建对象

在 2.1 节中，我们学习了两种创建对象的方式，通过“new Object()”和字面量方式都可以创建出需要的对象。但是当需要创建多个对象时，还要将对象的每个成员都写一遍，效率不高。这时可以利用构造函数来创建对象。

2.2.1 构造函数的概念

“对象”可理解为单个实物的抽象。通常需要一个模板，表示某一类实物的共同特征，然后“对象”根据这个模板生成。JavaScript 语言中使用构造函数（constructor）作为对象的模板。所谓构造函数，就是提供一个生成对象的模板，并描述对象的基本结构的函数。一个构造函数可以生成多个对象，每个对象都有相同的结构。面向对象编程的第一步就是要生成对象。而 JavaScript 中面向对象编程是基于构造函数和原型（prototype）链的。

构造函数的 3 个特点如下。

① 构造函数的函数名的第一个字母通常大写。

② 函数体内使用 this 关键字，代表所要生成的对象实例。

③ 生成对象的时候，必须使用 new 关键字修饰构造函数。

2.2.2 定义构造函数

微课 47

扫码观看微课视频

实际上，“new Object()”就是一种使用构造函数创建对象的方式，Object 就是构造函数的名称，但是使用这种方式创建出来的是一个空对象。如果想要创建的是一些具有相同特征的对象，则可以写一个自定义构造函数。示例代码如下。

【案例 2.2.1】定义构造函数

这个例子通过两种方式定义构造函数。

```
var Car = function() {
    this.price = 180000;
};
//两种方式的写法相同
function Car() {
   this.price = 180000;
}
var c=new Car();
```

微课 48

扫码观看微课视频

在构造函数中可以通过 this 来为新创建出来的对象添加成员。

new 关键字的作用就是执行一个构造函数，并且返回一个对象实例。使用 new 关键字时，它后面的函数调用就不是普通的调用，而是依次执行下面的步骤。

① 构造函数创建一个空对象；

② 构造函数里的 this 指向该空对象；

③ 空对象的内部原型指向构造函数的原型对象；

④ 构造函数执行完之后，如果没有 return 的话，就返回该空对象。

构造函数构造对象过程如图 2-9 所示。

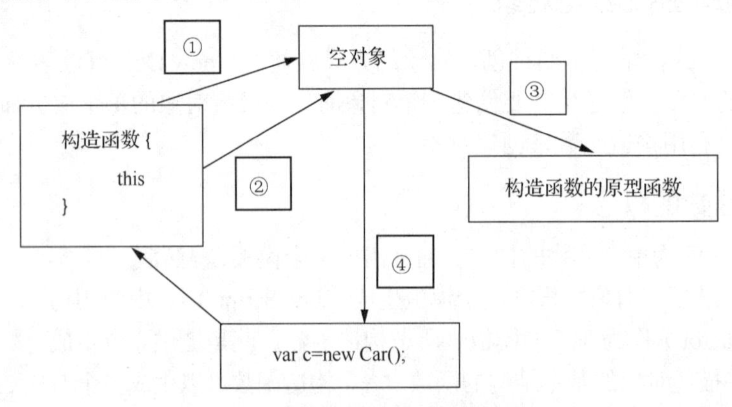

图 2-9 构造函数构造对象过程

也就是说，构造函数内部，this 指向的是一个新生成的空对象，所有针对 this 的操作，都会发生在这个空对象上。构造函数之所以称作构造函数，是因为这个函数的目的就是操作一个空对象（即 this 对象），将该空对象构造为需要的样子。

【案例 2.2.2】实例化对象

这个例子通过使用 new 关键字实例化一个对象。

```
var Car = function() {
    this.price = 180000;
};
var myCar=new Car();
console.log(myCar.price);
```

案例 2.2.2 的执行结果如图 2-10 所示。

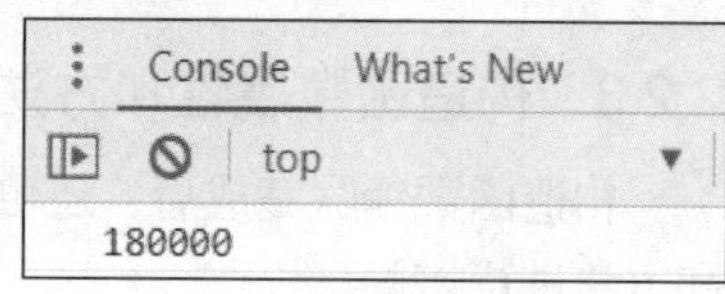

图 2-10 实例化对象

上面代码中通过 new 关键字，让构造函数 Car()生成一个对象实例，并赋值给全局变量 myCar。这个新生成的对象实例，从构造函数 Car()中继承了 price 属性。在 new 关键字执行时，就代表新生成了对象实例 myCar。this.price 表示对象实例有一个 price 属性，它的值是 180000。

使用 new 关键字时，根据需要，构造函数也可以接收参数。

【案例 2.2.3】带参数的构造函数

```
function Student(name, height) {
     this.name = name;
     this.height = height;
}
var boy = new Student('小信', 182);
console.log(boy.name);     //小信
console.log(boy.height); //182
var girl = new Student('小息', 163);
console.log(girl.name); //'小息'
console.log(girl.height); //163
```

案例 2.2.3 的执行结果如图 2-11 所示。

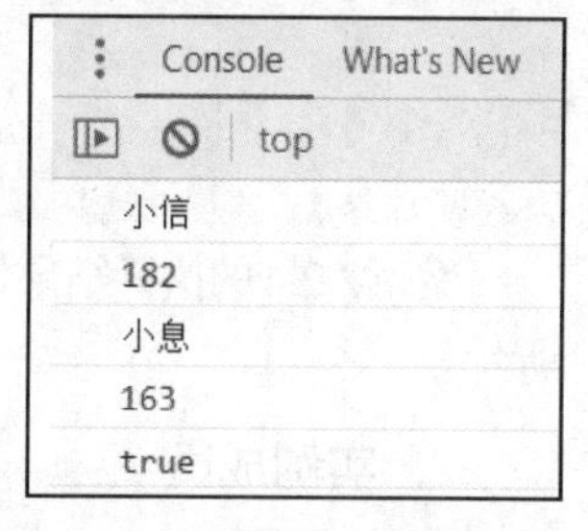

图 2-11 带参数的构造函数

上面代码中，首先创建了一个构造函数 Student()，传入了两个参数 name 和 height。构造函数 Student()内部使用了 this 关键字来指向将要生成的对象实例。

然后，我们使用 new 关键字创建了两个对象实例 boy 和 girl。

当我们使用 new 关键字来调用构造函数时，new 关键字会创建一个对象 boy，作为将要返回的实例对象。接着，这个对象的原型会指向构造函数 Student()的 prototype 属性。每个实例对象都有一个__proto__属性，这个属性指向了该对象的原型对象。也就是说，boy.__proto__ === Student.prototype 的值是 true。要注意的是，对象指向构造函数 Student()的 prototype 属性，而不是指向构造函数本身。然后，我们将这个对象赋值给构造函数内部的 this 关键字。也就是说，让构造函数内部的 this 关键字指向一个对象实例。最后，执行构造函数内部代码。

因为对象实例 boy 和 girl 是没有 name 和 height 属性的，所以对象实例中的两个属性都是继承自构造函数 Student()中的。这也就说明了构造函数是生成对象的函数，是给对象提供模板的函数。图 2-12 展示了构造函数、实例对象和原型对象的关系。

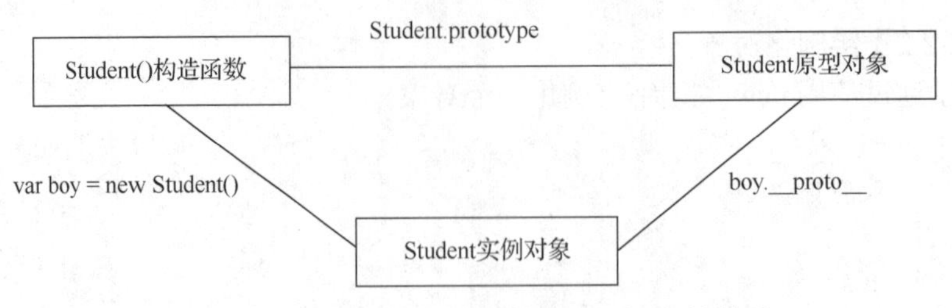

图 2-12　构造函数、实例对象和原型对象的关系

2.2.3　构造函数属性和方法的增删

构造函数编写完成后，还可以通过静态成员、实例成员、原型对象成员等方式对其属性和方法进行增删。

1. 静态成员

在面向对象编程中有静态成员的概念，JavaScript 中的静态成员是指构造函数本身就有的属性和方法，不需要创建实例对象就能使用。

【案例 2.2.4】使用静态成员方式添加属性和方法

使用静态成员方式添加的属性和方法，只能通过构造函数直接访问，不能通过实例化对象访问。

```
function Student(){
};
Student.Name = '小信';
Student.Gender = 'boy';
Student.sayHello = function(){
    console.log('Hello');
}
console.log(Student.Name + ',' + Student.Gender);//小信,boy
delete Student.Name;//删除属性
console.log(Student.Name);//undefined
Student.sayHello();    //Hello
```

案例2.2.4的执行结果如图2-13所示。

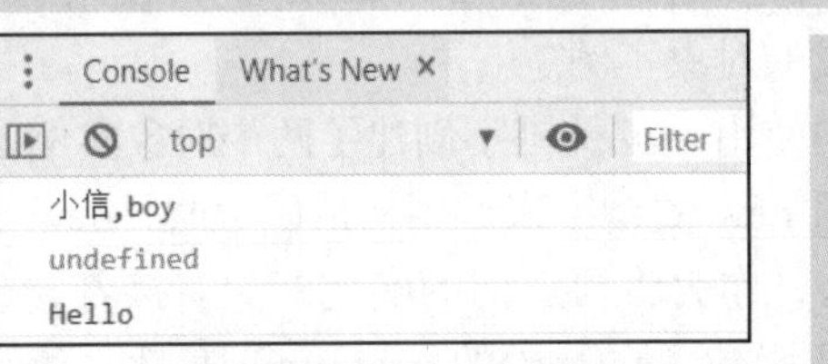

图 2-13　使用静态成员方式添加属性和方法

2. 实例成员

微课 50

扫码观看微课视频

通过实例成员增删属性和方法就是在实例化对象后，对具体对象进行操作，此时属性和方法的增删就只针对这个对象进行了，对于别的对象不会有任何影响。

【案例 2.2.5】使用实例成员方式添加属性和方法

```
function Student(){};
var student1 = new Student();
student1.name = '小息';
student1.gender = 'girl';
```

```
student1.sayHello = function(){
     console.log('Hello');
}
console.log(student1.name+','+student1.gender);//小息,girl
delete student1.name;//删除属性
console.log(student1.name);//undefined
student1.sayHello();    //Hello
var student2 =new Student();
console.log(student2.name+','+student2.gender); //undefined,undefined
student2.sayHello();  //Uncaught TypeError: student2.sayHello is not a function
```

案例 2.2.5 的执行结果如图 2-14 所示。

```
Console
top ▾   Filter
小息 girl
undefined
hello!
undefined undefined
Uncaught TypeError: student2.sayHello is not a function
    at 【案例2.2.5】使用实例成员方式添加属性和方法.html:26
```

图 2-14　使用实例成员方式添加属性和方法

3. 原型对象成员

微课 51

扫码观看微课视频

每个函数都有一个 prototype 属性，这个属性是指向一个对象的引用，这个对象称为原型对象，原型对象包含函数实例共享的方法和属性，可以通过下面的语法格式为构造函数添加属性和方法。

```
构造函数名.prototype.新属性或者新方法
```

【案例 2.2.6】使用原型对象成员方式添加属性和方法

这个例子使用原型对象成员方式添加所有实例化成员共享的属性和方法。

```
var Student = function(){
};
Student.prototype.Name = '小息';
Student.prototype.Gender = 'girl';
Student.prototype.sayHello = function(){
    console.log('Hello');
}
var student1 = new Student();
console.log(student1.Name+','+student1.Gender);//小息,girl
console.log(student1['Name']+','+student1['Gender']);//小息,girl
student1.sayHello();  //Hello

var student2 = new Student();
console.log(student2.Name+','+student2.Gender);//小息,girl
student2.sayHello();     //Hello
```

上面代码中，首先，通过 prototype 设置了 Student()构造函数的 Name 属性、Gender 属性和

sayHello()方法。在使用该构造函数实例化对象时，刚才设置的属性和方法为所有对象所共享。

案例 2.2.6 的执行结果如图 2-15 所示。

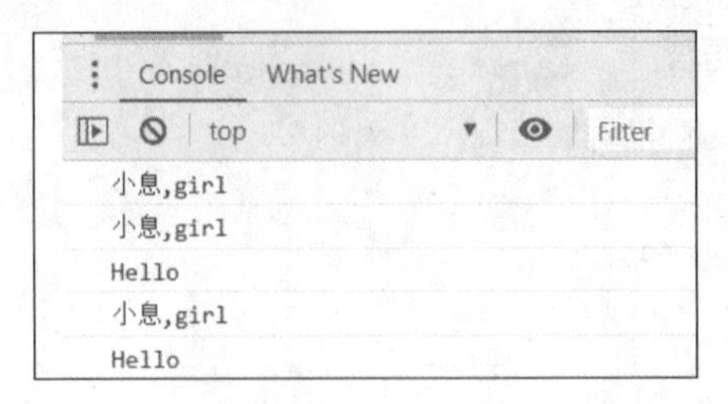

图 2-15 使用原型对象成员方式添加属性和方法

拓展练习

一、单选题

1. 下列选项中，与原型对象的作用无关的是（　　）。
   A. 更好地实现代码复用　　B. 建立对象与对象之间的联系
   C. 用来实现继承　　D. 提高程序的开发效率
2. 在使用构造函数创建对象时，构造函数内部的 this 表示（　　）。
   A. 构造函数本身　　B. 新创建的对象　　C. window 对象　　D. 原型对象
3. 若执行 var a = {};，则 a.prototype 的值为（　　）。
   A. 该对象本身　　B. 该对象的构造函数
   C. 该对象的原型对象　　D. undefined
4. 在访问一个实例对象的成员时，若该对象中没有，则尝试到（　　）中读取。
   A. 构造函数　　B. 原型对象　　C. 静态成员　　D. 私有成员
5. 为实例对象动态添加一个成员时，该成员将保存在（　　）。
   A. 该对象中
   B. 该对象的原型对象中
   C. 该对象的构造函数中
   D. 原型对象中不存在时保存到原型对象，否则保存到当前对象

二、多选题

1. 若希望多个对象使用同一个模板进行创建，可以使用（　　）方式。
   A. 单例　　B. 工厂函数　　C. 构造函数　　D. 字面量
2. 下列方法中，可以更改 this 指向的有（　　）。
   A. .func()　　B. .method()　　C. .call()　　D. .apply()
3. 下列关于继承的说法中正确的是（　　）。
   A. 提高复用性　　B. 能够降低耦合度　　C. 提高可扩展性　　D. 减少代码编写

三、判断题

1. 在定义构造函数时，函数名必须首字母大写。（　　）
2. JavaScript 不支持使用 extends 实现继承。（　　）
3. 更改构造函数的 prototype 属性不影响已经创建的实例对象。（　　）

4. 在构造函数中可以使用 return 关键字。 （ ）

四、填空题

1. 通过构造函数创建实例对象的关键字是（ ）。
2. 通过实例化（ ）构造函数可以创建一个函数。
3. 在不改变另一个对象的前提下进行扩展，是面向对象中的（ ）特征。
4. 在对象的成员方法中，this 表示（ ）。
5. 使用“{}”语法创建的对象，其对应的构造函数为（ ）。
6. 使用 Object 对象的（ ）方法可以方便地实现继承。
7. Function 构造函数是由（ ）构造函数创建的。
8. 通过实例对象的（ ）属性可以访问构造函数。

2.3 内置对象

面向对象编程语言都具有使用内置对象来创建自定义代码的基本功能。内置对象是编写自定义代码的基础。JavaScript 提供了许多内置对象，本节介绍 String、Date、Math、数组等最常用的内置对象，并简要介绍它们有哪些功能以及如何使用这些功能。

2.3.1 String 对象

微课 52

扫码观看微课视频

在 JavaScript 中，一般使用 String 对象处理字符串。String 对象提供了一些基本的用于对字符串进行处理的属性和方法，可以很方便地实现字符串的查找、替换等操作。

1. String 对象的属性与方法

String 对象的属性与方法如表 2-1 和表 2-2 所示。

表 2-1 String 对象的属性

属性	描述
constructor	对创建该对象的函数的引用
length	字符串的长度
prototype	允许向对象添加属性和方法

表 2-2 String 对象的方法

方法	描述
charAt()	返回在指定位置的字符
charCodeAt()	返回在指定位置的字符的 Unicode 编码
concat()	连接两个或更多字符串，并返回新的字符串
fromCharCode()	将 Unicode 编码转为字符
indexOf()	返回某个指定的字符串值在字符串中首次出现的位置
includes()	查找字符串中是否包含指定的子字符串

续表

方法	描述
lastIndexOf()	用于在数组中查找元素，可返回指定元素值在数组中最后出现的位置
match()	找到一个或多个正则表达式的匹配
repeat()	复制字符串指定次数，并将它们连接在一起返回
replace()	在字符串中查找匹配的子串，并替换与正则表达式匹配的子串
search()	查找与正则表达式相匹配的值
slice()	提取字符串的片段，并在新的字符串中返回被提取的部分
split()	把字符串分割为字符串数组
startsWith()	查看字符串是否以指定的子字符串开头
substr()	从起始索引提取字符串中指定数目的字符
substring()	提取字符串中两个指定的索引之间的字符
toLowerCase()	把字符串转换为小写
toUpperCase()	把字符串转换为大写
trim()	去除字符串两边的空白字符
toLocaleLowerCase()	根据本地主机的语言环境把字符串转换为小写
toLocaleUpperCase()	根据本地主机的语言环境把字符串转换为大写
valueOf()	返回某个字符串对象的原始值
toString()	返回一个字符串

2. String 对象实例化

微课 53

扫码观看微课视频

String 对象可以使用 new String()的方式来创建。

```
var mytxt = new String("string");   //创建 mytxt 字符串对象
console.log(mytxt);  //string
```

虽然 JavaScript 基本包装类型的机制可以使普通变量也能像对象一样访问属性和方法，但它们并不属于对象类型。

【案例 2.3.1】String 对象实例化

这个例子比较两个实例化 String 对象。

```
var info=new String("I am a student!");
console.log(typeof info)          //输出：object
console.log(info.length);

var str='Hello World!';
console.log(typeof str);          //输出：string
console.log(str.length);
```

案例 2.3.1 的执行结果如图 2-16 所示。

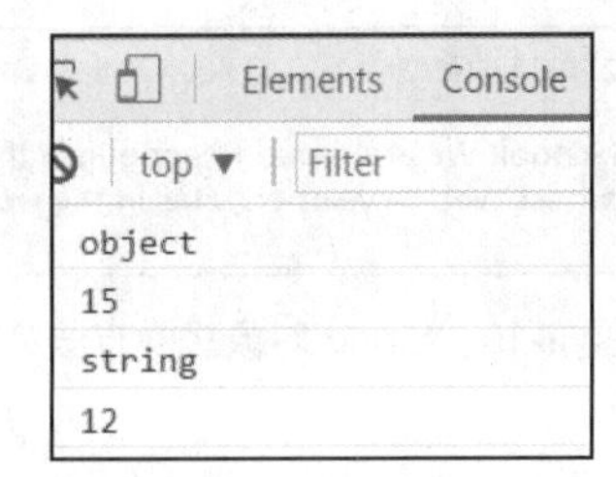

图 2-16 String 对象实例化

3. String 对象的应用

（1）在字符串中查找 String 对象

【案例 2.3.2】String 对象查找方法

这个例子使用 indexOf()来定位字符串中某一个指定的字符串首次出现的位置。

```
var str=new String("Hello world,welcome to the universe.");
var n=str.indexOf("welcome");      //从 0 开始计数
console.log(n);
```

案例 2.3.2 的执行结果如图 2-17 所示。

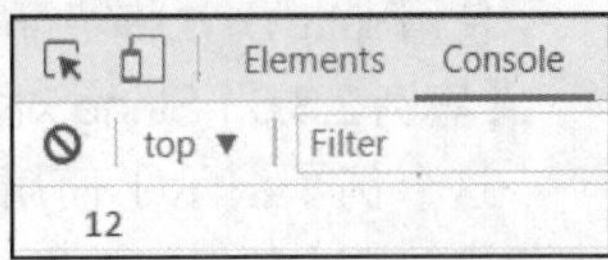

图 2-17 String 对象查找方法

（2）替换内容

【案例 2.3.3】String 对象替换方法 1

这个例子使用 replace()方法在字符串中用某些字符替换另一些字符。

```
str=new String("Please visit http://www.ccit.js.cn");
var n=str.replace(/http/,"https");
console.log(n);    // Please visit https://www.ccit.js.cn
```

案例 2.3.3 的执行结果如图 2-18 所示。

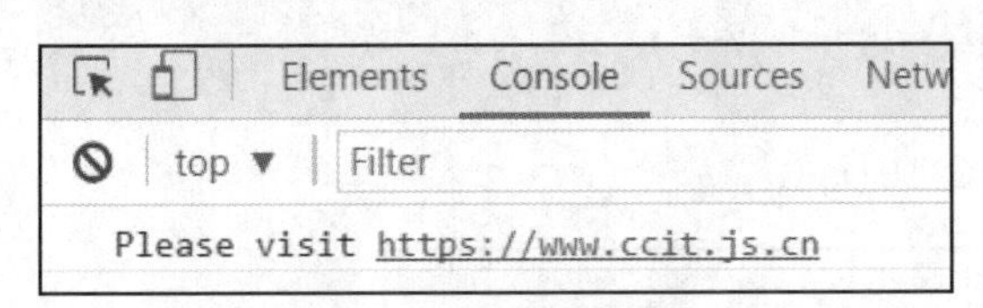

图 2-18 String 对象替换方法 1

在刚才的代码中，replace()方法只能替换第一个字符串，如果想同时替换所有的子串，执行一次全局替换，应当使用全局标志 g，示例代码如下。

【案例 2.3.4】String 对象替换方法 2

这个例子通过使用全局标志 g 替换所有指定字符串。

```
var str="Welcome to Microsoft! "
str=str + "We are proud to announce that Microsoft has "
str=str + "one of the largest Web Developers sites in the world."
document.write(str.replace(/Microsoft/g, "W3School"))
//每个"Microsoft"都被替换为"W3School"
```

案例 2.3.4 的执行结果如图 2-19 所示。

图 2-19　String 对象替换方法 2

（3）字符串大小写转换

字符串大小写转换使用方法 toUpperCase() / toLowerCase()。

微课 56

扫码观看微课视频

【案例 2.3.5】String 对象大小写转换方法

```
var str=new String("Hello World!");       // String
var str1=str.toUpperCase();   // str1 文本会转换为大写
var str2=str.toLowerCase();   // str2 文本会转换为小写
console.log(str1);           // 输出：HELLO WORLD!
console.log(str2);           // 输出：hello world!
```

案例 2.3.5 的执行结果如图 2-20 所示。

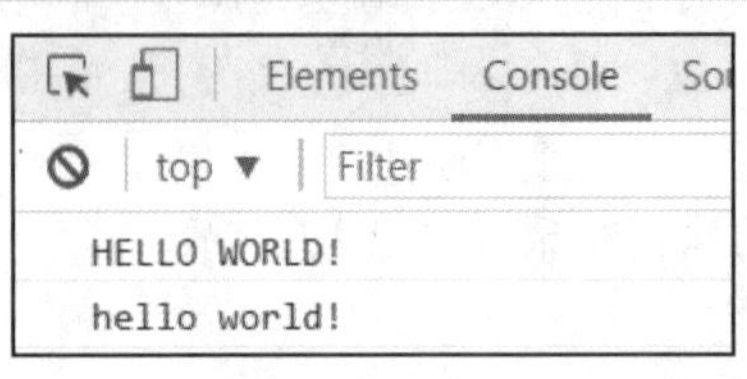

图 2-20　String 对象大小写转换方法

（4）字符串转换为数组

使用 split()方法将字符串转换为数组。

【案例 2.3.6】String 对象转换数组方法

这个例子演示了使用不同分隔符将字符串转换为数组的效果。

```
str=new String("a,b,c,d,e");    // String
n=str.split(",");   // 使用逗号分隔
console.log(n);
m=str.split(" ");   // 使用空格分隔
console.log(m);
s=str.split("|");   // 使用竖线分隔
console.log(s);
```

案例 2.3.6 的执行结果如图 2-21 所示。

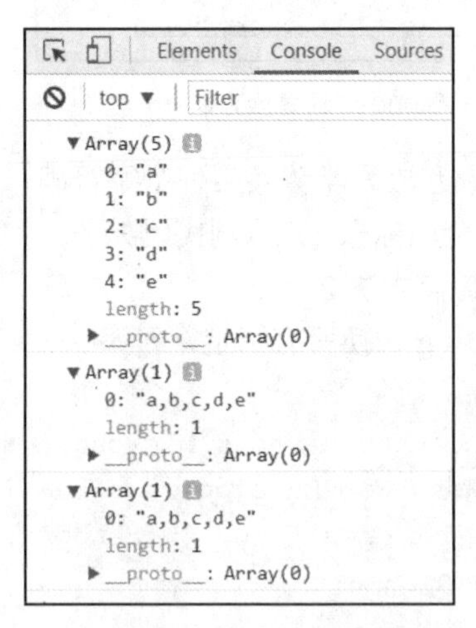

图 2-21　String 对象转换为数组的方法

【案例 2.3.7】统计字符串中每个字母出现的次数

微课 58

扫码观看微课视频

这个例子通过遍历字符串中的字符值，来统计每个字母出现的次数。

```
var str1 = "what are you doing?";
str1 = str1.toLocaleLowerCase();//把所有的字母全部变成小写
var obj = {};      //创建一个空对象，目的是把字母作为键，次数作为值
for (var i = 0; i < str1.length; i++) {  //遍历字符串，获取每个字母
//判断obj这个对象中有没有这个字母（字母为键）
       var key = str1[i];//每个字母
       if(str1.charCodeAt(i)>=97&&str1.charCodeAt(i)<=122){
       //判断字母是否是小写字母
            if (obj[key]) {   //判断obj中有没有这个字母
                   obj[key]++; //对象中有这个字母了，则直接加1
            }
           else {//若没有这个字母，就把字母加到对象中，并将这个字母出现的次数设置为1
                 obj[key] = 1;
           }
       }
}
//遍历对象，显示每个字母出现的次数
for (var key in obj) {
     console.log(key + "这个字母出现了" + obj[key] + "次");
}
```

案例 2.3.7 的执行结果如图 2-22 所示。

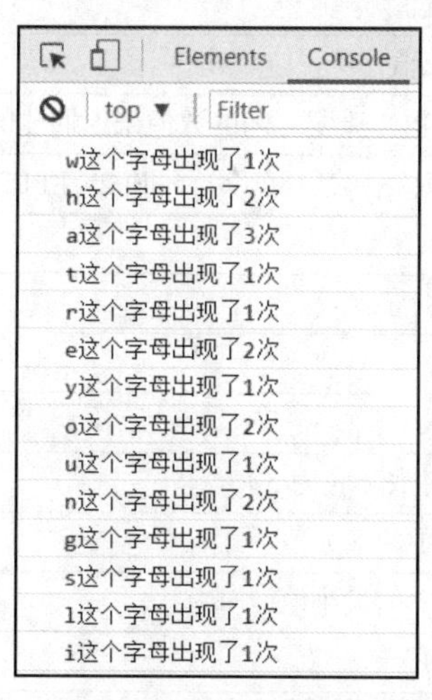

图 2-22　统计字符串中每个字母出现的次数

思考

利用字符串方法如何实现验证用户名长度（必须为 2～6），不能包含敏感词“word”（含大小写形式）。

2.3.2 Math 对象

微课 59

扫码观看微课视频

Math 对象用于执行数学任务。Math 对象使用时并不像 String 对象那样需要进行实例化，因此没有构造函数 Math()，可以直接使用其属性和方法。

1. Math 对象的属性与方法

Math 对象的属性与方法如表 2-3 和表 2-4 所示。

表 2-3 Math 对象的属性

属性	描述
E	返回算术常量 e，即自然对数的底数（约等于 2.718）
LN2	返回 2 的自然对数（约等于 0.693）
LN10	返回 10 的自然对数（约等于 2.302）
LOG2E	返回以 2 为底的 e 的对数（约等于 1.4426950408889634）
LOG10E	返回以 10 为底的 e 的对数（约等于 0.434）
PI	返回圆周率（约等于 3.14159）
SQRT1_2	返回 2 的平方根的倒数（约等于 0.707）
SQRT2	返回 2 的平方根（约等于 1.414）

表 2-4 Math 对象的方法

方法	描述
abs(x)	返回 x 的绝对值
acos(x)	返回 x 的反余弦值
asin(x)	返回 x 的反正弦值
atan(x)	以介于-PI/2 与 PI/2 弧度之间的数值来返回 x 的反正切值
atan2(y,x)	返回从 x 轴到点(x,y)的角度（介于-PI/2 与 PI/2 弧度之间）
ceil(x)	对数进行上舍入
cos(x)	返回数的余弦
exp(x)	返回 Ex 的指数
floor(x)	对 x 进行下舍入
log(x)	返回数的自然对数（底为 e）
max(x,y,z,⋯,n)	返回 x,y,z,⋯,n 中的最大值
min(x,y,z,⋯,n)	返回 x,y,z,⋯,n 中的最小值
pow(x,y)	返回 x 的 y 次幂
random()	返回 0～1 的随机数
round(x)	四舍五入
sin(x)	返回数的正弦
sqrt(x)	返回数的平方根
tan(x)	返回角的正切

2. Math 对象的应用

微课 60

扫码观看微课视频

使用 Math 的属性/方法的语法。

```
Math.属性（方法）
```

实例：

```
var x=Math.PI;
var y=Math.sqrt(16);
```

【案例 2.3.8】随机生成 4 位数字验证码

通过使用 Math 对象中的 random()方法，生成指定范围内的 4 位数字，用作用户登录时的验证码。

```
function getRandom(min, max) {
    return Math.floor(Math.random() * (max - min + 1) + min);
}
var rdm=getRandom(1000,10000); //设置随机数字的生成范围，左闭右开[1000,10000)
console.log(rdm);
```

案例 2.3.8 的执行结果如图 2-23 所示。

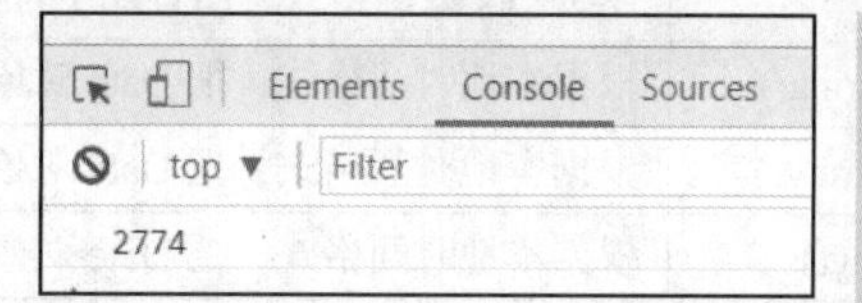

图 2-23 随机生成 4 位数字验证码

微课 61

扫码观看微课视频

2.3.3 Date 对象

1. Date 对象的属性与方法

Date 对象的属性与方法如表 2-5 和表 2-6 所示。

表 2-5 Date 对象的属性

属性	描述
constructor	返回对创建此对象的 Date()函数的引用
prototype	向对象添加属性和方法

表 2-6 Date 对象的方法

方法	描述
getDate()	从 Date 对象返回一个月中的某一天（1~31）
getDay()	从 Date 对象返回一周中的某一天（0~6）
getFullYear()	从 Date 对象以四位数字返回年份
getHours()	返回 Date 对象的小时数（0~23）
getMilliseconds()	返回 Date 对象的毫秒数（0~999）
getMinutes()	返回 Date 对象的分钟数（0~59）
getMonth()	从 Date 对象返回月份（0~11）
getSeconds()	返回 Date 对象的秒数（0~59）
getTime()	返回 1970 年 1 月 1 日至今的毫秒数
getTimezoneOffset()	返回本地时间与格林威治标准时间（GMT）的分钟差

续表

方法	描述
parse()	返回 1970 年 1 月 1 日 8 时 0 分 0 秒到指定日期（字符串）的毫秒数
setDate()	设置 Date 对象中某月的某一天（1～31）
setFullYear()	设置 Date 对象中的年份（4 位数字）
setHours()	设置 Date 对象中的小时数（0～23）
setMilliseconds()	设置 Date 对象中的毫秒数（0～999）
setMinutes()	设置 Date 对象中的分钟数（0～59）
setMonth()	设置 Date 对象中的月份（0～11）
setSeconds()	设置 Date 对象中的秒数（0～59）
setTime()	以毫秒数设置 Date 对象
toDateString()	把 Date 对象的日期部分转换为字符串
toISOString()	使用 ISO 标准返回字符串的日期格式
toJSON()	以 JSON 数据格式返回日期字符串
toLocaleDateString()	根据本地时间格式，把 Date 对象的日期部分转换为字符串
toLocaleTimeString()	根据本地时间格式，把 Date 对象的时间部分转换为字符串
toLocaleString()	根据本地时间格式，把 Date 对象转换为字符串
toString()	把 Date 对象转换为字符串
toTimeString()	把 Date 对象的时间部分转换为字符串

2. Date 对象实例化

微课 62

扫码观看微课视频

Date 对象用于处理日期和时间。可以通过 new 关键字来定义 Date 对象。有如下 4 种方式初始化日期。

① new Date()。

② new Date(datevalue)。

③ new Date(dateString)。

④ new Date(year, month [, day [, hours [, minutes [, seconds [, milliseconds]]]]])。

上面的参数大多数都是可选的，在不指定的情况下，默认参数是 0。

【案例 2.3.9】Date 对象实例化

这个例子演示 4 种方式实例化 Date 对象。

```
var today = new Date();
var d1 = new Date(2020,10,8);
var d2 = new Date("October 8, 2020 09:16:02");
var d3 = new Date(2020,10,8,09,16,02);
console.log(today);
console.log(d1);     // Sun Nov 08 2020 00:00:00 GMT+0800 (北京时间)
console.log(d2);     // Thu Oct 08 2020 09:16:02 GMT+0800 (北京时间)
console.log(d3);     // Sun Nov 08 2020 09:16:02 GMT+0800 (北京时间)
```

案例 2.3.9 的执行结果如图 2-24 所示。

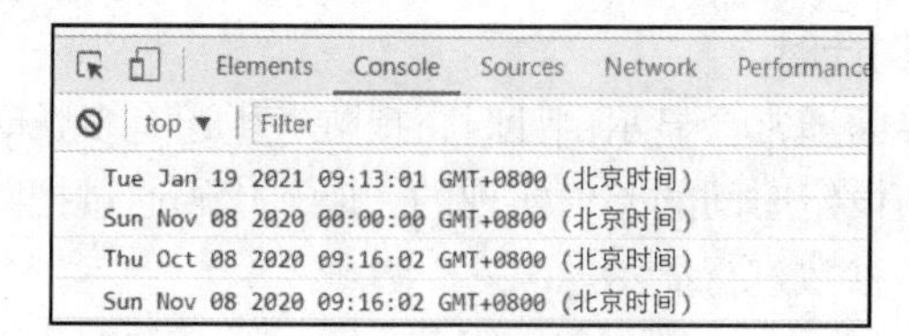

图 2-24　Date 对象实例化

3. Date 对象的应用

通过使用 Date 对象的方法，可以对日期进行操作。在下面的例子中，为 Date 对象设置了一个特定的日期（2020 年 10 月 8 日）。

```
var myDate=new Date();
myDate.setFullYear(2020,10,8);
```

在下面的例子中，我们将 Date 对象值设置为 5 天后的日期：

```
var myDate=new Date();  //获取当前日期
myDate.setDate(myDate.getDate()+5);
```

如果增加天数会改变月份或者年份，那么 Date 对象会自动完成这种转换。

【案例 2.3.10】日期比较

JavaScript 中两个日期可以直接使用关系运算符进行比较。以下代码比较当前日期与 2020 年 12 月 31 日的先后关系。

```
var x=new Date();
x.setFullYear(2020,12,31);
var today = new Date();
if (x>today){
    console.log("今天是 2020 年 12 月 31 日之前");
}
else{
    console.log ("今天是 2020 年 12 月 31 日之后");
}
```

案例 2.3.10 的执行结果如图 2-25 所示。

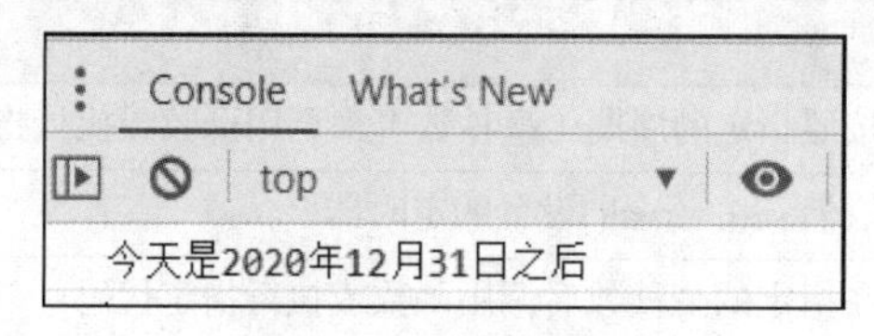

图 2-25　日期比较

思考

输出一个由“当前日期字符串 + 4 位随机整数”组成的数字字符串，格式为“YYYYMMDDhhmmss”。

【案例 2.3.11】考试倒计时

上机考试中在考试界面通常会显示倒计时，提醒考生还有多长时间结束考试。这个功能就是通过计算当前时间与设定时间的差值实现的。以下代码通过把时间转化为时间戳，然后转化为小时数、分钟数、秒数进行显示。

```
    function countDown() {
    var nowTime = new Date();
    var cdTime = new Date('2021-2-3 13:00:00'); //设置考试截止时间
    var times = (cdTime - nowTime) / 1000; //两个时间可以直接相减，得到的是毫秒数
    var h = parseInt(times / 60 / 60 % 24);
    h = h < 10 ? '0' + h : h;    //小时数不满 10 的前面补 0
    var m = parseInt(times / 60 % 60);
    m = m < 10 ? '0' + m : m;  //分钟数不满 10 的前面补 0
    var s = parseInt(times % 60);
    s = s < 10 ? '0' + s : s;    //秒数不满 10 的前面补 0
    return '距离考试结束还有：' + h + '时' + m + '分' + s + '秒';
}
console.log(countDown());
```

案例 2.3.11 的执行结果如图 2-26 所示。

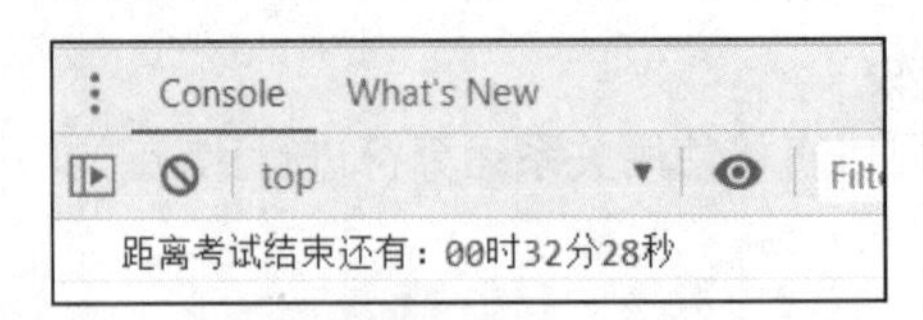

图 2-26　考试倒计时

此时在控制台会输出距离考试结束还有多长时间。但是这种输出是静态的，需要用户刷新页面才能看到最新的时间。可以通过设置定时器来实现实时显示。

微课 64

扫码观看微课视频

4. 定时器

常用定时器的方法如表 2-7 所示。

表 2-7　定时器的方法

方法	描述
setInterval()	按照指定的周期（毫秒数）来调用函数或执行指定代码
clearInterval()	取消 setInterval()设置的定时器
setTimeout()	在指定的毫秒数后调用函数或执行指定代码
clearTimeout()	取消 setTimeout()设置的定时器

setInterval()方法和 setTimeout()方法都可以在一个固定时间段后执行代码，不同的是前者会在指定时间后自动重复执行代码，后者只执行一次代码。

setInterval()方法的语法如下。

```
setInterval(code,millisec,lang)
```

setInterval()方法的参数说明如表 2-8 所示。

表 2-8　setInterval()方法的参数说明

参数	描述
code	必选。要调用的函数或执行的代码串
millisec	必选。周期性执行或调用 code 的时间间隔，以毫秒计
lang	可选。值为 Jscript、VBScript 或 JavaScript

【案例 2.3.12】定时器

设计一个页面（包含输入框和按钮），输入框实时显示当前的时间，用户点击“停止”按钮则时间停止。以下代码每隔 1000ms 执行 clock()函数一次。

```
<body>
    <input type="text" id="clock" />
    <script type="text/javascript">
        var int=self.setInterval("clock()",1000);
        function clock(){
            var d=new Date();
            var t=d.toLocaleTimeString();
            document.getElementById("clock").value=t;
        }
    </script>
    <button onclick="int=window.clearInterval(int)">停止</button>
</body>
```

案例 2.3.12 的执行结果如图 2-27 所示。

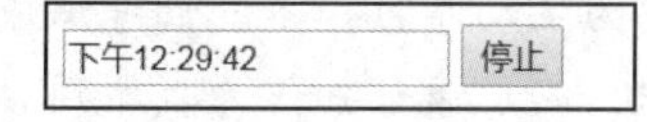

图 2-27　定时器

【案例 2.3.13】考试倒计时（定时器）

微课 65

扫码观看微课视频

设计一个页面（包含输入框），输入框实时显示当前的时间。以下代码每隔 1000ms 执行 clock()函数一次。

```
<div id="box">
   <p id="time"></p>
</div>
<script type="text/javascript">
     function countDown() {
        var nowTime = new Date();
        var cdTime = new Date('2020-10-8 12:00:00'); //设置考试截止时间
        //两个日期可以直接相减，得到的是毫秒数
        var times = (cdTime - nowTime) / 1000;
        var h = parseInt(times / 60 / 60 % 24);
        h = h < 10 ? '0' + h : h;     //小时数不满 10 的前面补 0
```

```
        var m = parseInt(times / 60 % 60);
        m = m < 10 ? '0' + m : m;  //分钟数不满10的前面补0
        var s = parseInt(times % 60);
        s = s < 10 ? '0' + s : s;    //秒数不满10的前面补0
        var cd_p=document.getElementById('time');
        cd_p.innerText='距离考试结束还有：' + h + '时' + m + '分' + s + '秒';
    }
    var cd=setInterval(countDown,1000)
</script>
```

案例 2.3.13 的执行结果如图 2-28 所示。

距离考试结束还有：00时26分58秒

图 2-28　考试倒计时（定时器）

思考

倒计时一直运行，超过设置时间则会显示负数，如果想在 0 时 0 分 0 秒终止，则应该加入控制逻辑，具体代码请读者自行完成。

素养课堂

考试的意义

作为经常参加考试的我们来说，有没有认真思考过考试的意义呢？

我们可以把考试作为一种有价值的诊断工具，来检查学习的缺陷和知识的漏洞。查到了漏洞就要去“补缺”，让我们的知识体系更加完善。需要提醒的是我们在解读考试结果时，应该抱有一定的怀疑态度，不要将其当成否定自我的原因，要将其当成鞭策自己前进的动力。我们应该由被动学习变为主动学习。不能让考试成为抹杀我们的创造力的工具，不应该死记硬背、被动接受知识，而应该让知识为我所用。

2.3.4　数组对象

微课 66

扫码观看微课视频

和 String 对象一样，JavaScript 中可以使用 new Array()或字面量两种方式来创建数组对象。创建完成后，就可以使用数组对象的属性和方法来完成相关操作了，例如数组元素的增加或删除、数组排序等。

1. 数组对象的属性与方法

数组对象的属性与方法如表 2-9 和表 2-10 所示。

表 2-9　数组对象的属性

属性	描述
constructor	返回创建数组对象的原型函数
length	设置或返回数组元素的个数
prototype	允许向数组对象添加属性或方法

表 2-10　数组对象的方法

方法	描述
concat()	连接两个或更多的数组，并返回结果
copyWithin()	从数组的指定位置复制元素到数组的另一个指定位置中
entries()	返回数组的可迭代对象
every()	检测数组的每个元素是否都符合条件
fill()	使用一个固定值来填充数组
filter()	检测数组元素，并返回符合条件的所有元素
find()	返回符合传入测试（函数）条件的数组元素
findIndex()	返回符合传入测试（函数）条件的数组元素索引
forEach()	数组每个元素都执行一次回调函数
from()	通过给定的对象创建一个数组
includes()	判断一个数组是否包含一个指定的值
indexOf()	搜索数组中的元素，并返回它所在的位置
isArray()	判断对象是否为数组
join()	把数组的所有元素放入一个字符串
keys()	返回数组的可迭代对象，包含原始数组的键（key）
lastIndexOf()	搜索数组中的元素，并返回它最后出现的位置
map()	通过指定函数处理数组的每个元素，并返回处理后的数组
pop()	删除数组的最后一个元素并返回删除的元素
push()	向数组的末尾添加一个或更多元素，并返回新的数组长度
reduce()	将数组元素计算为一个值（从左到右）
reduceRight()	将数组元素计算为一个值（从右到左）
reverse()	反转数组的元素顺序
shift()	删除并返回数组的第一个元素
slice()	选取数组的一部分，并返回一个新数组
some()	检测数组元素中是否有元素符合指定条件
sort()	对数组的元素进行排序
splice()	向/从数组中添加/删除元素
toString()	把数组转换为字符串，并返回结果
unshift()	向数组的开头添加一个或更多元素，并返回新的数组长度
valueOf()	返回数组对象的原始值

2. 数组对象实例化

和 String 对象一样，数组对象可以使用单元 1 中基本数据类型的字面量方式创建，也可以使用 new Array()的方式来创建。

微课 67

扫码观看微课视频

【案例 2.3.14】数组对象实例化

这个例子展示两种数组对象实例化的异同。

```
var arr = [1,2,3];
var arr2=new Array(1,2,3)
console.log(typeof arr);    //输出：object
console.log(typeof arr2);   //输出：object
console.log(arr);
console.log(arr2);
```

案例 2.3.14 的执行结果如图 2-29 所示。

【案例 2.3.15】判断一个对象是否是数组对象

JavaScript 中可以使用 instanceof 关键字和数组对象的 isArray()方法判断一个对象是否是数组对象。

```
var arr = [1,2,3];
var arr2=new Array(1,2,3)
var obj = {};
// 第 1 种方式
console.log(arr instanceof Array);        // 输出结果：true
console.log(arr2 instanceof Array)        // 输出结果：true
console.log(obj instanceof Array);        // 输出结果：false
// 第 2 种方式
console.log(Array.isArray(arr));          // 输出结果：true
console.log(Array.isArray(arr2))          // 输出结果：true
console.log(Array.isArray(obj));          // 输出结果：false
```

案例 2.3.15 的执行结果如图 2-30 所示。

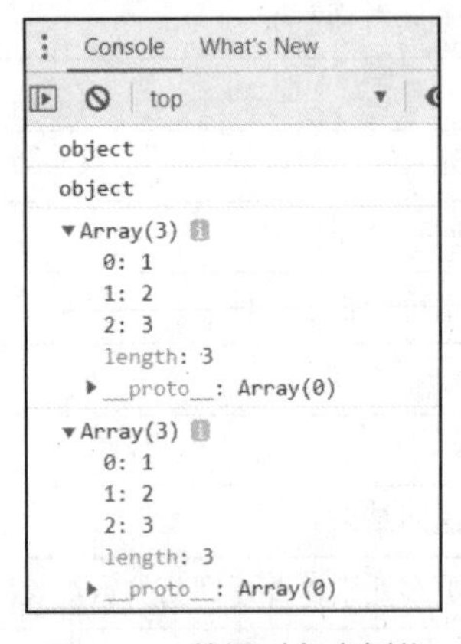

图 2-29 数组对象实例化

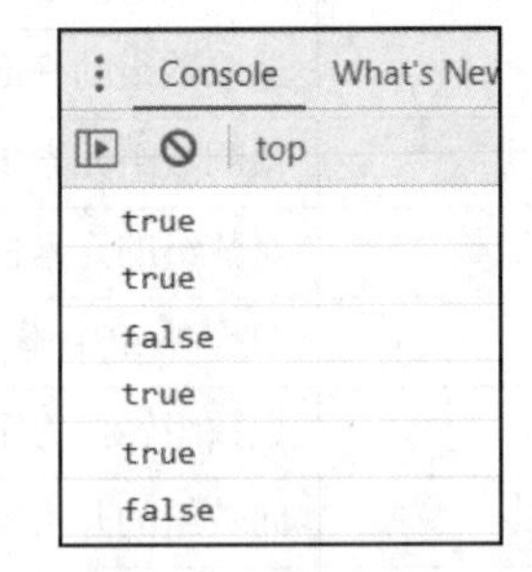

图 2-30 判断一个对象是否是数组对象

【案例 2.3.16】判断参数类型

在函数调用时，要求传入的参数必须是数组，否则会出错，此时需要在函数内部判断参数是否是数组对象，可以使用刚才的 instanceof 关键字或数组对象的 isArray()方法来实现。

```
var arr = [1,2,3];
var obj = {name:'zhangsan',age:18};
function show(arg){
    if(Array.isArray(arg)==false){
        console.log('参数不是数组对象，请检查参数类型');
    }
    else{
        console.log(arg);
    }
}
show(obj);   //输出：参数不是数组对象，请检查参数类型
show(arr);   //输出：Array(3)
```

案例 2.3.16 的执行结果如图 2-31 所示。

图 2-31　判断参数类型

3. 数组对象的应用

微课 68

扫码观看微课视频

（1）合并数组对象

使用 concat()方法可以合并两个数组对象，示例代码如下。

【案例 2.3.17】合并数组对象 1

```
var class1 = ["zhang san", "li si"];
var class2 = ["wang wu", "zhao liu"];
var class12 = class1.concat(class2);
console.log(class12);
```

案例 2.3.17 的执行结果如图 2-32 所示。

【案例 2.3.18】合并数组对象 2

concat()方法也可以用于多个数组对象的合并，示例代码如下。

```
var class1 = ["zhang san", "li si"];
var class2 = ["wang wu", "zhao liu"];
var class3 = ["sun qi","qian ba"];
var class123 = class1.concat(class2,class3);
console.log(class123);
```

案例 2.3.18 的执行结果如图 2-33 所示。

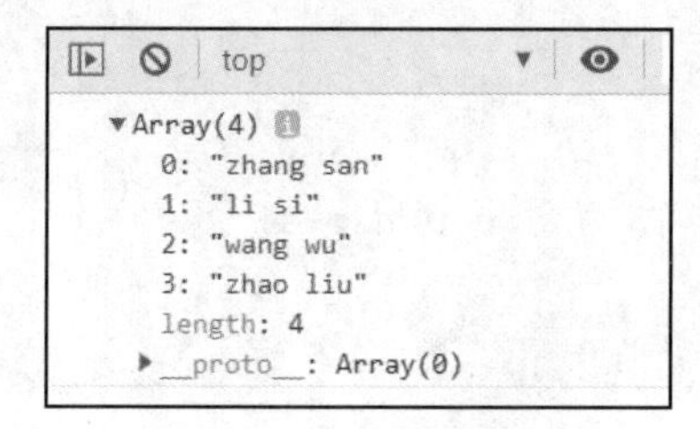

图 2-32　合并数组对象 1

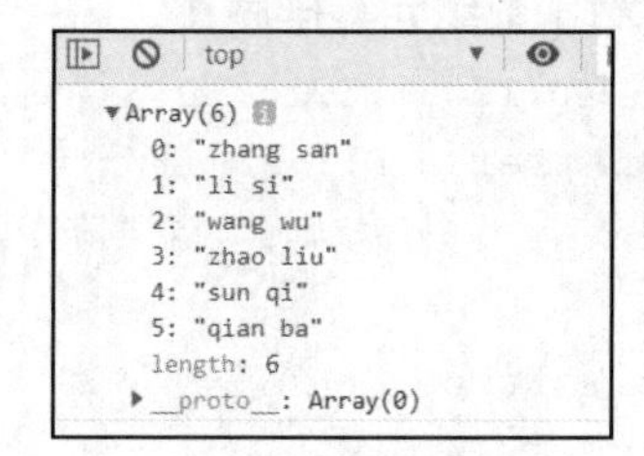

图 2-33　合并数组对象 2

（2）删除或添加数组元素

使用 push()方法可以在数组对象的末尾添加元素，使用 unshift()方法可以在数组对象的头部添加元素。示例代码如下。

【案例 2.3.19】删除或添加数组元素 1

```
var fruits = ["Banana", "Orange", "Apple", "Mango"];
fruits.push("Kiwi")
fruits.unshift("Pear");
console.log(fruits);
```

案例 2.3.19 的执行结果如图 2-34 所示。

使用 pop()方法可以在数组对象的末尾删除元素，使用 shift()方法可以在数组对象的头部删除元素。示例代码如下。

【案例 2.3.20】删除或添加数组元素 2

```
var fruits = ["Banana", "Orange", "Apple", "Mango"];
fruits.pop();
fruits.shift();
console.log(fruits);
```

案例 2.3.20 的执行结果如图 2-35 所示。

```
top
▼Array(6)
  0: "Pear"
  1: "Banana"
  2: "Orange"
  3: "Apple"
  4: "Mango"
  5: "Kiwi"
  length: 6
 ▶__proto__: Array(0)
```

图 2-34　删除或添加数组元素 1

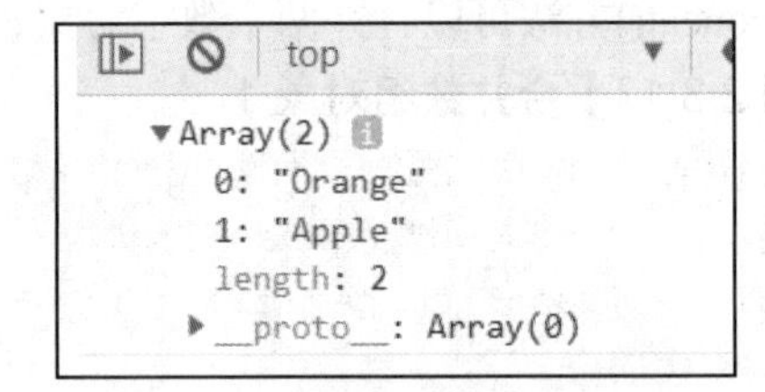

图 2-35　删除或添加数组元素 2

以上方法都修改了原数组对象。

（3）数组元素排序

使用 sort()方法可以完成数组元素的排序，对元素为数值型的数据对象来说，使用 sort()方法排序时，需要注意设置排序规则。示例代码如下。

【案例 2.3.21】数组元素排序 1

```
var points = [40,100,1,5,25,10];
function sortNumber(a,b){
    return a-b;     //升序规则，如果要降序排列，写成 return b-a;
}
points.sort(sortNumber);
console.log(points);
```

案例 2.3.21 的执行结果如图 2-36 所示。

当排序元素为字符串时，也可以直接使用 sort()方法排序，此时默认按照字母升序排列。示例代码如下。

【案例 2.3.22】数组元素排序 2

```
var fruits = ["Banana", "Orange", "Apple", "Mango"];
fruits.sort();
console.log(fruits);
```

案例 2.3.22 的执行结果如图 2-37 所示。

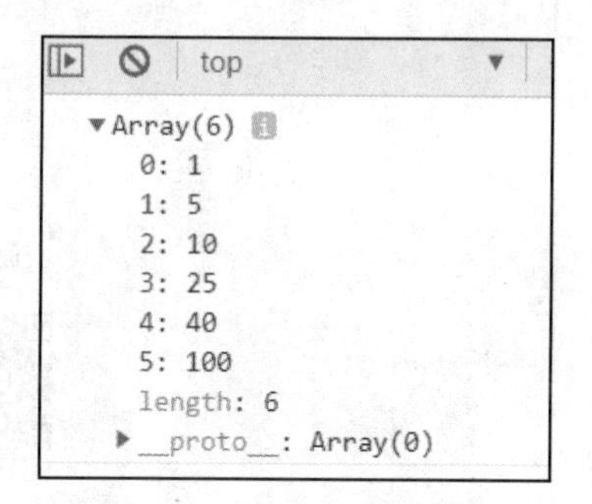

图 2-36　数组元素排序 1

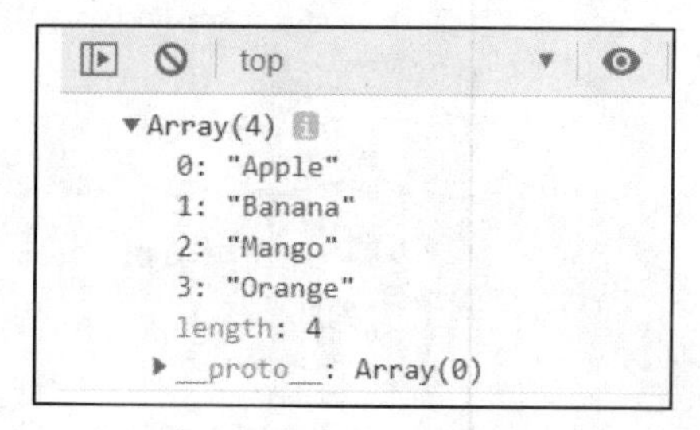

图 2-37　数组元素排序 2

（4）修改数组指定位置元素

微课 71

扫码观看微课视频

splice()方法用于向/从数组中添加/删除元素，然后返回被删除的元素。该方法会改变原始数组，返回值类型为数组对象。其语法格式如下。

```
arrayObject.splice(index,howmany,item1,…,itemX)
```

splice()方法参数说明如表 2-11 所示。

表 2-11　splice()方法参数说明

参数	描述
index	必选。整数，规定添加/删除元素的位置，使用负数可从数组结尾处规定位置处理
howmany	必选。要删除的元素数量。如果设置为 0，则不会删除元素
item1, …, itemX	可选。向数组添加的新元素

【案例 2.3.23】修改数组指定位置元素

这个例子演示 splice()方法参数的使用，splice()方法既可删除又可插入元素。

```
var fruits = ["Banana", "Orange", "Apple", "Mango"];
//从索引为 2 的位置开始删除 2 个连续元素
fruits.splice(2, 2);
console.log(fruits);        // 输出结果：(2) ["Banana", "Mango"]
//从索引为 0 的位置开始删除 1 个元素后，再添加 Pear 元素
fruits.splice(0, 1, 'Pear');
console.log(fruits);        // 输出结果：(2) ["Pear", "Mango"]
```

```
//第 2 个参数为 0 时，表示不删除，只添加
//从索引为 1 的位置开始添加数组元素
fruits.splice(1, 0, 'Watermelon', 'Peach');
console.log(fruits);      // 输出结果：(4) ["Pear", "Mango","Watermelon", "Peach"]
```

案例 2.3.23 的执行结果如图 2-38 所示。

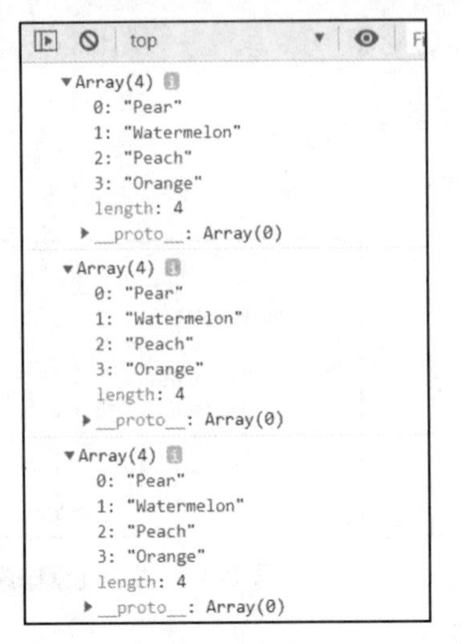

图 2-38　修改数组指定位置元素

【案例 2.3.24】数组对象应用

下面是一个综合性数组对象案例，数组中的元素为对象类型，对这样的数组对象具体操作上与一般数组对象是一样的。

```
var arr = [{index:'0',address:'常州'},{index:'1',address:'无锡'}];
var obj_1 = {index:'2',address:'苏州'};
var obj_2 = {index:'3',address:'南京'};
        arr.push(obj_1,obj_2);      //添加
        console.log(arr);
        var pop_data = arr.pop();    //删除并返回数组的最后一个元素
//遍历
for(var i=0;i<arr.length;i++){
            console.log("编号"+": "+arr[i]['index']);
            console.log("地址"+": "+arr[i]['address']);
}
//也可以用类似遍历对象属性的方法
for(var i in arr){
            console.log("编号"+": "+arr[i]['index']);
            console.log("地址"+": "+arr[i]['address']);
}
```

案例 2.3.24 的执行结果如图 2-39 所示。

```
▼Array(3)
 ▶0: {index: "0", address: "常州"}
 ▶1: {index: "1", address: "无锡"}
 ▶2: {index: "2", address: "苏州"}
  length: 3
 ▶__proto__: Array(0)
编号: 0
地址: 常州
编号: 1
地址: 无锡
编号: 2
地址: 苏州
编号: 0
地址: 常州
编号: 1
地址: 无锡
编号: 2
地址: 苏州
```

图 2-39　数组对象应用

思考

有两个整数数组，各有 10 个元素，请编写一个函数，将其中重复（两个数组中都存在）的元素去除。

拓展练习

一、单选题

1. 若执行 var str = 'aa'; str.toUpperCase();，则 str 的值为（　　）。
   A. aa　　B. AA　　C. Aa　　D. aA
2. 若字符串的 indexOf()方法查找失败，则返回（　　）。
   A. 0　　B. −1　　C. false　　D. null
3. 在 Math 对象中，获取绝对值的方法为（　　）。
   A. sqrt()　　B. floor()　　C. pow()　　D. abs()
4. 执行 new Date(2018, 1); 后，保存的时间为（　　）。
   A. 当前时间　　B. 实例化对象的时间
   C. 00:00:00　　D. 08:00:02
5. 抛出错误对象的关键字为（　　）。
   A. throw　　B. catch　　C. try　　D. Error
6. 若 var str = 'abc';，则 str[1] 的值为（　　）。
   A. a　　B. b
   C. c　　D. 语法错误，不能获取其值
7. Math.prototype 的值为（　　）。
   A. Function　　B. Object
   C. undefined　　D. Function.prototype

8. 获取一个字符在字符串中首次出现的位置，使用（　　）方法。

A. charAt()　　B. indexOf()　　C. lastIndexOf()　　D. substr()

9. 为 Date 对象设置年份使用（　　）方法。

A. getFullYear()　　B. setFullYear()　　C. getDate()　　D. setDate()

10. 默认情况下，数组变量的赋值使用（　　）机制，对象变量的赋值使用（　　）机制。

A. 深拷贝 深拷贝　　B. 深拷贝 浅拷贝　　C. 浅拷贝 深拷贝　　D. 浅拷贝 浅拷贝

二、判断题

1. Math.random()生成的随机数不包括 1。（　　）
2. 通过 Date 对象的 getHours()方法获取到的是 24 小时制的时间。（　　）
3. 字符串的索引从 1 开始。（　　）
4. 通过 new Date('2018-02')创建对象相当于 new Date(2018, 2)。（　　）
5. 在使用 Math 对象前，需要先实例化对象。（　　）

三、填空题

1. 假设有两个 Date 对象 d1 和 d2，计算 d2 与 d1 相差多少秒的代码是（　　）。
2. 获取 JavaScript 中所能表示的最小正值使用（　　）。
3. 判断变量 arr 是否是数组类型的代码是（　　）。
4. 若要从变量 str 保存的字符串中截取从位置 5 开始的后面 2 个字符，使用（　　）。
5. 在 JavaScript 中，获取基数的指数次幂，使用（　　）。
6. 利用 Math 对象，实现根据半径 r 计算圆的面积的代码是（　　）。
7. 字符串对象的（　　）方法用于将字符串分割成数组。
8. 若要获取当前时间，使用（　　）来实现。
9. 若要对一个浮点数向上取整，使用 Math 对象的（　　）方法来实现。
10. 获取字符串变量 str 的长度的代码为（　　）。

四、简答题

1. 利用字符串方法，验证用户名长度必须为 2～6，不能包含敏感词 “word”（含大小写形式）。
2. 编写程序，实现统计一个 for 语句执行花费了多长时间。
3. 编写一个函数，实现获取 1～9 的随机数。

2.4 综合项目实训——《俄罗斯方块》之定义方块

2.4.1 项目目标

- 掌握 JavaScript 对象的定义和使用。
- 掌握 JavaScript 构造函数的定义和使用。
- 掌握 JavaScript 内置对象的使用方法。
- 综合应用本单元知识和技能进行迭代开发，在上一单元的基础上绘制方块图形。

2.4.2 项目任务

1. 生成的方块信息对象

在 index.js 文件中，使用面向对象编程实现利用构造函数随机生成方块信息对象。

2. 浏览器控制台显示方块信息

将方块信息对象中包含的方块信息在浏览器控制台进行输出展示。例如“J 字型”，效果如图 2-40 所示。

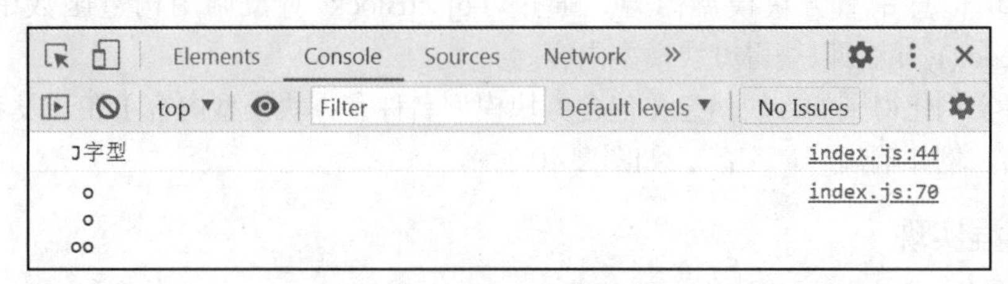

图 2-40 控制台输出方块信息

2.4.3 设计思路

（1）在 index.js 文件中，创建构造函数 CreateRandomModel()，使用面向对象编程生成随机方块信息。

（2）定义一个数组，用来存储不同类型的方块信息。

定义数组变量 MODELS，数组中包含多个方块信息，每个方块信息都是一个对象，每个对象都包含方块属性 name 和属性 model，如表 2-12 所示。

表 2-12 方块信息数组说明

数组元素（对象）	属性名	属性值
MODELS[0]	name	L 字型
	model	[[0,0],[1,0],[2,0],[2,1]]
MODELS[1]	name	J 字型
	model	[[0,1],[1,1],[2,0],[2,1]]
MODELS[2]	name	凸字型
	model	[[1,1],[0,0],[1,0],[2,0]]
MODELS[3]	name	田字型
	model	[[0,0],[0,1],[1,0],[1,1]]
MODELS[4]	name	一字型
	model	[[0,0],[0,1],[0,2],[0,3]]
MODELS[5]	name	Z 字型
	model	[[0,0],[0,1],[1,1],[1,2]]

（3）定义构造函数 CreateRandomModel()

设置如下属性和方法。

① blockModel 属性：方块模型内容。

② name 属性：方块模型名称。

③ getBlockModel()函数：用于获取方块模型内容。

④ 在构造函数的原型上设置方法 getName()函数，用于获取方块模型名称。

（4）实例化构造函数得到一个对象，对象命名为 objectBlocks，该对象存储的是随机得到的方块信息。

① 方块信息中有方块模型名称，通过 objectBlocks 对象调用构造函数中原型函数 getName()，就可以获得方块模型名称。

② 方块信息中有方块模型内容，通过 objectBlock 对象调用构造函数中原型函数 getBlockModel()，就可以获得方块模型内容。

（5）将实例化得到的方块信息（包含方块模型名称和方块模型内容）在开发者工具上的控制台输出。例如输出“J 字型”，如图 2-40 所示。

2.4.4 编程实现

1. 步骤说明

在单元 1 的“创建工程”迭代工程代码基础上进行开发，步骤如下所示。

步骤一：清除上一迭代工程中的 index.js 代码。

步骤二：定义方块信息数组。

步骤三：创建构造函数 CreateRandomModel()。

步骤四：实例化对象，输出方块信息。

2. 实现

步骤一：在 index.js 文件中，清除所有代码。

步骤二：定义数组 MODELS，用来存储所有可能的方块组。

方块组中，每个方块信息为一个对象，每个对象包含 name 属性，为方块模型名称，以及 model 属性，为方块模型内容，表示在 4×4 的 16 宫格内初始化坐标，如表 2-12 所示。

```
//创建所有可能的方块的数组
var MODELS = [
        {//第一个，L 字型
            'name': 'L 字型',
            'model': [[0,0],[1,0],[2,0],[2,1]]
        },
        {//第二个，J 字型
            'name': 'J 字型',
            'model': [[0,1],[1,1],[2,0],[2,1]]
        },
        {//第三个，凸字型
            'name': '凸字型',
            'model': [[1,1],[0,0],[1,0],[2,0]]
        },
        {//第四个，田字型
```

```
            'name': '田字型',
            'model': [[0,0],[0,1],[1,0],[1,1]]
        },
        {//第五个，一字型
            'name': '一字型',
            'model': [[0,0],[0,1],[0,2],[0,3]]
        },
        {//第六个，Z 字型
            'name': 'Z 字型',
            'model': [[0,0],[0,1],[1,1],[1,2]]
        }
];
```

步骤三：在 index.js 文件中，编写一个构造函数，用于随机生成方块信息。

（1）定义构造函数为 CreateRandomModel()

（2）在构造函数内，添加 name 属性和 blockModel 属性

① 使用内置对象 Math 的 random()方法和 floor()方法获取随机方块模型索引，定义变量 ramdomNum 来存储。

Math.random()方法用于获取 0～1（不包括 1）的随机数（包含小数）。

MODELS.length 表示获取方块数组的方块数量。

Math.floor()方法用于返回小于或等于一个给定数字的最大整数（例如给定“3.14159”返回数字 3，给定“-3.14159”返回数字-4）。

```
function CreateRandomModel(){
    //随机方块模型索引
    var ramdomNum = Math.floor(Math.random() * MODELS.length);
}
```

② 设置 name 属性值为方块模型名称。

```
function CreateRandomModel(){
    //创建所有可能的方块的数组（代码省略）
    //随机方块模型索引（代码省略）
    //方块模型名称
    this.name = MODELS[ramdomNum]['name'];
}
```

③ 设置 blockModel 属性值为方块模型内容。

```
function CreateRandomModel(){
    //创建所有可能的方块的数组（代码省略）
    //随机方块模型索引（代码省略）
    //方块模型名称（代码省略）
    //方块模型内容
    this.blockModel = MODELS[ramdomNum]['model'];
}
```

（3）定义构造函数的原型函数，使用 getBlockModel()函数、getName()函数来获取方块模型内容及方块模型名称

① 在构造函数的原型上设置函数 getBlockModel()函数，用于获取方块模型内容，即返回构造函数中的 blockModel 属性值。

```
CreateRandomModel.prototype.getBlockModel = function(){
    return this.blockModel;
}
```

② 在构造函数的原型上设置函数 getName()，用于获取方块模型名称，即返回构造函数中的 name 属性值。

```
CreateRandomModel.prototype.getName = function(){
    return this.name;
}
```

步骤四：在 index.js 文件中，实例化构造函数，先输出方块模型名称，之后输出方块模型图形。

（1）随机输出方块模型名称

① 实例化构造函数得到自定义对象，使用定义的变量 objectBlocks 存储。

```
//实例化构造函数，并输出方块信息
var objectBlocks = new CreateRandomModel();
```

② 调用对象 objectBlocks 里的 getName()函数，获取方块模型名称。

```
//方块模型名称
var blockName = objectBlocks.getName();
console.log(blockName);
```

控制台输出随机获取的方块模型名称，执行结果如图 2-41 所示。

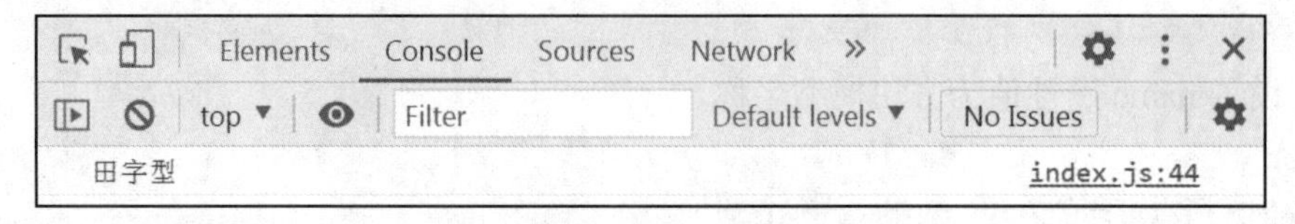

图 2-41　控制台输出方块模型名称

③ 调用对象 objectBlocks 里 getBlockModel()函数，获取方块模型。

```
//方块模型
var blockModel = objectBlocks.getBlockModel();
```

（2）定义一个空的二维数组 arr，模拟 16 宫格

```
var arr = [
     [0,0,0,0],
     [0,0,0,0],
     [0,0,0,0],
     [0,0,0,0]
];
```

（3）使用 for 语句，将有方块的位置设置为 1

① 定义一个 temp 临时变量，存储每个字型的方块信息。

② 将 temp[0]单个方块横坐标、temp[1]单个方块纵坐标组成二维数组，存储在 arr 数组中，若判断数组值（即方块的位置）为 1，则判断该位置是单个方块。

```
//将有方块的位置设置为 1
for(var i=0; i<blockModel.length; i++){
    var temp = blockModel[i];
    arr[temp[0]][temp[1]] = 1;
}
```

（4）使用 for 语句，将函数的返回值输出到控制台

① 使用 for 语句遍历数组 arr，循环变量为 i，定义 temp 临时变量存储 arr[i]的值，此刻 temp 变成了一个二维数组。

② 在循环内部循环遍历 temp 数组，循环变量为 j，定义变量 shape，值为空。若 temp[j]的值为 1，则变量 shape 的值设置为“o”，在 for 语句之外使用“\n”换行。

③ 在开发者工具上的控制台使用 console 语句输出变量 shape 的值，可获得相应的方块类型的图形。

```
//控制台输出图形
var shape = '';
for (var i=0; i<arr.length; i++) {
    var temp = arr[i];
    for (var j=0; j<temp.length; j++) {
        if(temp[j] === 1){
            shape += 'o';
        }else{
            shape += ' ';
        }
    }
    shape += '\n';
}
console.log(shape);
```

例如随机输出了一个“J 字型”，执行结果如图 2-40 所示。

单元小结

本单元首先介绍了 JavaScript 面向对象的编程思想，然后介绍了面向过程、面向对象的优势及特征、什么是构造函数、如何创建构造函数、原型对象的简单使用、遍历对象的成员等内容。通过本单元的学习，读者应能理解 JavaScript 面向对象编程的基本概念，能够运用构造函数和原型对象的方式实现面向对象的开发需求。

单元 3 浏览器对象模型（BOM）

JavaScript 是由 ECMAScript、BOM 和 DOM 组成的。其中 ECMAScript 是指前面介绍的 JavaScript 基本语法、数组、函数和对象。BOM（Browser Object Model）指的是浏览器对象模型，DOM（Document Object Model）指的是文档对象模型。接下来本单元将对 BOM 的概念及使用进行讲解。

学习目标

知识目标

- 了解 BOM 的组成结构。
- 掌握全局作用域的概念及使用。
- 掌握 JavaScript 中 3 种消息框的使用。
- 熟悉 window 常用子对象的使用。

能力目标

- 能够通过 window 子对象实现页面跳转。
- 能够创建综合项目的界面。

素质目标

- 养成浏览器安全使用的好习惯，遵守相关软件类法律法规，运用法治思维和法律方式维护自身权利。
- 鼓励学生利用自己所学的专业知识，积极参与社会科学普及和应用推广活动。

3.1 BOM 概述

微课 73

扫码观看微课视频

在实际开发中，JavaScript 程序经常需要操作浏览器窗口及窗口中的组件，实现用户和页面的动态交互。为此，浏览器提供了一系列独立于网页内容而与浏览器窗口进行交互的内置对象，这些内置对象统称为浏览器对象。各内置对象之间按照某种层次组织起来的模型称为浏览器对象模型（Browser Object Model，BOM），如图 3-1 所示。

从图 3-1 可以看出，window 对象是 BOM 的顶层（核心）对象，其他 BOM 对象都是以属性的方式添加到 window 对象下的，也可以称为 window 对象的子对象。以 document 为例，它是 window 对象下面的一个属性，但是它同时又是一个对象。换句话说，document 相对于 window 对象来说，是一个属性；而相对于 document 中的 write()方法来说，它是一个对象。

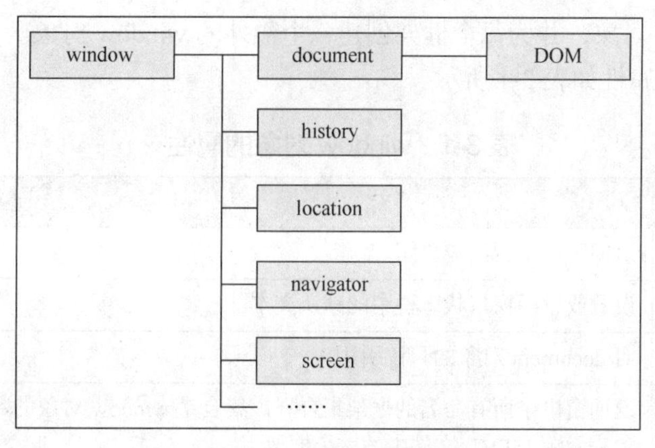

图 3-1　BOM 结构

BOM 为了访问和操作浏览器各组件，每个 window 子对象中都提供了一系列的属性和方法。常用子对象如下。

- document 对象：即文档对象，代表浏览器窗口中的文档。通过 document 对象，可以访问 HTML 页面中的所有元素，将会在下一单元中详细讲解，这里不赘述。
- history 对象：主要用于记录浏览器的访问历史，也就是用于实现浏览网页的前进与后退功能。
- location 对象：用于获取当前浏览器中 URL 地址栏内的相关数据。
- navigator 对象：用于获取浏览器的相关数据，如浏览器的名称、版本等，也称为浏览器的“嗅探器”。
- screen 对象：可获取与屏幕相关的信息，如屏幕的分辨率、坐标等。

值得注意的是：万维网联盟（World Wide Web Consortium，W3C）没有为 BOM 统一制定标准，每个浏览器厂商都有其自己对 BOM 的实现方式，但各浏览器间共有的对象，例如 window 对象、navigator 对象等因功能趋同，实际上已经成为默认的标准。在利用 BOM 实际开发时，要考虑到不同浏览器的兼容问题，否则可能会出现不可预料的情况。

拓展练习

一、判断题

1. BOM 对象是由 W3C 规范后的一个浏览器对象的标准。（　　）
2. BOM 中，window 对象处于对象层次的顶端，是所有其他对象的父对象。（　　）
3. 若父对象是 window 对象，则可以直接写对象名，省略前面的“window.”。（　　）

二、简答题

请简述 JavaScript 三大重要组成部分。

3.2　window 对象

window 对象表示浏览器中打开的窗口。window 对象处于 BOM 对象层次的顶端，是 BOM 中所有其他对象的父对象，是访问 BOM 的接口。对于每个打开的窗口，系统都会自动为其创建一个 window 对象。如果 HTML 文件包含框架（<iframe>标签），浏览器会为 HTML 文件创建一个 window 对象，并为每个框架创建一个额外的 window 对象。

window 对象的属性如表 3-1 所示。

表 3-1　window 对象的属性

属性	描述
closed	返回窗口是否已被关闭
defaultStatus	设置或返回窗口状态栏中的默认文本
document	对 document 对象的只读引用
frames	返回窗口中所有命名的框架集合。该集合是 window 对象的数组，每个 window 对象表示源 HTML 文件中的一个框架
history	对 history 对象的只读引用
innerHeight	返回窗口的文档显示区的高度
innerWidth	返回窗口的文档显示区的宽度
localStorage	在浏览器中存储 key/value 对。没有过期时间
length	设置或返回窗口中的框架数量
location	窗口或框架的 location 对象
name	设置或返回窗口的名称
navigator	对 navigator 对象的只读引用
opener	返回对创建此窗口的引用
outerHeight	返回窗口的外部高度，包含工具条与滚动条
outerWidth	返回窗口的外部宽度，包含工具条与滚动条
pageXOffset	设置或返回当前页面相对于窗口显示区左上角的 x 坐标
pageYOffset	设置或返回当前页面相对于窗口显示区左上角的 y 坐标
parent	返回父窗口
screen	对 screen 对象的只读引用
screenLeft	返回相对于屏幕窗口的 x 坐标
screenTop	返回相对于屏幕窗口的 y 坐标
screenX	返回相对于屏幕窗口的 x 坐标
sessionStorage	在浏览器中存储 key/value 对。在关闭窗口或标签页之后将会删除这些数据
screenY	返回相对于屏幕窗口的 y 坐标
self	返回对当前窗口的引用。等价于 Window 对象
status	设置窗口状态栏的文本
top	返回最顶层的父窗口

window 对象的方法如表 3-2 所示。

表 3-2　window 对象的方法

方法	描述
alert()	显示带有一条指定消息和一个“确认”按钮的警告消息框
atob()	解码一个 Base64 编码的字符串
btoa()	创建一个 Base64 编码的字符串
blur()	把键盘焦点从顶层窗口移开
clearInterval()	取消由 setInterval()设置的时间周期
clearTimeout()	取消由 setTimeout()设置的时间周期
close()	关闭浏览器窗口
confirm()	显示带有一条指定消息以及“确认”按钮、“取消”按钮的确认消息框
createPopup()	创建一个弹出窗口
focus()	把键盘焦点给予一个窗口
getSelection()	返回一个 selection 对象，表示用户选择的文本范围或光标的当前位置
getComputedStyle()	获取指定元素的 CSS 样式
matchMedia()	检查 media query 语句，它返回一个 MediaQueryList 对象
moveTo()	把窗口的左上角移动到一个指定的坐标
open()	打开一个新的浏览器窗口或查找一个已命名的窗口
print()	输出当前窗口的内容
prompt()	显示可提示用户输入的输入消息框
resizeBy()	按照指定的像素值增加窗口的大小
resizeTo()	把窗口的大小调整到指定的宽度和高度
scroll()	已废弃。该方法已经被 scrollTo()方法替代
scrollBy()	按照指定的像素值来滚动内容
scrollTo()	把内容滚动到指定的坐标
setInterval()	按照指定的周期（以毫秒计）来调用函数或计算表达式
setTimeout()	在指定的毫秒数后调用函数或计算表达式
stop()	停止页面载入

3.2.1　全局作用域

微课 74

扫码观看微课视频

window 对象是 BOM 的核心对象，它既是 BOM 访问浏览器窗口的一个接口，还扮演着 ECMAScript 中全局对象的角色。因此，所有在全局作用域中声明的变量、函数以及 JavaScript 的内置对象、函数都自动成为 window 对象的成员（属性或方法），可以被 window 对象调用。

调用 window 的成员时，对象名 window.可省略，即可使用 window.属性、window.方法()或者直接以属性、方法()的方式调用（前面默认会加 window.）。例如：window.alert();和 alert();效果一样。

【案例 3.2.1】全局作用域

```
var city = '北京'; //定义在全局作用域中的city变量
function getCity() { //定义在全局作用域中的getCity()函数
  return this.city; //全局函数体内的this关键字指向其父对象——window对象                    }
//以下语句均输出"北京"
console.log(window.city);
console.log(city); //全局变量前的window.可省
console.log(window.getCity());
console.log(getCity()); //全局函数前的window.可省
document.write(city); //document是window对象的属性（子对象），可省略前面的window.
alert(getCity()); //aler()t是window对象的方法，可省略前面的window.
```

思考

document 作为常用对象，当引用它的属性或方法时，前面的“document.”可不可以省略？

3.2.2 3 种消息框

用户在与网页交互的时候，往往需要弹出一些消息框来让用户做出选择或输入，JavaScript 中有 3 种消息框，它们分别是 alert()、confirm()和 prompt()。下面来一一介绍。

微课 75

扫码观看微课视频

1. alert()——警告消息框

window 对象的 alert()方法用于显示带有一条指定消息和一个“确定”按钮的警告消息框。该消息框是模式对话框，也就是说，用户必须先关闭该消息框然后才能继续进行操作。

语法如下。

```
alert(message);
```

参数 message 是一个对用户进行警告提示的文本字符串。

例如，执行 alert("这是一个警告消息框！");将会出现图 3-2 所示的警告消息框。

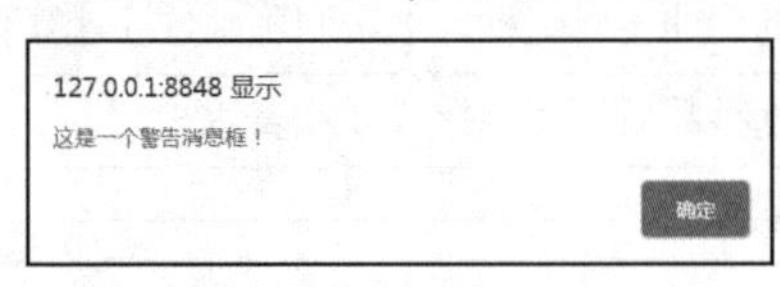

图 3-2 警告消息框

2. confirm()——确认消息框

window 对象的 confirm()方法用于显示带有一条指定消息和“确定”及“取消”按钮的确认消息框。若用户点击“确定”，此方法返回 true，否则返回 false。该消息框也是模式对话框：用户必须先将其关闭，才能进行下一步操作。

语法如下。

```
confirm(message);
```

参数 message 是一个对用户进行确认提示的文本字符串。

例如，执行 confirm("请告诉我你的选择？");将会出现图 3-3 所示的确认消息框。

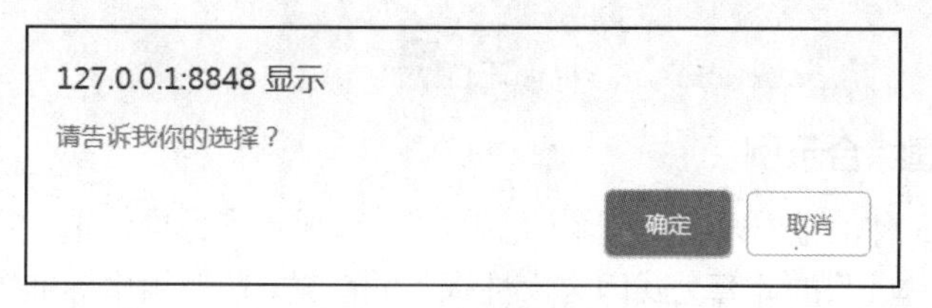

图 3-3 确认消息框

【案例 3.2.2】确认消息框示例

```
var choice = confirm("单击“确定”继续，单击“取消”残忍离开。");
if (choice) { //等价：choice==true
    alert("欢迎访问我们的 Web 页面！");
} else
    alert("再见啦！");
```

3. prompt()——输入消息框

window 对象的 prompt()方法用于显示一个提示用户进行输入的输入消息框。输入消息框提供了一个文本输入域，用户可在其中输入文本以响应输入提示。该消息框有一个“确定”按钮以及一个“取消”按钮。该消息框也是一个模式对话框：用户在继续操作之前必须先关闭该消息框。

若用户点击了“确定”按钮，prompt()方法的返回值为用户所输入的字符串，若用户没有输入任何文本，则返回空字符串；若用户点击了“取消”按钮，无论用户有没有输入文本，prompt()方法的返回值都为 null。

语法如下。

```
prompt(message,defaultText)
```

- 参数 message 可选，是一个对用户进行输入提示的文本字符串。
- 参数 defaultText 可选，是消息框默认的输入文本。

例如，执行 var score=Number(prompt("请输入你的 JavaScript 成绩？", "100"));将会出现图 3-4 所示的输入消息框。

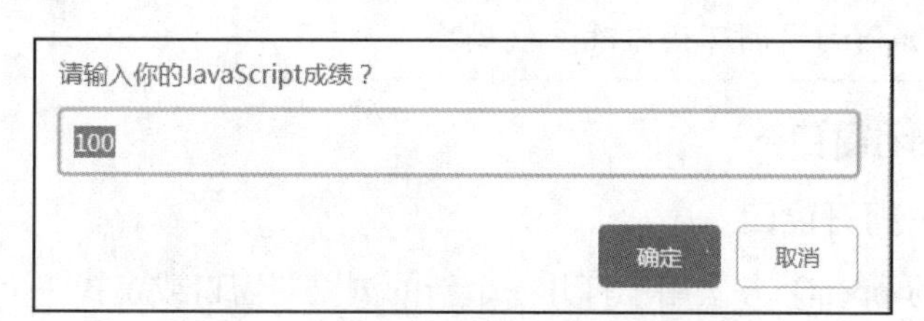

图 3-4 输入消息框

【案例 3.2.3】输入消息框示例

这个例子通过在输入消息框输入名字，判断用户输入的值。

```
var yourName = prompt("你叫啥名字？", "张三");
if (yourName == "" || yourName == null)
```

```
    alert("请雁过留名，人过留声！");
else
    alert("欢迎，" + yourName + "祝你开心！")
```

4. 3 种消息框综合示例

微课 76

扫码观看微课视频

下面综合运用 3 种消息框来实现一个简单的“计算成年人标准体重”的案例。“成年人标准体重”的计算公式因男女性别不同而异：成年男生标准体重（kg）=身高（cm）-100；成年女生标准体重（公斤）=身高（厘米）-105。

【案例 3.2.4】3 种消息框综合示例

这个例子演示用户通过消息框与页面交互的处理过程，通过用户输入的体重和性别计算标准体重。

```
var choice = confirm("想知道您的标准体重吗？");
if (choice) { //等价：choice==true
      var gender = prompt("请问您的性别？", "男");
      if (gender == "男" || gender == "女") {
                  var height = parseInt(prompt("请问您的身高（厘米）？", "175"));
                  var stdWeight;
                  if (gender == "男")
                        stdWeight = height - 100;
                 else if (gender == "女")
                        stdWeight = height - 105;
                 alert("您的标准体重是：" + stdWeight + "公斤！");
      } else {  alert("输入性别有误！");  exit();
           }
} else
alert("祝您健康！再见！");
```

思考

本案例只支持一次标准体重的计算便退出，若想改造为可“循环多次计算标准体重，直至退出”，应当如何利用循环语句改造代码？

3.2.3 打开与关闭窗口

1. open()——打开窗口

微课 77

扫码观看微课视频

window 对象的 open() 方法用于打开一个新的浏览器窗口或查找一个已命名的窗口。

语法如下。

```
window.open(URL,name,features,replace)
```

- 参数 URL：可选，指定要打开窗口的 URL。若省略了此参数，或它的值是空字符串，则打开一个空白窗口。
- 参数 name：可选，指定 target 属性或窗口的名称。name 参数取值情况详见表 3-3。

若指定了一个已经存在的窗口名称，那么open()方法就不再创建一个新窗口。

表 3-3　name 参数值详情

name 参数值	说明
_blank	URL 加载到一个新的窗口，也是默认值
_parent	URL 加载到父框架
_self	URL 替换当前页面
_top	URL 替换任何可加载的框架集
name	窗口名称

- 参数 features：可选，用于设置窗口的特征（如大小、位置、滚动条等）。features 参数各项取值情况详见表 3-4，多种特征之间使用逗号分隔。

表 3-4　features 参数取值详情

Features 参数	值	说明
height	Number	窗口的高度（单位：px），最小值为 100
width	Number	窗口的宽度（单位：px），最小值为 100
left	Number	窗口的左侧位置
location	yes|no|1|0	是否显示地址字段，默认值是 yes
menubar	yes|no|1|0	是否显示菜单栏，默认值是 yes
resizable	yes|no|1|0	是否可调整窗口大小，默认值是 yes
scrollbars	yes|no|1|0	是否显示滚动条，默认值是 yes
status	yes|no|1|0	是否要添加一个状态栏，默认值是 yes
titlebar	yes|no|1|0	是否显示标题栏，默认值是 yes
toolbar	yes|no|1|0	是否显示浏览器工具栏，默认值是 yes

例如，打开百度网站，窗口大小为 300px×200px、无菜单栏、无工具栏、无状态栏、有滚动条，对应的代码如下。

```
window.open('http://www.baidu.com','_blank','width=300,height=200,menubar=no,
toolbar=no, status=no,scrollbars=yes')
```

- 参数 replace：可选，布尔值。规定了装载到窗口的 URL 在窗口的浏览历史中创建一个新条目，还是替换浏览历史中的当前条目。值为 true 表示 URL 替换浏览历史中的当前条目；值为 false 表示 URL 在浏览历史中创建新的条目。

【案例 3.2.5】打开窗口的不同方式

```
<!DOCTYPE html>
<html>
    <head>
        <meta charset="utf-8">
        <title>打开窗口的不同方式</title>
        <script type="text/javascript">
        function open_win1() {
```

```
            window.open("http://baidu.com", "_blank");
            //window.open("http://baidu.com");与上一行等价，"_blank"是默认方式，可省略
        }

        function open_win2() { //"_self"（在当前窗口中打开新页面，不产生新窗口）
          window.open("http://sohu.com", "_self");
        }

        function open_win3() {
        //最后一个参数字符串规定了新窗口的大小、位置及窗口是否可调节尺寸
        var newWindow = window.open("", "", "height=300, width=300, top=200,
left=500, resizable=yes");
        var x1= newWindow.screenLeft,y1= newWindow.screenTop;
        var x2= newWindow.outerHeight,y2= newWindow.outerWidth;
        newWindow.document.write('<h3>相对屏幕窗口的坐标：(' + x1 + ',' + y1 + ')
</h3>');
        newWindow.document.write('<h3>窗口的高度：' + x2 + '，宽度：' + y2 + '</h3>');
        }
        </script>
    </head>
    <body>
        <ul>
        <li><input type="button" value="新窗口中打开百度首页" onclick=
"open_win1()"></li>
        <li><input type="button" value="当前窗口中打开搜狐首页" onclick=
"open_win2()"></li>
         <li><input type="button" value="打开自定义空白窗口" onclick= "open_win3() ">
</li>
         </ul>
    </body>
</html>
```

案例执行结果如图 3-5～图 3-7 所示。

图 3-5　新窗口中打开百度首页

图 3-6　当前窗口中打开搜狐首页

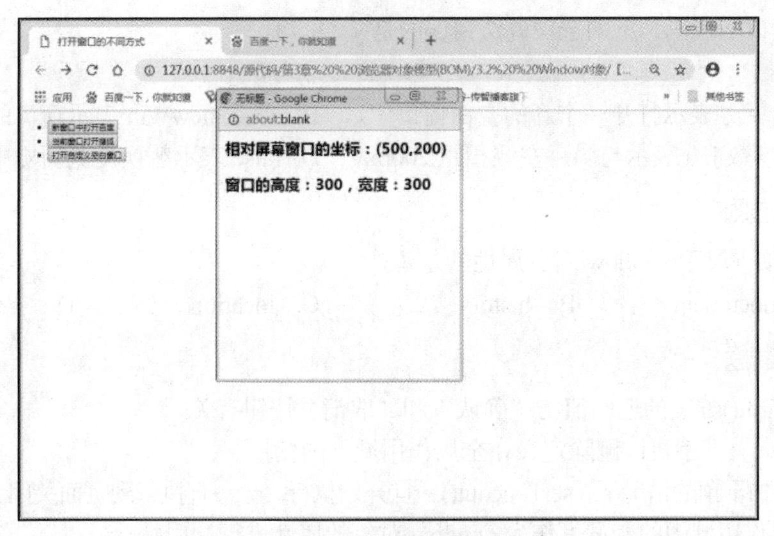

图 3-7　打开自定义空白窗口

2. close()——关闭窗口

window 对象的 close()方法用于关闭浏览器窗口。

语法如下。

```
<窗口对象>.close();//关闭指定窗口
window.close();//关闭本窗口
```

可以通过调用 self.close()或 close()（省略 window.）来关闭本窗口。

拓展练习

一、单选题

1. （　　）可弹出提示用户输入内容的对话框。

   A. alert()　　B. confirm()　　C. prompt()　　D. open()

2. 下面（　　）可以实现在 3s 后执行一次警告提示。

   A. setTimeout()　　B. setInterval()　　C. clearTimeout()　　D. clearInterval()

3. 下面（　　）可实现带有输入功能及“确认”按钮和“取消”按钮的对话框。

   A. alert()　　B. confirm()　　C. prompt()　　D. open()

4. 在 window 对象中（　　）可将窗口的宽度和高度修改成 500。

   A. moveBy()　　B. moveTo()　　C. resizeBy()　　D. resizeTo()

5. 下列选项中（　　）用于关闭打开的窗口。

   A. close()　　B. closed()　　C. open()　　D. focus()

6. window 对象的（　　）属性可获取页面文档的高度和宽度。

   A. innerHeight 和 innerWidth　　B. outerHeight 和 outerWidth

   C. screenLeft 和 screenTop　　D. screenX 和 screenY

7. 阅读以下代码，下列选项说法错误的是（　　）。

```
window.open('', 'newWin', 'left=200', false);
```

A. 参数''表示打开一个新的空白窗口　　B. 参数 newWin 表示窗口的名称
C. 参数 left 表示与屏幕左侧相距 200px　　D. false 表示替换浏览历史中的当前条目

二、多选题

以下选项中属于 window 对象属性的是（　　）。

A. document　　B. history　　C. location　　D. screen

三、判断题

1. confirm()方法的返回值与“确认”和“取消”按钮有关。（　　）
2. delete 关键字可以删除定义在全局作用域下的变量。（　　）
3. 在不加干预的情况下，setTimeout()一旦开始执行，会一直执行到页面关闭为止。（　　）
4. 全局作用域中的变量可作为 window 对象的属性进行调用。（　　）
5. Chrome 浏览器中，outerHeight 的返回值中包括工具条和滚动条。（　　）
6. 使用 clearTimeout()和 clearInterval()可以清除定时器。（　　）

四、填空题

1. （　　）可获取当前页面中所有的框架。
2. 取消定时器的操作，只需将（　　）传递给 clearTimeout()方法即可。
3. window 对象提供的（　　）会在指定的时间后，自动重复执行代码。
4. BOM 的核心对象是（　　）。
5. 全局作用域中的函数，函数体内的 this 关键字指向（　　）。
6. 关键字（　　）可以删除 window 对象自身的属性。
7. （　　）可获取当前窗口的父窗口地址。
8. window 对象提供的（　　）可获取 HTML 页面中所有的框架。

五、简答题

编写程序，实现电子时钟自动计时的效果，并提供一个按钮控制电子时钟计时。

3.3　window 常用子对象

微课 78

扫码观看微课视频

3.3.1　location 对象

location 对象包含有关当前 URL 的信息，其主要作用是分析和设置页面的 URL 地址。统一资源定位符（Uniform Resource Locator，URL）的组成如图 3-8 所示。

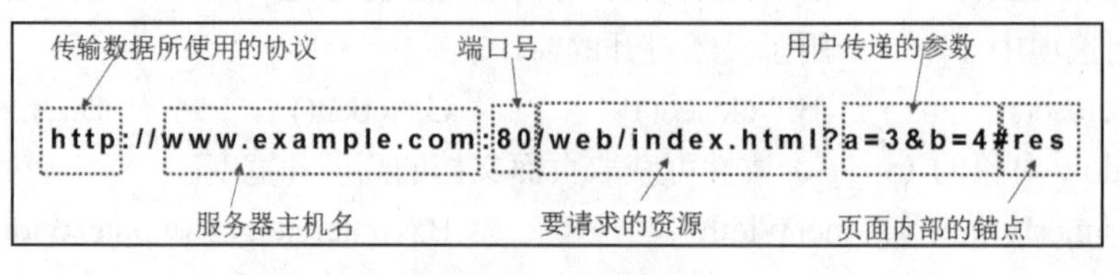

图 3-8　URL 的组成

location 对象比较特别，它既是 window 对象的属性，也是 document 对象的属性，也就是说，window.location 和 document. location 引用的是同一个对象。location 对象的常用属性及方法分别如表 3-5 和表 3-6 所示。

表 3-5　location 对象的常用属性

属性	说明
hash	设置或返回从井号（#）开始的 URL（锚）
host	设置或返回主机名和当前 URL 的端口号
hostname	设置或返回当前 URL 的主机名
href	设置或返回完整的 URL
pathname	设置或返回当前 URL 的路径部分
port	设置或返回当前 URL 的端口号
protocol	设置或返回当前 URL 的协议
search	设置或返回从问号（?）开始的 URL（查询部分）

表 3-6　location 对象的常用方法

方法	说明
assign()	加载新的文档
reload()	重新加载当前文档
replace()	用新的文档替换当前文档

下面通过定时器方法和 location 对象完成一个“页面定时跳转”的案例。案例页面如图 3-9 所示。进入页面后，系统将自动进行“5 秒倒计时”，然后跳转至'http://www.example.com'网址。倒计时期间也可以点击页面上的文字链接，提前跳转页面；或者点击 “刷新页面” 按钮，重新开始“5 秒倒计时”。

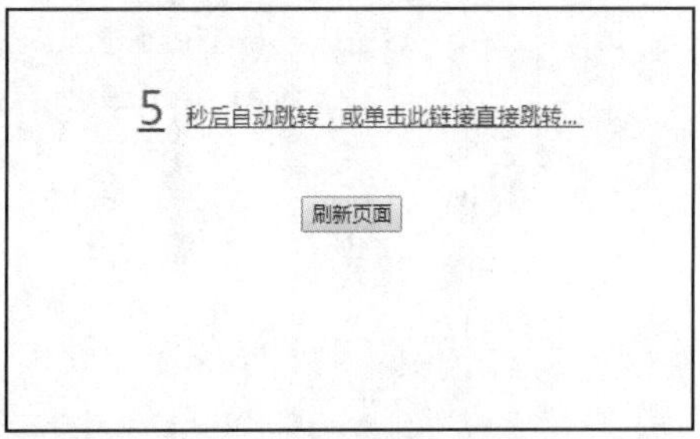

图 3-9　页面定时跳转

【案例 3.3.1】页面定时跳转

通常注册完成或处理完事件后，会用一个定时页面显示几秒内跳转到后续页面。通过定时器函数实现页面的定时跳转。

```
<!DOCTYPE html>
<html>
    <head>
        <meta charset="UTF-8">
        <title>页面定时跳转</title>
        <style>
             div{
                  width:400px;
                  height: 200px;
                  margin: 50px auto;
```

```
                padding: 50px;
                border:2px solid black;
                text-align: center;
                background-color: lightyellow;
            }
            span{
                font-size: 200%;
                color: red;
                margin: 0 15px;
            }
        </style>
    <script>
            var timer1;
            function freshPage(){
                location.reload(true);//重新加载页面
            }
            function timing(){
                var sp = document.getElementById('seconds');
                var time=parseInt(sp.innerText);
                sp.innerText =--time;//倒计时秒数减 1，并刷新页面显示的秒数
                if (time==0){
                    clearTimeout(timer1);
                    location.href = 'http://www.example.com';
                }
            }
            window.onload=function (){
                timer1=setInterval("timing()", 1000);
            }
    </script>
    </head>
    <body>
        <div>
            <a href="http://www.example.com">
                <span id="seconds">5</span>秒后自动跳转，或单击此链接直接跳转
            </a>
            <br /><br /><br />
            <input type="button" value="刷新页面" onclick="freshPage()">
        </div>
    </body>
</html>
```

思考

本案例中的页面跳转是通过代码“location.href = 'http://www.example.com'; ”实现的，即通过设置 location 对象的 href 属性实现的。请思考还有哪些 location 对象或 window 对象的方法，同样也可以实现上述页面跳转效果。

3.3.2 history 对象

微课 79

扫码观看微课视频

history 对象可用于对用户在浏览器中访问过的 URL 历史记录进行操作。每个浏览器窗口，每个标签页，乃至每个框架都有自己的 history 对象与特定的 window 对象关联。出于安全性方面考虑，history 对象不能直接获取用户浏览过的 URL，但可以控制浏览器实现“前进”“后退”等功能。history 对象的常用属性和方法如表 3-7 所示。

表 3-7 history 对象的常用属性和方法

分类	名称	说明
属性	length	返回历史记录列表中的网址数
方法	back()	加载历史记录列表中的前一个 URL
	forward()	加载历史记录列表中的下一个 URL
	go()	加载历史记录列表中的某个具体页面

go()方法：当参数值是一个负整数时，表示“后退”指定的页数；当参数值是一个正整数时，表示“前进”指定的页数。当 go()方法的参数分别为 1 或-1 时，效果分别与 forward()（跳转页面前，即图 3-10）和 back()方法的（跳转页面返回后，即图 3-11）相同。

【案例 3.3.2】历史记录跳转

下面讲解一个“历史记录跳转”的案例。主界面如图 3-10 和图 3-11 所示。进入页面后，通过访问 history 对象的 length 属性，在页面上显示当前已访问 URL 个数。当个数为 1 时，也即暂未访问过其他 URL 时，“前进”按钮为灰色（“不可用”状态）；在访问过“新网页”（test.html）再返回之后，已访问过的 URL 个数更新为 2，并且“前进”按钮更新为黑色（“可用”状态）。

历史记录中当前已访问URL个数是：1

新网页 前进

图 3-10 跳转页面前

历史记录中当前已访问URL个数是：2

新网页 前进

图 3-11 跳转页面返回后

```
<!-- 【案例 3.3.2】历史记录跳转.html -->
<!DOCTYPE html>
<html>
    <head>
        <meta charset="UTF-8">
        <title>历史记录跳转</title>
        <script>
            window.onload = function() {
                var p=document.getElementById("p1");
                p.innerHTML="历史记录中当前已访问 URL 个数是："+history.length;
```

```
                var b=document.getElementById("b1");
                if (history.length == 1)//若当前仅访问过一个 URL
                    b.disabled = 'disabled';//则使“前进”按钮不可用
            }
            function newPage() { // 打开测试新文档
                Location.assign('test.html');
            }
            function goForward() { // 前进一页
                history.go(1);
            }
        </script>
    </head>
    <body>
        <p id="p1"></p>
        <input type="button" value="新网页" onclick="newPage()">
        <input id="b1" type="button" value="前进" onclick="goForward()">
    </body>
</html>
```

```
<!-- test.html -->
<!DOCTYPE html>
<html>
    <head>
        <meta charset="UTF-8">
        <title>新页面</title>
    </head>
    <body>
        <input type="button" value="后退" onclick="history.go(-1);">
        新页面
    </body>
</html>
```

3.3.3 navigator 对象

navigator 对象提供了有关客户端浏览器的信息，例如，浏览器名称、版本号和平台等，成为识别客户端浏览器的常用对象。navigator 对象的常用属性和方法如表 3-8 所示。

表 3-8 navigator 对象的常用属性和方法

分类	名称	说明
属性	appCodeName	返回浏览器的内部名称
	appName	返回浏览器的名称
	appVersion	返回浏览器的平台和版本信息
	cookieEnabled	返回指明浏览器中是否启用 Cookie 的布尔值

续表

分类	名称	说明
属性	platform	返回执行浏览器的操作系统平台
	userAgent	返回由客户端发送给服务器的 User-Agent 头部的值
方法	javaEnabled()	指定是否在浏览器中启用 Java
	taintEnabled()	指定浏览器是否启用数据污点（data tainting）

【案例 3.3.3】了解当前浏览器

下面通过一个案例了解客户端当前所用浏览器情况，并输出到控制台。

```
console.log('浏览器内部名称：' + navigator.appCodeName);
console.log('浏览器名称：' + navigator.appName);
console.log('是否启用 Cookie：' + navigator.cookieEnabled);
console.log('执行浏览器的操作系统平台：' + navigator.platform);
console.log('是否启用 Java：' + navigator.javaEnabled());
console.log('浏览器平台与版本信息：' + navigator.appVersion);
console.log('User-Agent 的值：' + navigator.userAgent);
```

假设客户端当前所有浏览器为 Chrome 浏览器，执行后，控制台得到图 3-12 所示的信息。

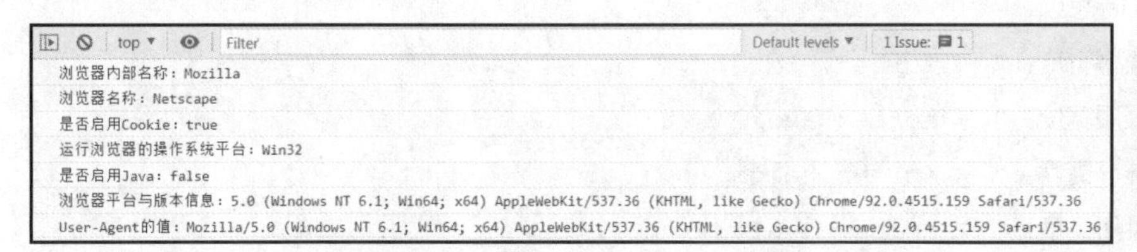

图 3-12　Chrome 浏览器相关信息

微课 80

扫码观看微课视频

素养课堂

养成浏览器安全使用好习惯

- 使用主流浏览器，不轻易使用第三方定制的小众浏览器，并且积极将浏览器版本更新到最新稳定版，有助于减少安全漏洞，避免被黑客攻击。
- 谨慎安装浏览器插件。在使用浏览器打开网站时，经常会看到一些询问是否允许执行或安装一些脚本、ActiveX 控件、插件的提示信息，这些都是可以在计算机上直接执行的程序，会带来一些安全隐患。当看到这些提示信息时，我们要谨慎地评估它们的安全性，对于有疑问的网站上的插件最好不要安装。
- 计算机上安装杀毒软件，及时更新病毒特征库，定期查杀以防止浏览器设置被篡改。
- 浏览网页时，点击浏览器地址栏左边的小锁图标，可以检查链接的安全性，防止误打开钓鱼网站。
- 注意清理隐私数据。定期清理“历史记录”等个人浏览数据；在公用计算机上使用浏览器时，不要选择“记住密码”等便捷选项，离开公用计算机前不要忘记注销已登录的账户；在使用痕迹未清除前，尽量不转借个人计算机。
- 多数浏览器具有隐私模式，开启后可以保护隐私数据。

3.3.4 screen 对象

screen 对象包含客户端用户屏幕的有关信息。例如，屏幕分辨率（高度和宽度）等，这些信息通常出现在测定客户端能力的站点跟踪工具中。screen 对象在 JavaScript 中属于不常用到的对象。每种浏览器的 screen 对象可能包含不同的属性，主流浏览器中支持的 screen 对象的属性如表 3-9 所示。

表 3-9 主流浏览器中支持的 screen 对象的属性

属性	说明
height	返回整个屏幕的高度
width	返回整个屏幕的宽度
availHeight	返回浏览器窗口在屏幕上可占用的垂直空间
availWidth	返回浏览器窗口在屏幕上可占用的水平空间
colorDepth	返回屏幕的颜色深度
pixelDepth	返回屏幕的像素深度

【案例 3.3.4】了解当前屏幕

下面通过一个案例了解客户端当前显示器屏幕情况，并输出到控制台。执行后，控制台得到图 3-13 所示信息。

```
console.log("屏幕宽度：" + screen.width);
console.log("可用宽度：" + screen.availWidth);
console.log("屏幕高度：" + screen.height);
console.log("可用高度：" + screen.availHeight);
console.log("颜色深度：" + screen.colorDepth);
console.log("像素深度：" + screen.pixelDepth);
```

```
屏幕宽度：1536
可用宽度：1536
屏幕高度：864
可用高度：821
颜色深度：24
像素深度：24
```

图 3-13 当前屏幕信息

拓展练习

一、单选题

1. URL http://localhost/js/test.html?a=12，location.pathname 获取的内容是（　　）。

   A. http://localhost/js/test.html　　B. localhost/js/test.html

   C. /js/test.html　　D. /js/test.html?a=12

2. 下列对象中，（　　）可以获取屏幕的宽度和高度。

   A. document　　B. history　　C. location　　D. screen

3. 下列选项中（　　）可以获取 URL 地址中的参数。
   A. location.href　　B. location.search
   C. location.host　　D. location.port
4. 下列端口号中，可以作为 URL 的默认请求端口号的是（　　）。
   A. 8080　　B. 80　　C. 3306　　D. 443
5. 下面关于 BOM 对象的描述中，错误的是（　　）。
   A. go(-1)与 back()皆表示向历史列表后退一步
   B. 通过 confirm()实现的确认消息框，单击“确认”时返回 true
   C. go(0)表示刷新当前网页
   D. 以上选项都不正确
6. 下列选项中，（　　）属性可以获取完整 URL 地址。
   A. host　　B. hostname　　C. href　　D. protocol
7. 下面（　　）可返回整个屏幕的高度。
   A. screen.height　　B. screen.width
   C. screen.availHeight　　D. screen.availWidth

二、多选题

下列选项中，可控制浏览器实现“前进”功能的是（　　）。
   A. history.back()　　B. history.forward()　　C. history.go(1)　　D. history.go(-1)

三、判断题

1. 通过“location.href = url”的方式可以实现页面的跳转。（　　）
2. navigator 对象用于获取浏览器的相关数据，被称为浏览器的嗅探器。（　　）
3. URL 是由主机名、端口号、网络协议以及软件版本 4 部分组成的。（　　）
4. URL 中的端口号可以省略，省略时默认使用 8080 端口进行访问。（　　）
5. Chrome 浏览器中，history 对象可直接获取用户浏览过的 URL。（　　）

四、填空题

1. 浏览器提供的一系列内置对象，可实现用户与页面的动态交互，统称为（　　）对象。
2. location 对象提供的（　　）表示重新载入当前文档。
3. 在 URL 地址中多个参数之间使用（　　）进行分割。
4. （　　）可判断 Chrome 浏览器是否启用 Cookie。
5. screen 对象提供的（　　）属性可返回屏幕的色彩深度。
6. history 对象的（　　）属性可获取历史列表中的 URL 数量。

3.4 综合项目实训——《俄罗斯方块》之创建界面

3.4.1 项目目标

- 掌握 JavaScript BOM 对象的使用。
- 掌握 JavaScript window 全局对象的使用

- 掌握 JavaScript window 常用子对象的使用。
- 综合应用本单元知识和技能，在《俄罗斯方块》上一个工程基础上进行迭代开发，即创建界面。

3.4.2 项目任务

1. 浏览器窗口显示游戏界面

① 在 index.html 文件和 index.css 文件中编写《俄罗斯方块》游戏的静态页面，在浏览器窗口显示。

② 游戏界面初始状态为默认的 540px×600px 大小。可根据分辨率设定合适大小。

③ 设置纯黑色的游戏背景，如图 3-14 所示。

图 3-14 游戏背景

2. 根据屏幕分辨率，计算方块大小

index.js 文件中，获取浏览器窗口大小（即获取浏览器窗口的宽度和高度的像素值），根据屏幕分辨率计算游戏界面的大小并在控制台输出，根据屏幕分辨率计算单个方块的大小并在控制台输出。

3.4.3 设计思路

1. 在 index.html 文件中，编写《俄罗斯方块》游戏的静态页面

（1）在 HTML 页面中的<body></body>标签对中，输入游戏活动区域<article>的标签。

（2）在<article>标签内定义 class 属性和其属性值为“container”，定义唯一 id 属性和其属性值也为“container”。

2. 编辑页面样式

（1）在 index.html 页面中引入 index.css 外部样式文件。

（2）在 index.css 文件中，设置游戏界面为相对定位，其宽度和高度默认为 540px 和 600px，在浏览器居中显示，其默认背景颜色设置为黑色。

布局结构如图 3-15 所示。

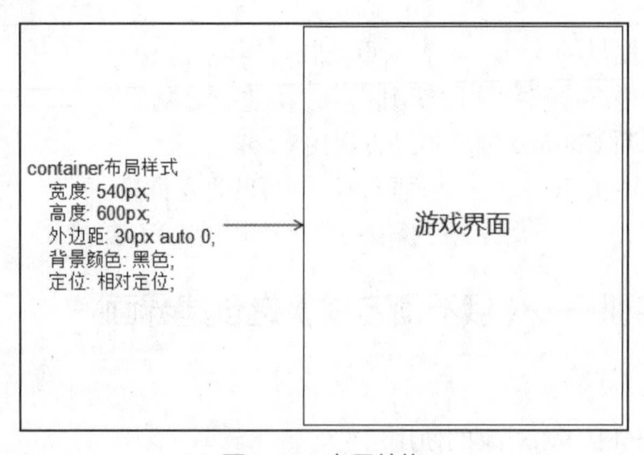

图 3-15 布局结构

3. 在JavaScript文件中，使用window对象的子对象screen的属性获取浏览器窗口大小，并在控制台输出

（1）screen对象的width属性，用来获取浏览器窗口的宽度。

（2）screen对象的height属性，用来获取浏览器窗口的高度。

4. 在JavaScript文件中，计算游戏界面的大小、单个方块的大小，在开发者工具的控制台输出

（1）根据屏幕宽度大小得出方块的步长值。

① 当设备屏幕为大型屏幕（宽度大于等于1200px）时，每移动一步的步长值为30px。

② 当设备屏幕为中型屏幕（宽度大于等于992px）时，每移动一步的步长值为20px。

③ 当设备屏幕为小型屏幕（宽度大于等于768px）时，每移动一步的步长值为10px。

④ 当设备屏幕为超小型屏幕（宽度小于768px）时，每移动一步的步长值为5px。

（2）根据步长值计算单个方块的宽度和高度以及屏幕大小

① 方块的宽度boxWidth值和高度boxHeight值均等于当前屏幕下的步长值。

② 游戏界面中可显示最大的方块行列数为20行和18列，游戏界面的高度gameHeight值为20倍的步长值，宽度gameWidth值为18倍的步长值。

3.4.4 编程实现

1. 步骤说明

在“定义方块”迭代工程基础上进行开发，步骤如下所示。

步骤一：清除上一迭代部分代码。

步骤二：编写《俄罗斯方块》静态页面。

步骤三：获取屏幕大小并输出到浏览器控制台。

步骤四：设置游戏界面的大小和方块大小。

2. 实现

步骤一：清除index.js文件中以下代码。

```
// 清除以下代码
//实例化构造函数，并输出方块信息
var objectBlocks = new CreateRandomModel();
var blockModel = objectBlocks.getBlockModel();//方块模型
var blockName = objectBlocks.getName();//方块模型名称
console.log(blockName);

var arr = [
              [0,0,0,0],
              [0,0,0,0],
              [0,0,0,0],
              [0,0,0,0]
          ];
```

```
//将有方块的位置设置为 1
for(var i=0; i<blockModel.length; i++){
    var temp = blockModel[i];
    arr[temp[0]][temp[1]] = 1;
}

//控制台输出图形
var shape = '';
for (var i=0; i<arr.length; i++) {
     var temp = arr[i];
     for (var j=0; j<temp.length; j++) {
          if(temp[j] === 1){
               shape += 'o';
          }else{
               shape += ' ';
          }
     }
     shape += '\n';
}
console.log(shape);
```

步骤二：在 index.html 文件和 index.css 文件中，编写《俄罗斯方块》游戏的静态页面。

（1）编辑 index.html 页面

① 在<head>标签中，使用<link>标签的 href 属性加载外部 index.css 文件。

② 在<head>标签中，使用<title></title>标签对，编写文本“俄罗斯方块”。

③ 在<body>标签中，在</body>结束标签的上方引入 JavaScript 执行脚本。

```
<!DOCTYPE html>
<html>
    <head>
        <meta charset="UTF-8">
        <title>俄罗斯方块</title>
        <link rel="stylesheet" href="css/index.css" />
    </head>
    <body>
        <!--引入执行脚本-->
        <script type="text/javascript" src="js/index.js"></script>
    </body>
</html>
```

（2）在<body></body>标签对中，添加游戏活动区域<article>标签

① 设置<article>标签的 class 属性，其属性值为“container”。

② 定义<article>标签唯一 id 属性，其属性值也为“container”。

```
<body>
    <!--游戏活动区域-->
    <article class="container" id="container">
    </article>
```

```
    <!--引入执行脚本->
    <script type="text/javascript" src="js/index.js"></script>
</body>
```

（3）在 index.css 文件中，编写页面样式

① 初始化页面样式。

设置页面中所有元素的内边距和外边距都为 0px。去除列表的默认样式。

```
/*初始化页面样式*/
* {
    margin: 0;  /*内边距*/
    padding: 0;  /*外边距*/
    list-style: none;  /*去除列表的默认样式*/
}
```

② 设置游戏界面样式。

游戏界面默认宽度为 540px，高度为 600px。背景颜色设置为纯黑色，上外边距设置为 30px，左右自动居中，下外边距设置为 0px。定位方式为相对定位。

```
/*设置游戏活动区域 container 样式*/
.container {
     width: 540px;
     height: 600px;
     background-color: black;
     margin: 30px auto 0;
     position: relative;
}
```

默认游戏界面效果如图 3-16 所示。

图 3-16 默认游戏界面

步骤三：在 index.js 中，获取屏幕的大小并在控制台输出。

使用 window.screen 对象来获取显示屏幕的大小。

① 定义变量 screenWidth，存储获取的屏幕的宽度。

② 定义变量 screenHeight，存储获取的屏幕的高度。

③ 使用 console 语句在控制台输出。

```
//屏幕的宽高
var screenWidth = window.screen.width;
```

```
var screenHeight = window.screen.height;
console.log(screenWidth ); //测试输出
console.log(screenHeight ); //测试输出
```

在控制台输出屏幕的宽度为 1440px，高度为 900px，如图 3-17 所示（注意：该数值与执行此代码的屏幕大小有关）。

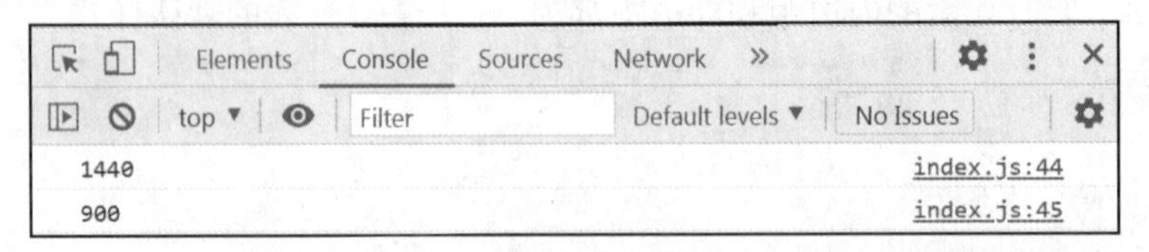

图 3-17　控制台输出屏幕大小界面

步骤四：根据屏幕分辨率，设置游戏界面的大小和单个方块大小并在控制台输出。

（1）根据屏幕宽度大小得出方块的步长值

① 当设备屏幕为大型屏幕（宽度大于等于 1200px）时，每移动一步的步长值为 30px。

② 当设备屏幕为中型屏幕（宽度大于等于 992px）时，每移动一步的步长值为 20px。

③ 当设备屏幕为小型屏幕（宽度大于等于 768px）时，每移动一步的步长值为 10px。

④ 当设备屏幕为超小型屏幕（宽度小于 768px）时，每移动一步的步长值为 5px。

```
/*根据屏幕分辨率设置步长*/
var STEP;
if(screenWidth >= 1200){
      STEP = 30;//大型屏幕
}else if(screenWidth >= 992){
      STEP = 20;//中型屏幕
}else if(screenWidth >= 768){
      STEP = 10;//小型屏幕
}else{
      STEP = 5;//超小型屏幕
}
```

（2）根据步长值计算单个方块的宽度、高度以及屏幕大小

① 方块的宽度 boxWidth 和高度 boxHeight 均等于当前屏幕下的步长值。

② 游戏界面中可显示最大的方块行列数为 20 行和 18 列，游戏界面的高度 gameHeight 值为 20 倍的步长值，宽度 gameWidth 值为 18 倍的步长值。

```
//根据步长得到方块的宽度、高度
var boxWidth = STEP;
var boxHeight = STEP;
//根据游戏界面方块的行列数得到游戏界面的宽度、高度
var gameHeight = STEP*20;
var gameWidth = STEP*18;
console.log(gameWidth);  //测试输出
console.log(gameHeight);  //测试输出
```

```
console.log(boxWidth);  //测试输出
console.log(boxHeight);  //测试输出
```

查看浏览器控制台，当前游戏界面宽度为540px，高度为600px；单个方块宽度为30px，高度为30px。执行结果如图3-18所示。

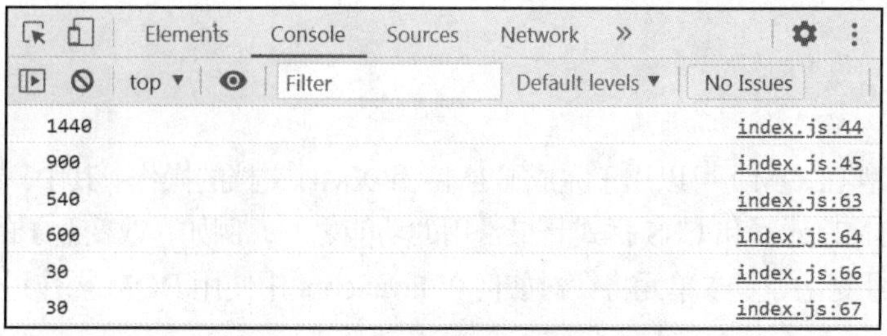

图3-18　控制台输出方块信息等内容

单元小结

本单元首先介绍了BOM是JavaScript的一部分，并讲解了BOM的构成。重点讲解了window对象、location对象、history对象等的常用的属性和方法。通过本单元的学习，读者可以使用BOM对象中的属性和方法实现对浏览器窗口的各种相关操作。

单元 4 文档对象模型（DOM）

文档对象模型（DOM）可以用于完成 HTML 和 XML 文档的操作。其中，在 JavaScript 中利用 DOM 操作 HTML 元素和 CSS 样式是最常用的功能之一，例如，改变盒子的大小、选项卡的切换、字体和字号变化等。本单元将针对如何在 JavaScript 中使用 DOM 操作进行详细讲解。

学习目标

知识目标

- 了解 DOM 的组成结构。
- 掌握元素与样式的操作。
- 掌握节点的相关操作。

能力目标

- 能够获取页面中的指定元素。
- 能够操作页面元素的内容、属性和样式。
- 能够实现对页面节点的添加、删除操作。

素质目标

- 培养学生的社会责任感，帮助学生意识到自己在社会中的责任和义务，促进学生成为有社会意识、负责任的公民。

4.1 DOM 的组成结构

4.1.1 DOM 对象简介

DOM，全称为 Document Object Model（文档对象模型），它是由 W3C 定义的一个标准，是 W3C 推荐的处理 XML 文档的标准编程接口。DOM 包括 Core DOM 和 HTML DOM 两部分，Core DOM 是用来操作 XML 的部分，也是操作 HTML 的基础；HTML DOM 在 Core DOM 的基础上专门针对 HTML 增加了更多的对象、属性、方法。

HTML DOM 定义了所有 HTML 元素的对象和属性，以及访问它们的方法。换言之，HTML DOM 是关于如何获取、修改、添加或删除 HTML 元素的标准。在前端开发时，我们用 JavaScript 对网页的所有操作都是通过 DOM 进行的。

4.1.2 DOM 对象的继承关系

DOM 采用树形结构作为分层结构，以树节点形式表示页面中各种元素或内容。在 DOM

中，每一个元素看成一个节点，而每一个节点就是一个“对象”。也就是我们在操作元素时，把每一个元素节点看成一个对象，然后使用这个对象的属性和方法进行相关操作。

HTML DOM 树如图 4-1 所示。

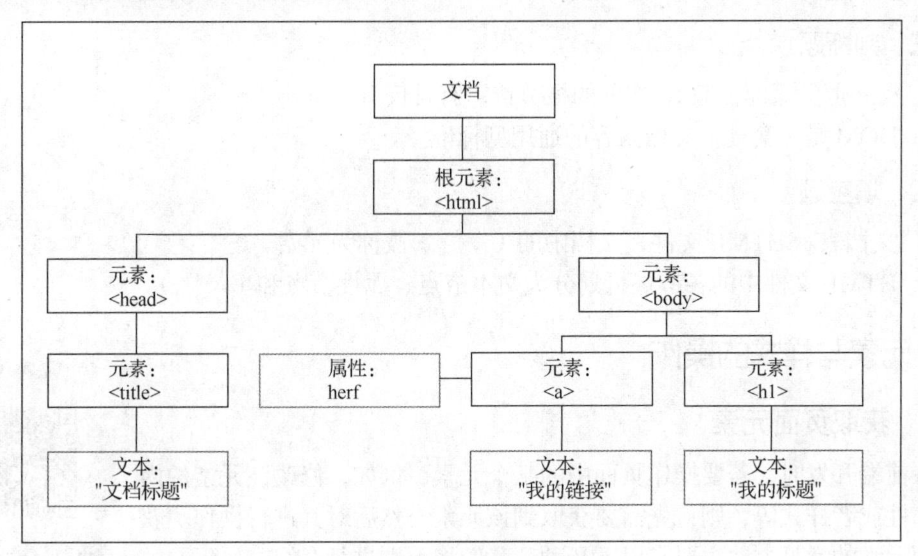

图 4-1　HTML DOM 树

图 4-1 展示了 HTML DOM 树中各节点之间的关系，具体解释如下。

- 文档：一个页面就是一个文档（document）。
- 元素：页面中的所有标签都是元素（element）。
- 节点：页面中的所有内容，在文档树中都是节点（node），包括元素节点、文本节点、属性节点等。
- 根节点：在 HTML 文件中，<html>就是根节点。
- 父节点：一个节点之上的节点就是该节点的父节点。例如<h1>的父节点就是<body>，<body>的父节点就是<html>。
- 子节点：一个节点之下的节点就是该节点的子节点。例如<h1>就是<body>的子节点。
- 兄弟节点：如果多个节点在同一层次，并拥有相同的父节点，那么这几个节点就是兄弟节点。例如<h1>和<a>就是兄弟节点，因为它们拥有相同的父节点<body>。

拓展练习

一、单选题

1. 下列关于<head>节点与<body>节点之间关系描述正确的是（　　）。
   A. <head>节点是根节点　　B. <head>节点是<body>节点的子节点
   C. <head>节点是<body>节点的父节点　　D. <head>节点是<body>节点的兄弟节点
2. 下面关于 HTML 文件说法正确的是（　　）。
   A. 文档中仅文本内容被称为节点　　B. 各元素之间没有级别之分
   C. 文档可被看作一棵树　　D. 以上说法都不正确
3. HTML DOM 中的根节点是（　　）。
   A. <body>　　B. <head>　　C. <html>　　D. <title>

二、多选题

下列选项中属于文本节点的是（　　）。

A. 空格　　B. 注释　　C. 元素　　D. 换行

三、判断题

1. <html>元素是 HTML 文件的根节点，有且仅有一个。（　　）
2. DOM 是一套规范文档内容的通用型标准。（　　）

四、填空题

1. 文档表示 HTML 文件，文档中的（　　）被称为元素。
2. HTML 文件中的各节点可划分为文本节点、属性节点和（　　）。

4.2 元素与样式的操作

4.2.1 获取页面元素

在前端开发时，若要操作页面中的某个元素，例如，修改该元素的内容、属性或者样式等，则首先需要获取到该元素，然后对其进行操作。获取页面元素的常见方法主要有以下几种，我们将分别进行介绍。

1. getElementById()方法

getElementById()方法用来根据 id 属性获取元素，其语法格式如下。

```
document.getElementById(elementId)
```

说明如下。

- 参数 elementId 指的是所要获取元素的 id 属性值。
- 该方法返回指定 id 属性值的元素，如果没有该 id 属性值，则返回 null；如果存在多个 id 属性值相同的元素，则返回第一个元素。

【案例 4.2.1】根据 id 获取元素

这个例子演示 JavaScript 代码通过页面元素的 id 获取页面元素。

```
<body>
    <ul>
        <li>西瓜</li>
        <li>香蕉</li>
        <li id="apple">苹果</li>
        <li>菠萝</li>
    </ul>

    <script>
        // 根据 id 获取元素
        var apple=document.getElementById('apple');
        console.log(apple);
    </script>
</body>
```

案例 4.2.1 的执行结果如图 4-2 所示。

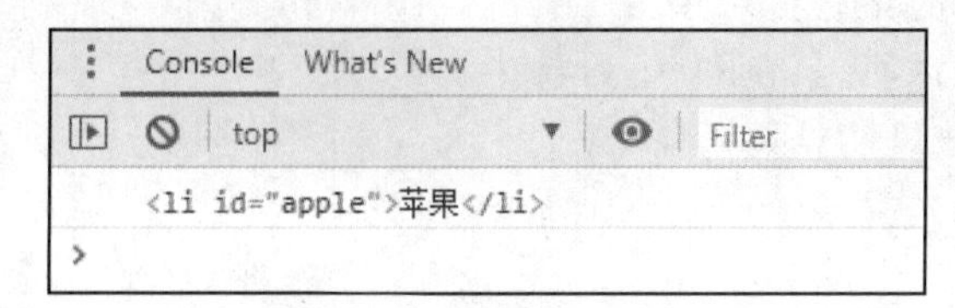

图 4-2 根据 id 获取元素

2. getElementsByTagName()方法

getElementsByTagName()方法用来根据标签名获取元素，其语法格式如下。

```
element.getElementsByTagName(tagName)
```

说明如下。

- element 是元素对象的统称，包括 document 对象。若是 document 对象，则从整个文档中查找指定元素；若是其他元素对象，则从该元素的子元素或者后代元素中进行查找。
- 参数 tagName 指的是所要获取元素的标签名。
- 由于标签名相同的元素可能有多个，所以，该方法返回的不是单个元素对象，而是一个元素集合。

【案例 4.2.2】根据标签名获取元素

这个例子演示 JavaScript 代码通过页面元素的标签名获取页面元素。

```
<body>
    <ul>
        <li>西瓜</li>
        <li>香蕉</li>
        <li>苹果</li>
        <li>菠萝</li>
    </ul>
    <ol id="color">
        <li>红色</li>
        <li>黄色</li>
        <li>蓝色</li>
    </ol>

    <script>
        // 根据标签名获取元素（通过 document 对象）
        var lis=document.getElementsByTagName('li');
        console.log(lis);
        // 输出集合中的第 1 个元素
        console.log(lis[0]);
        // 根据标签名获取元素（通过 ol 对象）
        var ol=document.getElementById('color');
        var lis=ol.getElementsByTagName('li');
```

```
        console.log(lis);
        // 遍历集合中的所有元素
        for(var i=0;i<lis.length;i++){
            console.log(lis[i]);
        }
    </script>
</body>
```

案例 4.2.2 的执行结果如图 4-3 所示。

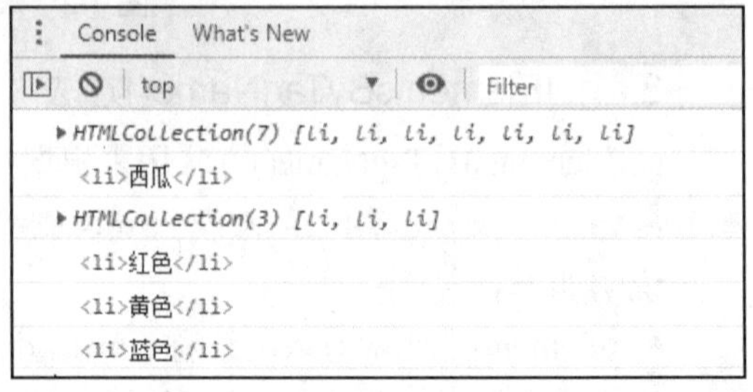

图 4-3　根据标签名获取元素

3. getElementsByName()方法

getElementsByName()方法用来根据 name 属性获取元素，一般用于获取表单元素，其语法格式如下。

```
document.getElementsByName(name)
```

说明如下。

- 参数 name 指的是所要获取元素的 name 属性值。
- 由于 name 属性的值不是唯一的，多个元素也可以有相同的 name 属性值，所以，以上方法返回的不是单个元素对象，而是一个元素集合。

【案例 4.2.3】根据 name 获取元素

这个例子演示 JavaScript 代码通过页面元素的 name 属性获取页面元素。

```
<body>
    <h3>请选择你最喜欢的颜色（多选）</h3>
    <div>
        <input type="checkbox" name="color" value="红色">红色 
        <input type="checkbox" name="color" value="黄色">黄色 
        <input type="checkbox" name="color" value="蓝色">蓝色 
        <input type="checkbox" name="color" value="绿色">绿色 
        <input type="checkbox" name="color" value="白色">白色 
    </div>

    <script>
        var colors=document.getElementsByName("color");
        colors[0].checked=true;
        colors[colors.length-1].checked=true;
    </script>
</body>
```

案例 4.2.3 的执行结果如图 4-4 所示。

图 4-4　根据 name 获取元素

4. getElementsByClassName()方法

getElementsByClassName()方法用来根据类名获取元素，其语法格式如下。

```
document.getElementsByClassName(className)
```

说明如下。

- 参数 className 指的是所要获取元素的类名。
- 以上方法返回的是一个元素集合。

【案例 4.2.4】根据类名获取元素

这个例子演示 JavaScript 代码通过页面元素的类名获取页面元素。

```
<body>
    <ul>
        <li>西瓜</li>
        <li class="tropicalFruit">香蕉</li>
        <li>苹果</li>
        <li class="tropicalFruit">菠萝</li>
    </ul>

    <script>
        // 根据类名获取元素
        var fruits=document.getElementsByClassName('tropicalFruit');
        console.log(fruits);
        // 遍历集合中的所有元素
        for(var i=0;i<fruits.length;i++){
            console.log(fruits[i]);
        }
    </script>
</body>
```

案例 4.2.4 的执行结果如图 4-5 所示。

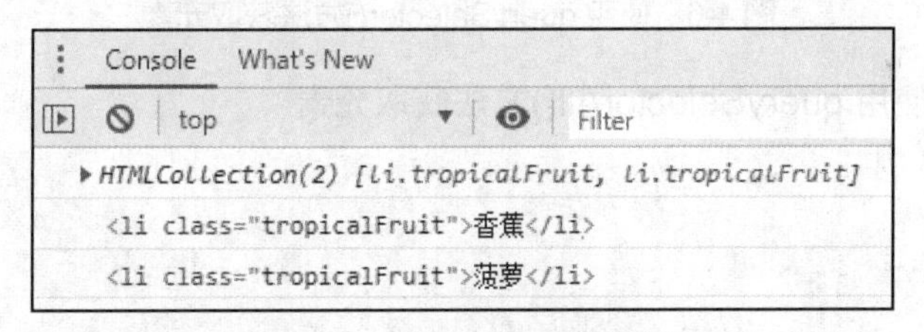

图 4-5　根据类名获取元素

5. querySelector()方法和 querySelectorAll()方法

querySelector()方法用来返回指定 CSS 选择器的第 1 个元素对象；而 querySelectorAll()方法则用来返回指定 CSS 选择器的所有元素对象集合。其语法格式如下。

```
element.querySelector(selectors)
element.querySelectorAll(selectors)
```

说明如下。

参数 selectors 指的是一个由逗号分隔的包含一个或多个 CSS 选择器的字符串，可以使用它们的 id、类名、标签名、属性、属性值等来选取元素。如果同时使用多个选择器，不同选择器之间用逗号隔开。

【案例 4.2.5】使用 querySelector()方法获取元素

```
<body>
    <ul>
        <li>西瓜</li>
        <li class="tropicalFruit">香蕉</li>
        <li>苹果</li>
        <li class="tropicalFruit">菠萝</li>
    </ul>

    <script>
        // 获取匹配到的第 1 个<li>元素
        var li=document.querySelector('li');
        console.log(li);
        // 获取类名为 tropicalFruit 的第 1 个元素
        var firstTropicalFruit=document.querySelector('.tropicalFruit');
        console.log(firstTropicalFruit);
    </script>
</body>
```

案例 4.2.5 的执行结果如图 4-6 所示。

图 4-6　使用 querySelector()方法获取元素

【案例 4.2.6】使用 querySelectorAll()方法获取元素

```
<body>
    <ul>
        <li>西瓜</li>
        <li class="tropicalFruit">香蕉</li>
        <li>苹果</li>
        <li class="tropicalFruit">菠萝</li>
    </ul>
    <ol id="color">
        <li>红色</li>
        <li>黄色</li>
        <li>蓝色</li>
    </ol>

    <script>
        // 获取匹配到的所有<li>元素
```

```
        var lis=document.querySelectorAll('li');
        console.log(lis);
        // 获取类名为 tropicalFruit 的所有元素
        var allTropicalFruit=document.querySelectorAll('.tropicalFruit');
        console.log(allTropicalFruit);
        // 获取 id 为 color 的第 1 个元素
        var ol=document.querySelector('#color');
        // 获取 ol 对象下的所有<li>元素
        var ol_lis=ol.querySelectorAll('li');
        console.log(ol_lis);
        // 遍历集合中的所有元素
        for(var i=0;i<ol_lis.length;i++){
            console.log(ol_lis[i]);
        }
    </script>
</body>
```

案例 4.2.6 的执行结果如图 4-7 所示。

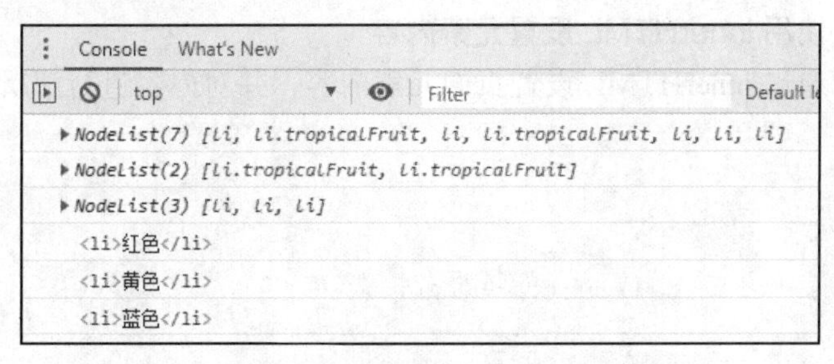

图 4-7　使用 querySelectorAll()方法获取元素

4.2.2　操作元素内容

微课 83

扫码观看微课视频

在 JavaScript 中，获取到指定的元素之后，便可以对该元素内容进行操作了。操作元素内容使用的是 DOM 的 innerHTML 属性、innerText 属性和 textContent 属性，下面将分别进行介绍。

1. innerHTML 属性

innerHTML 属性用来返回或者设置元素开始标签和结束标签之间的全部内容，包括<html>标签。其语法格式如下。

```
element.innerHTML[=text]
```

【案例 4.2.7】使用 innerHTML 返回元素内容

这个例子演示根据页面元素的 id 获取页面元素后，通过 innerHTML 返回元素内容。

```
<body>
    <ul>
        <li>西瓜</li>
        <li>香蕉</li>
        <li id="apple"><span>苹果</span></li>
```

```
        <li>菠萝</li>
    </ul>
    <script>
        // 根据 id 获取元素
        var apple=document.getElementById('apple');
        // 返回元素内容
        var content=apple.innerHTML;
        console.log(content);
    </script>
</body>
```

案例 4.2.7 的执行结果如图 4-8 所示。

图 4-8　使用 innerHTML 返回元素内容

【案例 4.2.8】使用 innerHTML 设置元素内容

这个例子演示通过 innerHTML 设置页面元素内容，并对内容进行解析。

```
<body>
    <ul>
        <li>西瓜</li>
        <li class="tropicalFruit">香蕉</li>
        <li>苹果</li>
        <li class="tropicalFruit">菠萝</li>
    </ul>

    <script>
        // 根据类名获取元素
        var fruits=document.getElementsByClassName('tropicalFruit');
        // 设置元素内容
        fruits[0].innerHTML='榴莲';
        fruits[1].innerHTML='<span>芒果</span>';
    </script>
</body>
```

案例 4.2.8 的执行结果如图 4-9 所示。

图 4-9　使用 innerHTML 设置元素内容

2. innerText 属性

innerText 属性用来返回或者设置元素开始标签和结束标签之间的纯文本内容，不包含<html>标签，同时去除多余的空格和换行。其语法格式如下。

```
element.innerText[=text]
```

【案例 4.2.9】使用 innerText 返回元素内容

这个例子演示根据页面元素的 id 获取页面元素后，通过 innerText 返回元素内容。

```
<body>
    <ul>
        <li>西瓜</li>
        <li>香蕉</li>
        <li id="apple"><span>苹果</span></li>
        <li>菠萝</li>
    </ul>

    <script>
        // 根据 id 获取元素
        var apple=document.getElementById('apple');
        // 返回元素内容
        var content=apple.innerText;
        console.log(content);
    </script>
</body>
```

案例 4.2.9 的执行结果如图 4-10 所示。

图 4-10 使用 innerText 返回元素内容

【案例 4.2.10】使用 innerText 设置页面元素内容

这个例子演示通过 innerText 设置页面元素内容，并不对内容进行解析。

```
<body>
    <ul>
        <li>西瓜</li>
        <li class="tropicalFruit">香蕉</li>
        <li>苹果</li>
        <li class="tropicalFruit">菠萝</li>
    </ul>

    <script>
        // 根据类名获取元素
```

```
        var fruits=document.getElementsByClassName('tropicalFruit');
        // 设置元素内容
        fruits[0].innerText='榴莲';
        fruits[1].innerText='<span>芒果</span>';
    </script>
</body>
```

案例 4.2.10 的执行结果如图 4-11 所示。

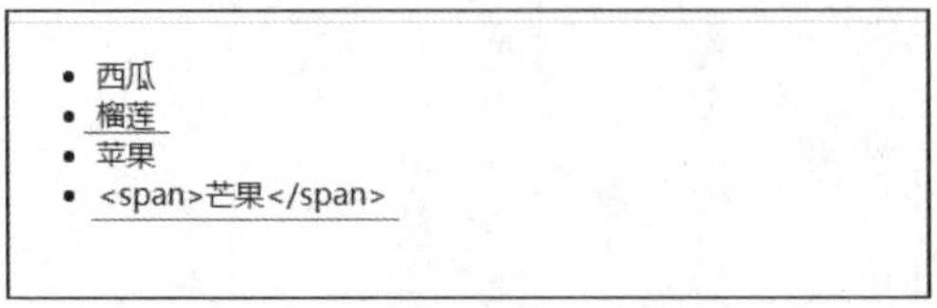

- 西瓜
- 榴莲
- 苹果
- <span>芒果</span>

图 4-11　使用 innerText 设置元素内容

3. textContent 属性

textContent 属性用来返回或者指定节点的文本内容，同时保留空格和换行。其语法格式如下。

```
element.textContent[=text]
```

【案例 4.2.11】比较使用 innerHTML 属性、innerText 属性、textContent 属性返回的元素内容

```
<body>
    <div>
        <ul>
            <li>西瓜</li>
            <li>香蕉</li>
            <li id="apple"><span>苹果</span></li>
            <li>菠萝</li>
        </ul>
    </div>

    <script>
        // 获取元素
        var div=document.querySelector('div');
        // 返回元素内容
        console.log('div.innerHTML: ');
        console.log(div.innerHTML);
        console.log('div.innerText: ');
        console.log(div.innerText);
        console.log('div.textContent: ');
        console.log(div.textContent);
    </script>
</body>
```

案例 4.2.11 的执行结果如图 4-12 所示。

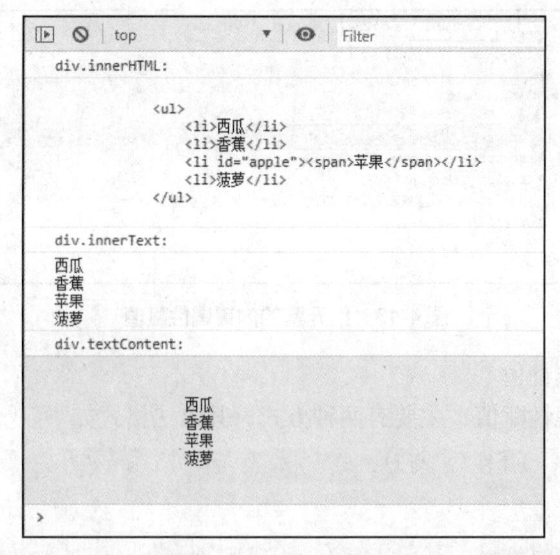

图 4-12 比较使用 innerHTML 属性、innerText 属性、textContent 属性返回的元素内容

4.2.3 操作元素属性

在 DOM 中，HTML 属性操作是指使用 JavaScript 来操作一个元素的 HTML 属性。一个元素包含很多的属性，例如，对于一个<img>元素来说，常见的属性有 src、title 等；对于一个<input>元素来说，常见的属性有 value、checked、disabled 等。

以上都是元素自带的属性，我们也可以为元素添加自定义属性。在实际开发中，自定义属性也有着很广泛的应用。下面将针对元素的属性操作进行详细的讲解。

1. 设置属性值

（1）设置内置属性值

给元素的内置属性赋值，主要有两种方式，其语法格式如下。

```
element.属性='值'
```

或

```
element.setAttribute('属性', '值')
```

【案例 4.2.12】给元素的内置属性赋值

这个例子演示如何给页面<img>元素设置背景图片和标题。

```
<body>
    <img />

    <script>
        var img=document.querySelector('img');
        img.src='./images/mouse.jpg';
        img.setAttribute('title', 'mouse');
    </script>
</body>
```

案例 4.2.12 的执行结果如图 4-13 所示。

```
Elements  Console  Sources  Network  Performance  Memory
<!DOCTYPE html>
<html>
 ▶<head>…</head>
 ▼<body>
 …  <img src="./images/mouse.jpg" title="mouse"> == $0
   ▶<script>…</script>
   ▶<script>…</script>
    <script src="//127.0.0.1:35929/livereload.js?snipver=1"></script>
   ▶<script>…</script>
  </body>
</html>
```

图 4-13　给元素的内置属性赋值

（2）设置自定义属性值

给元素的自定义属性赋值，主要有两种方式，其语法格式如下。

```
element.setAttribute('属性', '值')
```

或

```
element.dataset.属性='值'
```

通过第 2 种方式设置自定义属性值时，自定义属性名会自动加上“data-”的前缀。假设设置的自定义属性名为 index，则将其表示为“data-index”的形式。

【案例 4.2.13】给元素的自定义属性赋值

```
<body>
    <img />

    <script>
        var img=document.querySelector('img');
        img.setAttribute('pic', 'mouse');
        img.dataset.index='1';
    </script>
</body>
```

案例 4.2.13 的执行结果如图 4-14 所示。

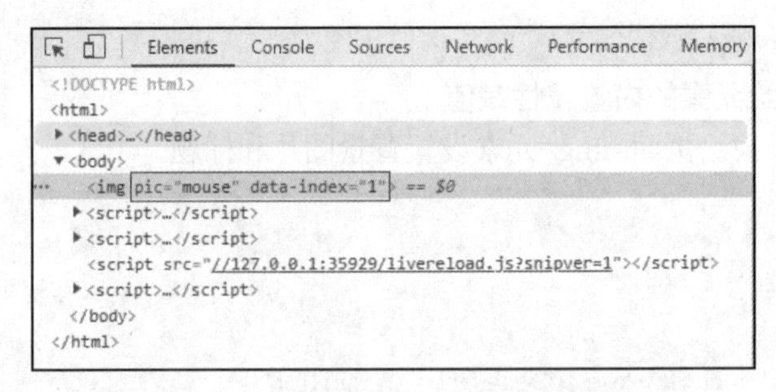

图 4-14　给元素的自定义属性赋值

2. 获取属性值

（1）获取内置属性值

获取元素的内置属性值，主要有两种方式，其语法格式如下。

```
element.属性
```

或

```
element.getAttribute('属性')
```

【案例 4.2.14】获取元素的内置属性值

```
<body>
    <img src="./images/mouse.jpg" alt="flag" title="mouse" />

    <script>
        var img=document.querySelector('img');
        console.log('alt: '+ img.alt);
        console.log('title: '+ img.getAttribute('title'));
    </script>
</body>
```

案例 4.2.14 的执行结果如图 4-15 所示。

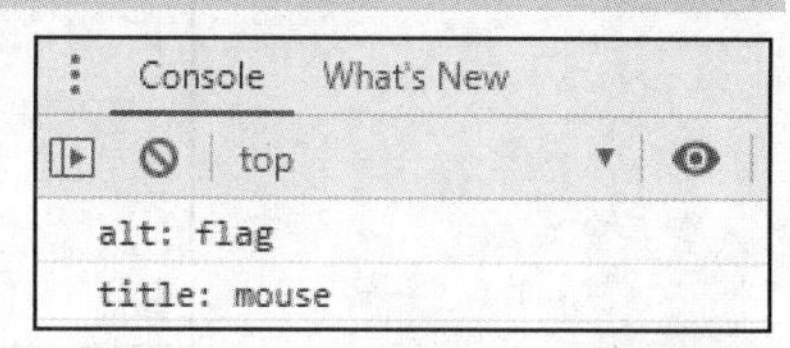

图 4-15　获取元素的内置属性值

（2）获取自定义属性值

获取元素的自定义属性值，主要有两种方式，其语法格式如下。

```
element.getAttribute('属性')
element.dataset.属性 或 element.dataset['属性']
```

说明　通过第 2 种方式获取自定义属性值时，只能获取以“data-”为前缀的属性，并且“data-”前缀在书写时省略。

【案例 4.2.15】获取元素的自定义属性值

```
<body>
    <img pic="mouse" data-index="1" data-index-1="10" />

    <script>
        var img=document.querySelector('img');
        console.log('pic: '+ img.getAttribute('pic'));
        console.log('data-index: '+ img.dataset.index);
        console.log('data-index-1: '+ img.dataset['index-1']);
    </script>
</body>
```

案例 4.2.15 的执行结果如图 4-16 所示。

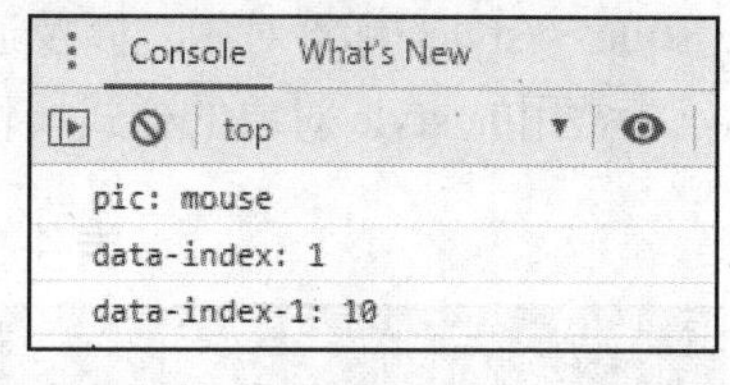

图 4-16　获取元素的自定义属性值

3. 移除属性

移除元素的属性使用 removeAttribute()方法，其语法格式如下。

```
element.removeAttribute('属性')
```

【案例 4.2.16】移除元素的属性

```
<body>
    <img src="./images/mouse.jpg" title="mouse" data-index="1" />

    <script>
        var img=document.querySelector('img');
        img.removeAttribute('src');
        img.removeAttribute('title');
        img.removeAttribute('data-index');
    </script>
</body>
```

案例 4.2.16 的执行结果如图 4-17 所示。

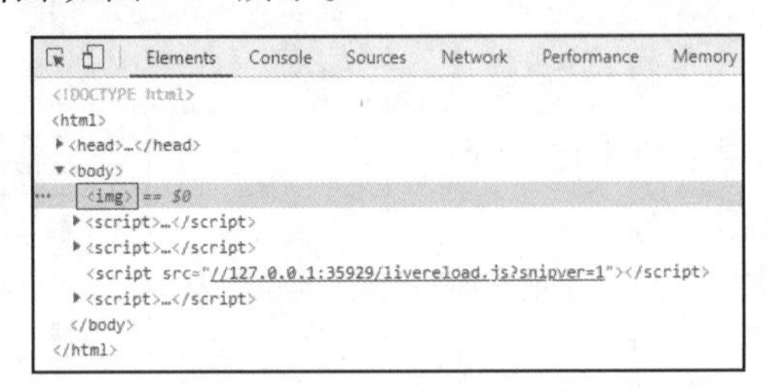

图 4-17　移除元素的属性

4.2.4　操作元素样式

操作元素样式有两种方式，一种是操作 style 对象属性，另一种是操作 className 属性。我们将分别进行介绍。

1. 操作 style 对象属性

可以通过操作 style 对象属性的方式返回或设置元素样式，其语法格式如下。

```
element.style.样式属性名[='样式值']
```

删除元素样式的语法格式如下。

```
element.style.样式属性名=''
```

说明如下。

- 样式属性名对应 CSS 样式名。如果 CSS 样式名中包含字符“-”，则需要把“-”字符去掉，同时将其后面的英文的首字母大写。
- 这种方式只能获取定义在元素标签中的 style 属性里的样式值，无法获得定义在<style></style>标签对中，以及通过外部样式加载进来的样式属性。

常用的 style 对象的样式属性如表 4-1 所示。

表 4-1　常用的 style 对象的样式属性

样式属性	描述
background	设置或返回元素的背景属性
backgroundColor	设置或返回元素的背景色

续表

样式属性	描述
backgroundImage	设置或返回元素的背景图像
borderColor	设置或返回元素边框的颜色
borderStyle	设置或返回元素边框的样式
borderWidth	设置或返回元素边框的宽度
bottom	设置或返回定位元素的底部位置
color	设置或返回文本的颜色
display	设置或返回元素的显示类型
fontSize	设置或返回文本的字体尺寸
fontStyle	设置或返回文本的字体样式
fontWeight	设置或返回文本的字体粗细
height	设置或返回元素的高度
left	设置或返回定位元素的左部位置
listStyleType	设置或返回列表项标记的类型
margin	设置或返回元素的外边距
opacity	设置或返回元素的不透明度
padding	设置或返回元素的内边距
right	设置或返回定位元素的右部位置
textAlign	设置或返回文本的水平对齐方式
textDecoration	设置或返回文本的修饰
textShadow	设置或返回文本的阴影效果
top	设置或返回定位元素的顶部位置
transform	向元素应用 2D 或 3D 转换
width	设置或返回元素的宽度

【案例 4.2.17】通过 style 对象属性设置和返回元素样式

```
<body>
    <input type="text" value="文本" />

    <script>
        // 获取元素
        var input = document.querySelector('input');
        // 设置元素样式
        input.style.fontSize='20px';
        input.style.fontWeight='bold';
        input.style.color='red';
```

```
        // 返回元素样式
        console.log('font-size: '+input.style.fontSize);
        console.log('font-weight: '+input.style.fontWeight);
        console.log('color: '+input.style.color);
    </script>
</body>
```

案例 4.2.17 的执行结果如图 4-18 所示。

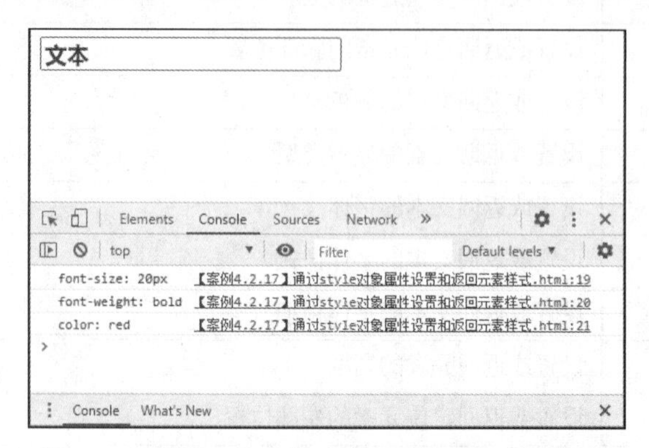

图 4-18　通过 style 对象属性设置和返回元素样式

素养课堂

优化网页的可访问性，增强用户体验

优化网页可访问可让用户轻松理解、清晰感知、顺畅浏览并与网页进行互动。增强用户体验即意味着网页在使用时能够为用户提供更为便捷、愉悦与高效的体验。例如，通过放大字体、调整色彩对比度、增设键盘导航等功能，使网页更易于访问，这样视力受限的用户也能轻松阅读并与网页内容进行交互。这不仅能够显著提升用户的浏览体验，更体现了包容性设计的核心理念。

2. 操作 className 属性

也可以通过操作类名的方式返回或设置元素样式，其语法格式如下。

```
element.className[='类名']
```

删除元素样式的语法格式如下。

```
element.className =''
```

访问 className 属性的值表示获取元素的类名；为 className 属性赋值表示更改元素类名，如果元素有多个类名，则以空格分隔。

【案例 4.2.18】通过 className 属性返回元素的类名

```
<style>
    .first {
        width: 200px;
        height: 200px;
        background-color: pink;
```

```
    }
</style>
<body>
    <div class="first">文本</div>

    <script>
        // 获取元素
        var div = document.querySelector('div');
        // 返回元素的类名
        console.log('className: '+div.className);
    </script>
</body>
```

案例 4.2.18 的执行结果如图 4-19 所示。

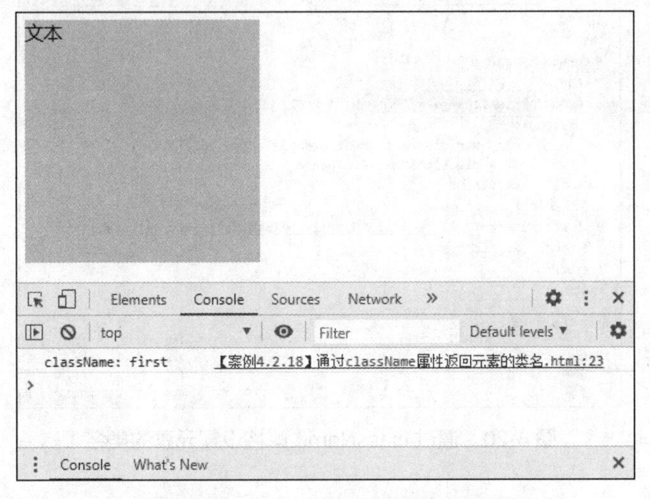

图 4-19 通过 className 属性返回元素的类名

【案例 4.2.19】通过 className 属性设置元素的类名

```
<style>
    .first {
        width: 200px;
        height: 200px;
        background-color: blue;
    }
    .change {
        font-size: 30px;
        color: red;
        background-color: #ccc;
    }
</style>
<body>
    <div class="first">文本</div>
    <script>
```

```
        // 获取元素
        var div = document.querySelector('div');
        // 设置元素的类名
        div.className='change';
    </script>
</body>
```

案例 4.2.19 的执行结果如图 4-20 所示。

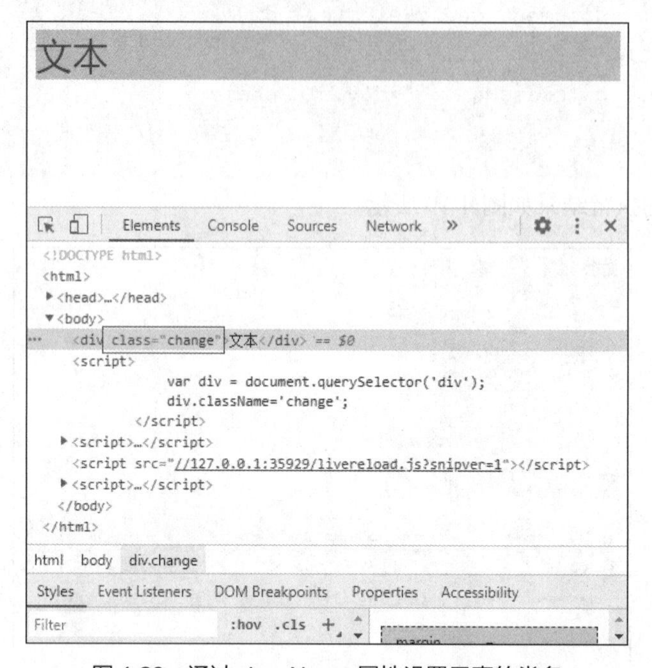

图 4-20　通过 className 属性设置元素的类名

3．综合案例

微课 86

扫码观看微课视频

【案例 4.2.20】图片切换显示

该案例的功能是用户点击不同的按钮，切换显示不同的图片。对于该案例中使用到按钮的点击事件，其具体用法在单元 5 中会详细介绍。

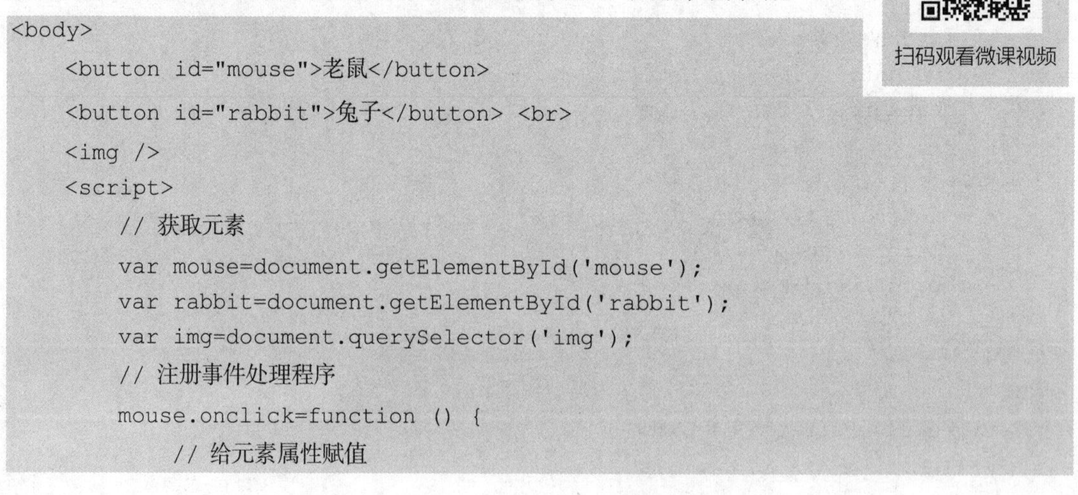

```
<body>
    <button id="mouse">老鼠</button>
    <button id="rabbit">兔子</button> <br>
    <img />
    <script>
        // 获取元素
        var mouse=document.getElementById('mouse');
        var rabbit=document.getElementById('rabbit');
        var img=document.querySelector('img');
        // 注册事件处理程序
        mouse.onclick=function () {
            // 给元素属性赋值
```

```
            img.src='./images/mouse.jpg';
            img.title='老鼠';
            // 设置元素样式
            this.style.color='red';
            this.style.fontWeight='bold';
            rabbit.style.color='';
            rabbit.style.fontWeight='';
        };
        rabbit.onclick=function () {
            // 给元素属性赋值
            img.src='./images/rabbit.jpg';
            img.title='兔子';
            // 设置元素样式
            this.style.color='red';
            this.style.fontWeight='bold';
            mouse.style.color='';
            mouse.style.fontWeight='';
        };
        // 触发事件
        mouse.onclick();
    </script>
</body>
```

案例 4.2.20 的执行结果如图 4-21 所示。

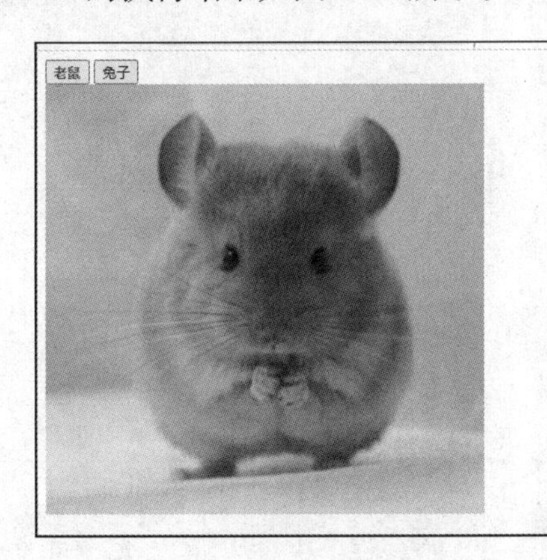

图 4-21　图片切换显示

【案例 4.2.21】选项卡切换

该案例的功能是通过标签在多个选项卡之间进行切换，其目的是实现在有限的界面中展示多块的内容，在网站中使用非常普遍。

```
<style>
    * {
        margin: 0;
        padding: 0;
    }
```

```
    li {
        list-style-type: none;
    }
    .tab {
        width: 600px;
        margin: 10px auto;
    }
    .tab_list {
        height: 40px;
        border: 1px solid #ccc;
        background-color: #f1f1f1;
    }
    .tab_list li {
        float: left;
        height: 40px;
        line-height: 40px;
        padding: 0 20px;
        text-align: center;
        cursor: pointer;
    }
    .tab_list .current {
        background-color: #c81623;
        color: #fff;
    }
    .tab_content {
        padding: 20px 0 0 20px;
        height: 300px;
        border: 1px solid #ccc;
        border-top-style: none;
    }
    .item {
        display: none;
    }
</style>
<body>
    <div class="tab">
        <div class="tab_list">
            <ul>
                <li class="current">商品</li>
                <li>评价</li>
                <li>详情</li>
                <li>推荐</li>
            </ul>
        </div>
        <div class="tab_content">
```

```
            <div class="item" style="display: block;">商品模块内容</div>
            <div class="item">评价模块内容</div>
            <div class="item">详情模块内容</div>
            <div class="item">推荐模块内容</div>
        </div>
    </div>

    <script>
        // 获取元素
        var tab_list=document.querySelector('.tab_list');
        var lis=tab_list.querySelectorAll('li');
        var items=document.querySelectorAll('.item');
        // for语句绑定点击事件
        for (var i = 0; i < lis.length; i++) {
            // 给<li>元素设置自定义属性index
            lis[i].setAttribute('index', i);
            // 注册事件处理程序
            lis[i].onclick = function () {
                    for (var i = 0; i < lis.length; i++) {
                      lis[i].className='';
                    }
                    this.className='current';
                    // 处理显示内容模块
                    var index = this.getAttribute('index');
                    for (var i = 0; i < items.length; i++) {
                        items[i].style.display='none';
                    }
                    items[index].style.display='block';
            };
        }
    </script>
</body>
```

案例 4.2.21 的执行结果如图 4-22 所示。

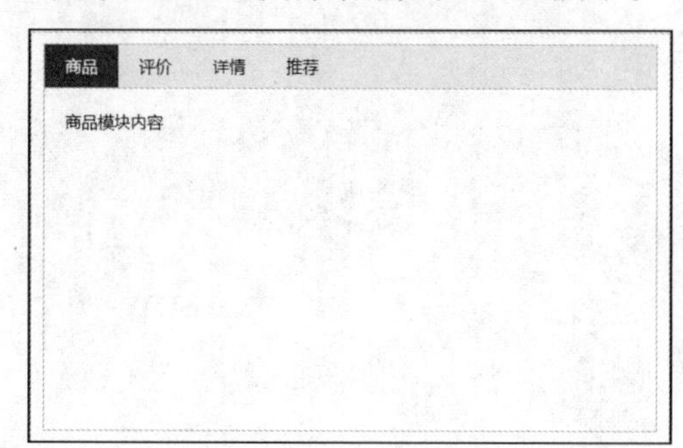

图 4-22　选项卡切换

【案例 4.2.22】购物车商品选择

该案例的功能是选择购物车中的商品，具体要求如下。

- 点击左上角的全选复选框，可选中全部商品或者取消选中全部商品。
- 可选择一个或多个商品，如果全部商品都已选中，则全选复选框自动选中；如果有一个商品没有被选中，则全选复选框自动取消选中。

```
<style>
    * {
        padding: 0;
        margin: 0;
    }
    .wrap {
        width: 480px;
        margin: 10px auto 0;
    }
    table {
        border-collapse: collapse;
        border-spacing: 0;
        border: 1px solid #c0c0c0;
        width: 480px;
    }
    th,td {
        border: 1px solid #d0d0d0;
        color: #404060;
        padding: 10px;
    }
    th {
        background-color: #09c;
        font: bold 16px "微软雅黑";
        color: #fff;
    }
    td {
        font: 14px "微软雅黑";
    }
    tbody tr {
        background-color: #f0f0f0;
    }
    tbody tr:hover {
        cursor: pointer;
        background-color: #fafafa;
    }
</style>
<body>
    <div class="wrap">
        <table>
            <thead>
```

```
            <tr>
                <th><input type="checkbox" id="j_cbAll" /></th>
                <th>商品</th>
                <th>价格（元）</th>
            </tr>
        </thead>
        <tbody id="j_tb">
            <tr>
                <td><input type="checkbox" /></td>
                <td>《HTML5 从入门到精通》</td>
                <td>70.90</td>
            </tr>
            <tr>
                <td><input type="checkbox" /></td>
                <td>《CSS 权威指南》</td>
                <td>98.00</td>
            </tr>
            <tr>
                <td><input type="checkbox" /></td>
                <td>《JavaScript 高级程序设计》</td>
                <td>91.20</td>
            </tr>
            <tr>
                <td><input type="checkbox" /></td>
                <td>《Vue.js 前端开发基础与项目实战》</td>
                <td>34.50</td>
            </tr>
        </tbody>
    </table>
</div>

<script>
    // 获取元素（全选复选框）
    var j_cbAll = document.getElementById('j_cbAll');
    // 获取元素（其余复选框）
    var j_tbs = document.getElementById('j_tb').getElementsByTagName('input');
    // 循环绑定点击事件（全选复选框）
    j_cbAll.onclick = function() {
        for (var i = 0; i < j_tbs.length; i++) {
            j_tbs[i].checked = this.checked;
        }
    }
    // for 循环绑定点击事件（其余复选框）
```

```
        for (var i = 0; i < j_tbs.length; i++) {
            j_tbs[i].onclick = function() {
                var flag = true;
                for (var i = 0; i < j_tbs.length; i++) {
                    if (!j_tbs[i].checked) {
                        flag = false;
                        break;
                    }
                }
                j_cbAll.checked = flag;        // 设置全选复选框的状态
            }
        }
    </script>
</body>
```

案例 4.2.22 的执行结果如图 4-23 所示。

✓	商品	价格(元)
☑	HTML5从入门到精通	70.90
☑	CSS权威指南	98.00
☑	JavaScript高级程序设计	91.20
☑	Vue.js前端开发基础与项目实战	34.50

■	商品	价格(元)
☑	HTML5从入门到精通	70.90
☐	CSS权威指南	98.00
☑	JavaScript高级程序设计	91.20
☐	Vue.js前端开发基础与项目实战	34.50

图 4-23　购物车商品选择

拓展练习

一、单选题

1. 以下选项中在获取元素内容时，去掉所有格式以及标签的是（　　）。

   A. innerHTML　　B. innerText　　C. textContent　　D. 以上选项都可以

2. HTML5 提供的 querySelector()方法利用 id 获取元素的写法正确的是（　　）。

   A. document.querySelector([id 名称])　　B. document.querySelector('id 名称')

   C. document.querySelector('.id 名称')　　D. document.querySelector('#id 名称')

3. 下列选项中，（　　）方法的返回值是一个对象的引用。

   A. document.getElementById()　　B. document.getElementsByName()

   C. document.getElementsByTagName()　　D. document.getElementsByClassName()

4. 以下选项中在设置元素内容时会重构整个 HTML 文件页面的是（　　）。

   A. innerHTML　　B. innerText　　C. textContent　　D. document.write()

5. 下列 style 的属性中可以实现 2D 转换的是（　　）。

   A. listStyleType　　B. display　　C. transform　　D. overflow

6. 下列选项中，（　　）可以修改指定元素的指定属性值。

   A. attributes　　B. setAttribute()

   C. getAttribute()　　D. removeAttribute()

7. 下面可用于获取文档中全部<div>元素的是（　　）。

A. document.querySelector('div')　　B. document.querySelectorAll('div')

C. document.getElementsByName('div')　　D. 以上选项都可以

8. 下列选项中，（　　）可以作为 DOM 的 style 属性操作的样式名。

A. Background　　B. display

C. background-color　　D. LEFT

9. 下面关于 classList.remove()方法的说法中错误的是（　　）。

A. 类选择器列表中的值为 0 时，删除元素的 class 属性

B. 每次仅能删除类选择器中的一个 class 值

C. 可以删除类选择器中任意位置的 class 值

D. 不能删除元素对象的 class 属性

二、多选题

下列选项中，可用于获取 HTML 文件中<html>标签的是（　　）。

A. document.getElementsByTagName('body')[0]

B. document.getElementsByTagName('html')[0]

C. document.body

D. document.documentElement

三、判断题

1. document.querySelector('div').classList 可以获取文档中所有<div>标签的 class 值。（　　）

2. HTML5 提供的 classList.add()方法可给元素同时添加多个类名。（　　）

3. document 对象的 documentElement 属性用于返回 HTML 文件中的<body>标签。（　　）

4. innerHTML 在使用时会出现浏览器兼容问题，因此开发中要尽可能使用 innerText。（　　）

5. removeAttribute()方法在删除一个不存在的属性时会报错。（　　）

6. document 对象的 getElementsByClassName()方法和 getElementsByName()方法返回的都是元素对象集合 HTMLCollection。（　　）

7. document.tagName 获取元素的标签名为 HTML。（　　）

8. setAttribute()方法仅能修改 style 属性的值。（　　）

9. 根据属性名 getAttribute()方法可获取指定元素对象对应的属性值。（　　）

10. background-color 在利用 DOM 的 style 属性操作时需要改为 backGroundColor。（　　）

11. innerHTML 属性用于改变指定元素对象的内容。（　　）

12. 利用 DOM 提供的属性和方法可以修改指定元素的样式。（　　）

四、填空题

1. style 属性操作样式名称时，需要删除 CSS 样式里的（　　），将第二个英文首字母大写。

2. document.getElementById()方法返回的对象，可以统称为（　　）。

3. 元素对象的（　　）属性在去掉标签后会保留文本格式。

4. 通过 document.getElementsByTagName()方法返回的操作元素，可利用（　　）的方式获取其中一个对象。

5. classList 的（　　）方法，用于切换元素的样式，在类选择列表中没有时添加，含有时移出。

6. 元素对象调用（　　）可获取指定元素的属性个数。

五、简答题

请说出 Element 对象提供的设置或获取元素内容的属性及它们之间的区别。

4.3 节点的操作

4.3.1 获取节点

HTML 文件中，获取元素节点的标准方法是之前介绍的 getElementById()方法、getElementsByTagName()方法和 getElementsByClassName()方法等。如果使用这些方法获取到了一个元素，然后又想得到该元素的父元素、子元素或同级元素，我们可以根据层次关系来查找元素节点，常用属性见表 4-2。

表 4-2 查找元素节点的常用属性

属性	描述
parentNode	返回给定节点的父级节点
childNodes	返回所有子节点（包括文本节点、注释节点）
children	返回元素子节点（元素节点）
firstChild	返回第一个子节点（包括文本节点、注释节点）
firstElementChild	返回第一个子节点（元素节点）
lastChild	返回最后一个子节点（包括文本节点、注释节点）
lastElementChild	返回最后一个子节点（元素节点）
previousSibling	返回元素节点之前的同级节点（包括文本节点、注释节点）
previousElementSibling	返回元素节点之前的同级节点（元素节点）
nextSibling	返回指定节点之后紧跟的同级节点（包括文本节点、注释节点）
nextElementSibling	返回元素节点之后紧跟的同级节点（元素节点）

空格、空行也会被看作文本，以文本节点对待，因此使用 childNodes、firstChild、lastChild、previousSibling、nextSibling 来操作元素节点是非常麻烦的。我们在实际应用中多用只针对元素节点的操作属性：children、firstElementChild、lastElementChild、previousElementSibling、nextElementSibling。

【案例 4.3.1】单击一个单元格，为该单元格所在的行设置样式

这个例子中我们要找到当前<td>元素的父元素（即<tr>）来设置样式。

```
<script>
    window.onload=function(){
```

```
            var myTd=document.getElementsByTagName("td");
            //遍历每一个<td>元素
            for( var i=0; i<myTd.length;i++)
            {
                //为每一个<td>元素添加点击事件
                myTd[i].onclick=function(){
                    var mytdparent=this.parentNode; //获取当前<td>元素的父元素<tr>
                    mytdparent.style.backgroundColor="red";
                };
            }
        }
</script>
    <body>
        <table border="1" cellspacing="0" cellpadding="0">
            <tr><td>Data1</td><td>Data2</td><td>Data3</td></tr>
            <tr><td>Data4</td><td>Data5</td><td>Data6</td></tr>
            <tr><td>Data7</td><td>Data8</td><td>Data9</td></tr>
        </table>
    </body>
```

案例 4.3.1 执行后，单击第二行的任意单元格，效果如图 4-24 所示。

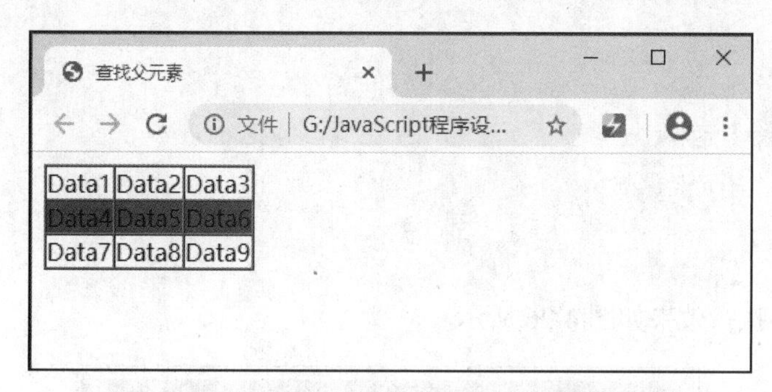

图 4-24　单击第二行的任意单元格设置样式效果

【案例 4.3.2】修改 id 为 myDIV 的元素中的第二个子元素的背景颜色为红色

这个例子中我们要找到当前元素中第二个（索引为 1）子元素来设置样式。利用 children 来获取子元素，返回的是子节点的集合，对其获取子元素的访问类似于数组的访问。

```
<script>
    window.onload=function(){
        var myd= document.getElementById("myDIV").children;
        myd[1].style.backgroundColor = "red";
    }
</script>
<body>
    <div id="myDIV">
      <div>第一个子元素</div>
      <div>第二个子元素</div>
```

```
    <div>第三个子元素</div>
  </div>
  </body>
```

案例 4.3.2 的执行效果如图 4-25 所示。

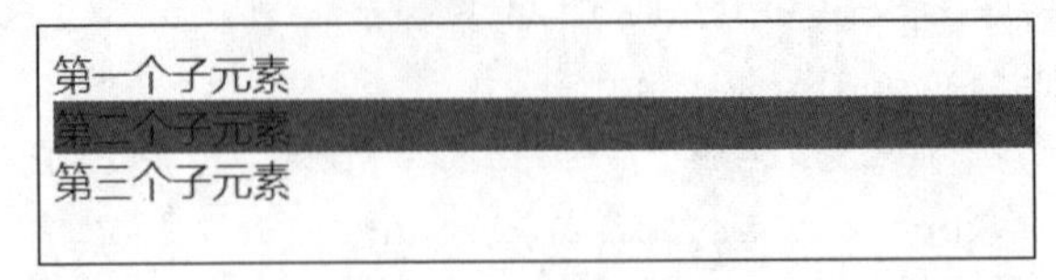

图 4-25　修改 id 为 myDIV 的元素中的第二个子元素的背景颜色

【案例 4.3.3】修改 id 为 myDIV 的元素中的第一个子元素的背景颜色为红色

这个例子中我们要找到当前元素中第一个子元素来设置样式，利用 firstElementChild 来获取第一个子元素即可。

```
<script>
    window.onload=function(){
        var myfirst= document.getElementById("myDIV").firstElementChild;
        myfirst.style.backgroundColor = "red";
    }
</script>
<body>
  <div id="myDIV">
    <div>第一个子元素</div>
    <div>第二个子元素</div>
    <div>第三个子元素</div>
  </div>
</body>
```

案例 4.3.3 的执行效果如图 4-26 所示。

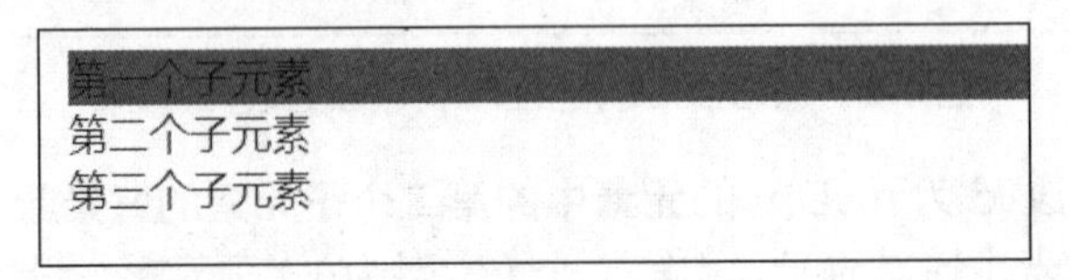

图 4-26　修改 id 为 myDIV 的元素中的第一个子元素的背景颜色

【案例 4.3.4】在 id 为 myUL 的列表中，为倒数第二个列表项设置背景颜色为红色

```
<script>
    window.onload=function(){
        var mylastli= document.getElementById("myUL").lastElementChild;
        mylastli.previousElementSibling.style.backgroundColor = "red";
    }
</script>
<body>
    <ul id="myUL">
      <li>第一个列表项</li>
```

```
        <li>第二个列表项</li>
        <li>第三个列表项</li>
        <li>第四个列表项</li>
    </ul>
</body>
```

这个例子中，我们首先通过 lastElementChild 找到最后一个列表项，再用 previousElementSibling 找最后一个列表项的前一个节点，即倒数第二个列表项。案例 4.3.4 的执行效果如图 4-27 所示。

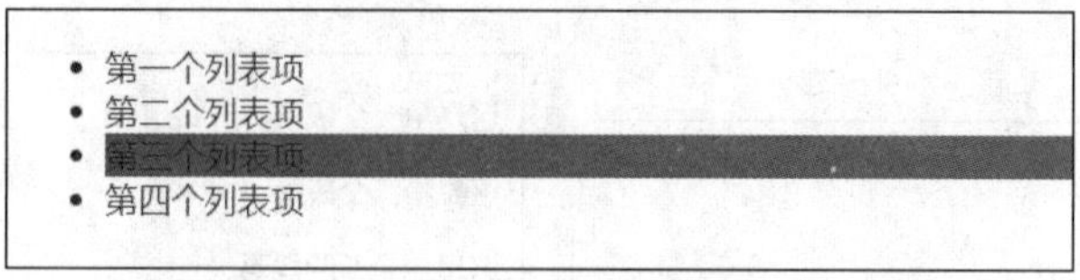

- 第一个列表项
- 第二个列表项
- 第三个列表项
- 第四个列表项

图 4-27　为倒数第二个列表项设置背景颜色

4.3.2　节点追加

节点追加包括创建和增加节点，网页中常用的节点追加的方法见表 4-3。

表 4-3　创建或增加节点的方法

方法	描述
createElement(tagname)	该方法是 document 对象的方法，可以通过指定的标签名称创建一个元素节点
createTextNode(text)	该方法是 document 对象的方法，可以创建文本节点，参数 text 是文本节点的文本
appendChild(nodename)	该方法可以向指定节点的子节点列表的末尾添加新的子节点，参数 nodename 为新的子节点对象
insertBefore(newnode,oldnode)	该方法可以向指定节点之前插入一个新的节点。参数 newnode 是将要插入的节点；oldnode 是指定的节点，表示新的节点插入 oldnode 的前面
cloneNode(deep)	该方法可以复制指定的节点，参数 deep 是布尔值，默认是 false，表示只复制指定节点；设置 deep 为 true，表示会复制指定的节点及它所有的子节点

【案例 4.3.5】点击按钮创建一个新的段落

```
<script>
    function myFunction(){
        var newp = document.createElement("p");
        var txt = document.createTextNode("这是一个新的段落。");
        newp.appendChild(txt);  //将文本节点插入<p>元素
        var element = document.getElementById("div1");
        element.appendChild(newp);  //将<p>元素插入<div>
    }
</script>
<body>
```

```
    <div id="div1">
    <p id="p1">这是第一个段落。</p>
    <p id="p2">这是第二个段落。</p>
    </div>
    <button onclick="myFunction()">创建新段落</button>
</body>
```

案例 4.3.5 的执行效果如图 4-28 所示。然后点击“创建新段落”按钮，此时效果如图 4-29 所示。

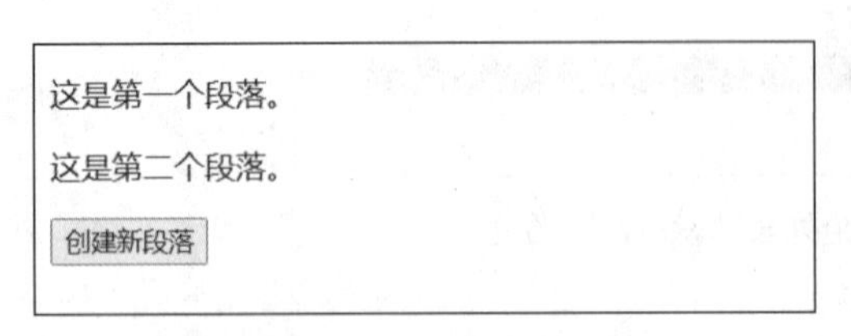

图 4-28　创建新段落前效果

这是第一个段落。
这是第二个段落。
这是一个新的段落。
创建新段落

图 4-29　创建新段落后效果

这个例子中，onclick="myFunction()"表示点击按钮后执行函数 myFunction()。myFunction()函数中首先使用 document.createElement("p")动态创建了一个<p>元素，但是此时的<p>元素是没有内容的，然后我们再用 document.createTextNode 创建了一个文本节点，并且使用 appendChild()方法把已经创建好的有内容的<p>元素（即"<p>这是一个新的段落。</p>"）插入<div>元素，这时在第二个段落的后面内容就会显示出来了。如果想在第二个段落前面插入新的段落该怎么办呢？这时，我们可以使用 insertBefore()方法。

【案例 4.3.6】点击按钮，在第二个段落前面插入一个新的段落

```
<script>
        function myFunction(){
             var newp = document.createElement("p");
             var txt = document.createTextNode("这是一个新的段落。");
             newp.appendChild(txt);  //将文本节点插入<p>元素
             var element = document.getElementById("div1");
             var element2 =document.getElementById("p2");
             element.insertBefore(newp,element2);  //将<p>元素插入<p2>元素前面
        }
    </script>
    <body>
        <div id="div1">
        <p id="p1">这是第一个段落。</p>
        <p id="p2">这是第二个段落。</p>
        </div>
        <button onclick="myFunction()">创建新段落</button>
    </body>
```

案例 4.3.6 的执行效果如图 4-30 所示。然后点击“创建新段落”按钮，此时效果如图 4-31 所示。

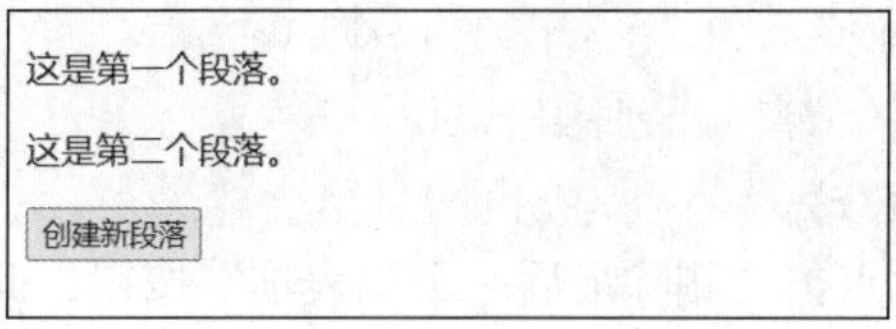

图 4-30 创建新段落前效果

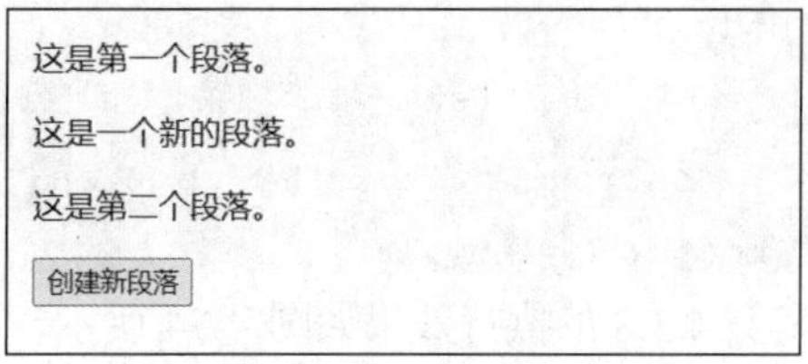

图 4-31 创建新段落后效果

【案例 4.3.7】点击按钮将蔬菜列表的最后一个列表项复制到水果列表中

```
<script>
    function myFunction(){
        var itm=document.getElementById("List2").lastChild;
        var cln=itm.cloneNode(true);
            document.getElementById("List1").appendChild(cln);
    }
</script>
<body>
    <ul id="List1"><li>香蕉</li><li>菠萝</li></ul>
    <ul id="List2"><li>白菜</li><li>菠菜</li></ul>
    <p id="demo">点击按钮将蔬菜列表的最后一个列表项复制到水果列表中</p>
    <button onclick="myFunction()">复制最后一个列表项</button>
</body>
```

案例 4.3.7 的执行效果如图 4-32 所示。然后点击“复制最后一个列表项”按钮，此时效果如图 4-33 所示。

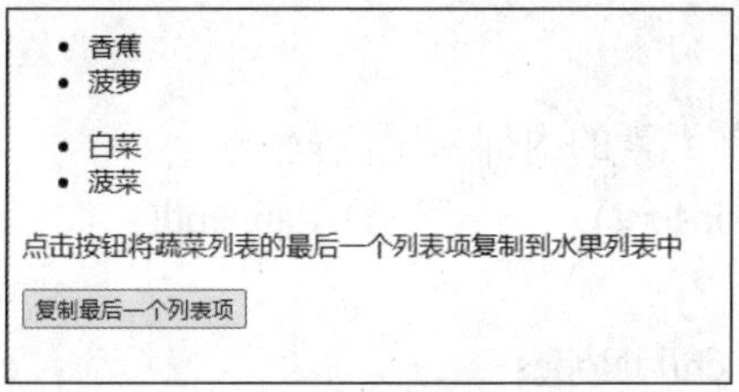

图 4-32 最后一个列表项复制前效果

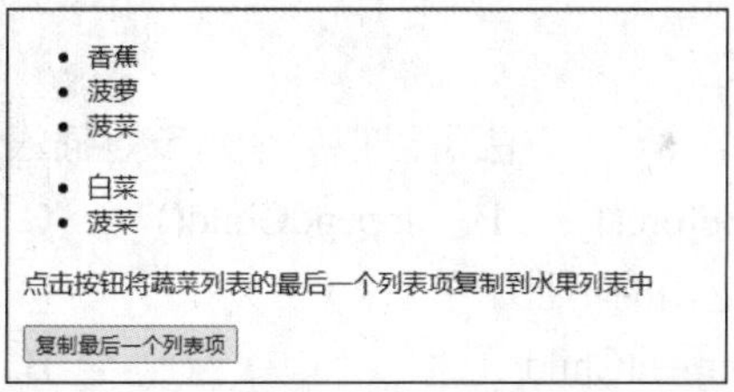

图 4-33 最后一个列表项复制后效果

这个例子中，cloneNode()方法的参数值是 true，如果更改为 false，执行结果是只有一个空的<li>元素被复制。

4.3.3 节点删除

JavaScript 中可以使用 removeChild()方法，从父节点的内部删除某个子节点。

【案例 4.3.8】点击按钮删除最后一个列表项

```
<script>
      function myFunction(){
          var oul=document.getElementById("List");
          oul.removeChild(oul.lastElementChild);
      }
   </script>
```

```
<body>
    <ul id="List"><li>白菜</li><li>菠菜</li><li>茄子</li></ul>
    <button onclick="myFunction()">删除最后一个列表项</button>
</body>
```

案例 4.3.8 的执行效果如图 4-34 所示。然后点击“删除最后一个列表项”按钮，此时效果如图 4-35 所示。

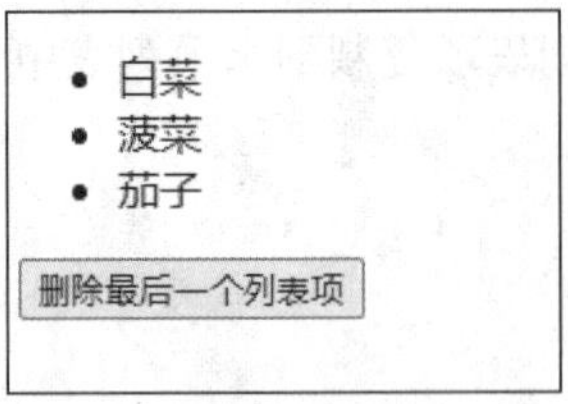

图 4-34　点击删除按钮前效果

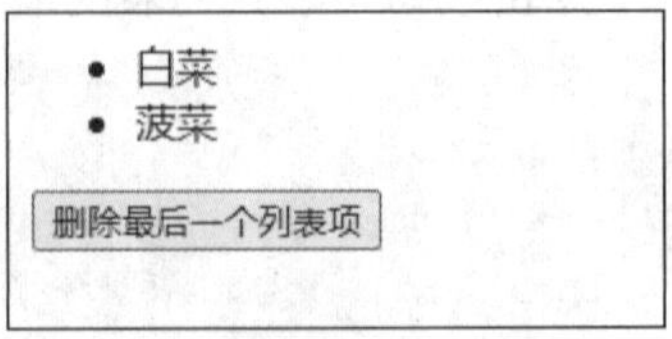

图 4-35　点击删除按钮后效果

这个例子中 oul.removeChild(oul.lastElementChild);表示删除列表项中的最后一个<li>元素。如果想把整个列表删除，可以直接对<ul>元素进行 removeChild()方法操作，代码如下。

```
var oul=document.getElementById("List");
document.body.removeChild(oul);
```

思考

案例 4.3.8 中，当列表项全部被删除后，此时继续单击“删除最后一个列表项”按钮会出现什么情况？列表为空时如何提示用户不能删除了？

拓展练习

一、单选题

1. 我们使用（　　）方法可以把一个新节点插入父元素的内部末尾位置。
   A. insertBefore()　　B. appendChild()　　C. insert()　　D. append()
2. 下面哪个返回的不是子节点。（　　）
   A. firstElementChild　　B. childNodes
   C. lastElementChild　　D. previousElementSibling
3. 在节点<body>下添加一个<p>，正确的语句为（　　）。
   A. var p1 = document.createElement("p"); document.body.appendChild(p1);
   B. var p1 = document.createElement("p"); document.body.deleteChild(p1);
   C. var p1 = document.createElement("p"); document.body.removeChild(p1);
   D. var p1 = document.createElement("p"); document.body.replaceChild(p1);
4. 某页面中有一个 id 为 main 的<div>，<div>中有一张图片及一个段落，下列（　　）能够完整地复制节点 main 中所有内容。
   A. document.getElementById("main").cloneNode(true);
   B. document.getElementById("main").cloneNode();
   C. main.cloneNode();
   D. document.getElementById("main").cloneNode(false);

5. A.appendChild(B)这句代码的意思是（　　）。

A. 把 A 插入 B 的内部头部　　B. 把 A 插入 B 的内部末尾

C. 把 B 插入 A 的内部头部　　D. 把 B 插入 A 的内部末尾

6. JavaScript 中可以使用（　　）方法，从父元素的内部删除某个子节点。

A. removeChild()　B. cloneNode()　C. createElement()　D. deleteChild()

7. 根据下面的代码判断，第几个列表项背景颜色为红色（　　）。

```
<script>
    window.onload=function(){
        var mylastli= document.getElementById("myUL").firstElementChild;
            mylastli.nextElementSibling.style.backgroundColor = "red";
    }
</script>
<body>
    <ul id="myUL">
      <li>第 1 个列表项</li>
      <li>第 2 个列表项</li>
      <li>第 3 个列表项</li>
      <li>第 4 个列表项</li>
    </ul>
</body>
```

A. 第 1 个　B. 第 2 个　C. 第 3 个　D. 第 4 个

8. 在指定节点后插入子节点使用（　　）方法。

A. createElement()　B. appendChild()　C. insertBefore()　D. insertAfter()

二、判断题

1. 利用 children()来获取子元素，返回的是子节点的集合。（　　）
2. appendChild()可以向指定节点之前插入一个新的子节点。（　　）
3. createTextNode()可以通过指定的标签名称创建一个元素节点。（　　）
4. insertBefore(A,B)表示新节点 B 插到 A 的前面。（　　）
5. cloneNode(deep)中参数 deep 设置为 true，表示只复制指定节点。（　　）

三、填空题

1. 返回最后一个子节点（仅元素节点，不包括文本节点）使用属性（　　）。
2. 返回所有子节点（包括文本节点、注释节点）使用属性（　　）。
3. 返回给定节点的父级节点使用属性（　　）。
4. 创建一个元素，一般首先使用（　　）方法创建元素节点。

四、简答题

1. 编写程序，实现点击按钮删除整个列表。

2. 编写程序，实现点击按钮把一个列表中的第一个列表项移动到另一个列表中的最后，效果如图 4-36 和图 4-37 所示。

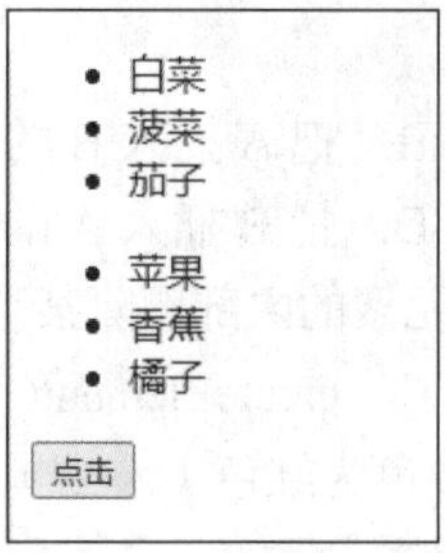

- 白菜
- 菠菜
- 茄子

- 苹果
- 香蕉
- 橘子

点击

图 4-36　点击按钮前效果

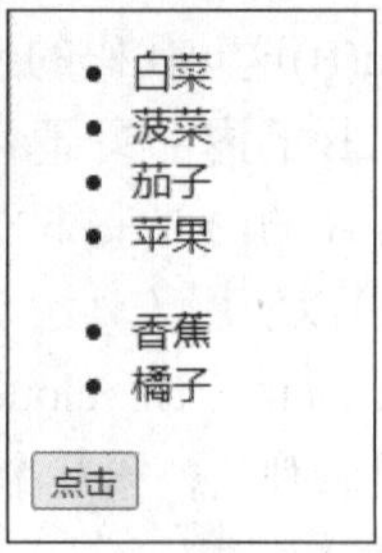

- 白菜
- 菠菜
- 茄子
- 苹果

- 香蕉
- 橘子

点击

图 4-37　点击按钮后效果

4.4　综合项目实训——《俄罗斯方块》之创建方块

4.4.1　项目目标

① 掌握 JavaScript DOM 对象的使用方法。

② 掌握 JavaScript 节点的创建方法。

③ 掌握 JavaScript 节点的样式和属性操作。

④ 综合应用本单元知识和技能，在《俄罗斯方块》上一个工程基础上进行迭代开发，即创建方块。

4.4.2　项目任务

1. 创建方块模型

在页面上创建 4 个方块模型，并将方块模型显示到游戏界面左上角（4 个节点重叠显示），如图 4-38 所示。

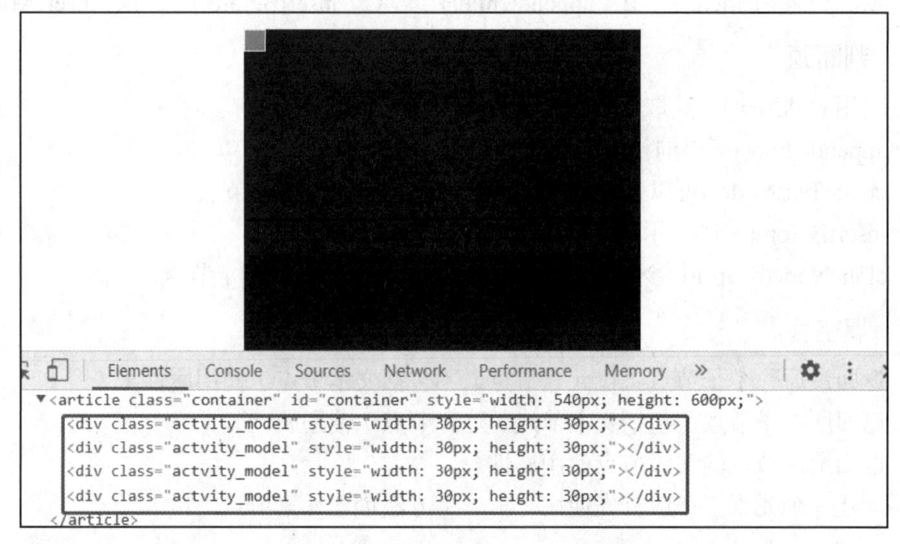

图 4-38　游戏界面输出方块信息点

2. 方块模型定位

根据方块信息对象，在 4×4 大小的 16 宫格上修改方块模型位置。

例如，随机显示一个“L 字型”，效果如图 4-39 所示。

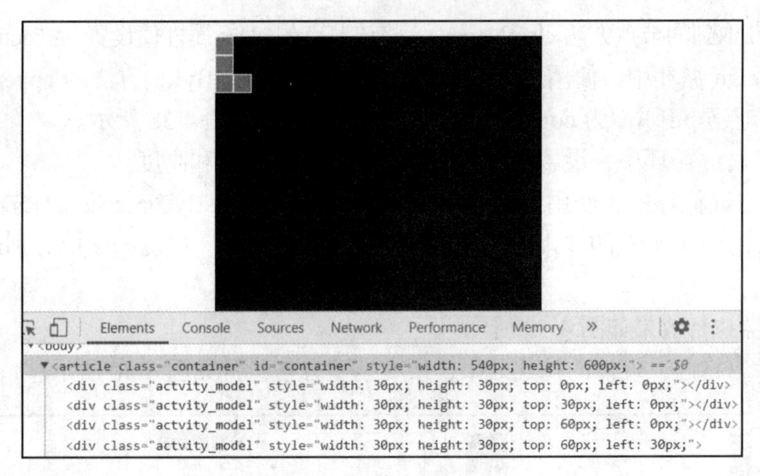

图 4-39　随机方块模型结构

4.4.3　设计思路

1. 设置游戏界面的行数和列数

（1）游戏界面行数 W_COUNT = 20。

（2）游戏界面列数 H_COUNT = 18。

2. 通过方块信息在页面上创建指定数量的方块模型。定义当前方块模型的变量，变量 currentModel 为一个空的数组

3. 标记方块模型起始位置（即初始化 16 宫格位置），为 16 宫格位置左上方的一个方块

（1）定义变量 currentX，其初始值为 0。

（2）定义变量 currentY，其初始值为 0。

4. 创建函数 createModel()，根据模型的数据创建对应的方块模型

（1）createModel()函数中，使用 document 对象的 getElementById()函数设置游戏界面大小。

① 游戏界面宽度（单位：px）为 gameWidth。

② 游戏界面高度（单位：px）为 gameHeight。

（2）createModel()函数中，使用 new 实例化构造函数 CreateRandomModel()，得到一个对象，定义变量 objectBlocks 存储该对象。

① 使用构造函数的对象，调用 getRandomModel()原型方法获取随机方块模型。

② 使用定义的空变量 currentModel 来存储获取的随机方块模型。

（3）createModel()函数中，重新初始化 16 宫格位置，即变量 currentX 和变 currentY 的值归 0。

（4）createModel()函数中，for 语句循环遍历随机方块模型，将其追加到 container 的元素中。

① 使用 for...in 循环，循环遍历 currentModel 随机得到的方块模型。

② 在 for...in 循环中，使用 document 对象的 createElement()方法创建<div>节点，用定义的变量 divEle 存储该节点。

③ 使用获取到的节点方法 className()，将该节点的 class 属性值设置为“activity_model”。

④ 在 for...in 循环中，使用 document 对象的 getElementById()方法的 appendChild()方法追加 divEle 节点至 id 属性为 container 的 article 元素中，如图 4-38 所示。

（5）在 for...in 循环中，设置随机模型中单个方块的宽度和高度。

① 在 for...in 循环中，使用 document 对象的 getElementsByClassName()方法，给类名为 activity_model 的<div>元素的样式设置宽度（单位：px）和高度（单位：px），分别设置 boxWidth 和 boxHeight。

② 浏览器执行效果如图 4-39 所示。

③ 在 16 宫格内，设计的初始效果，所有字型方格位置如图 4-40 所示。

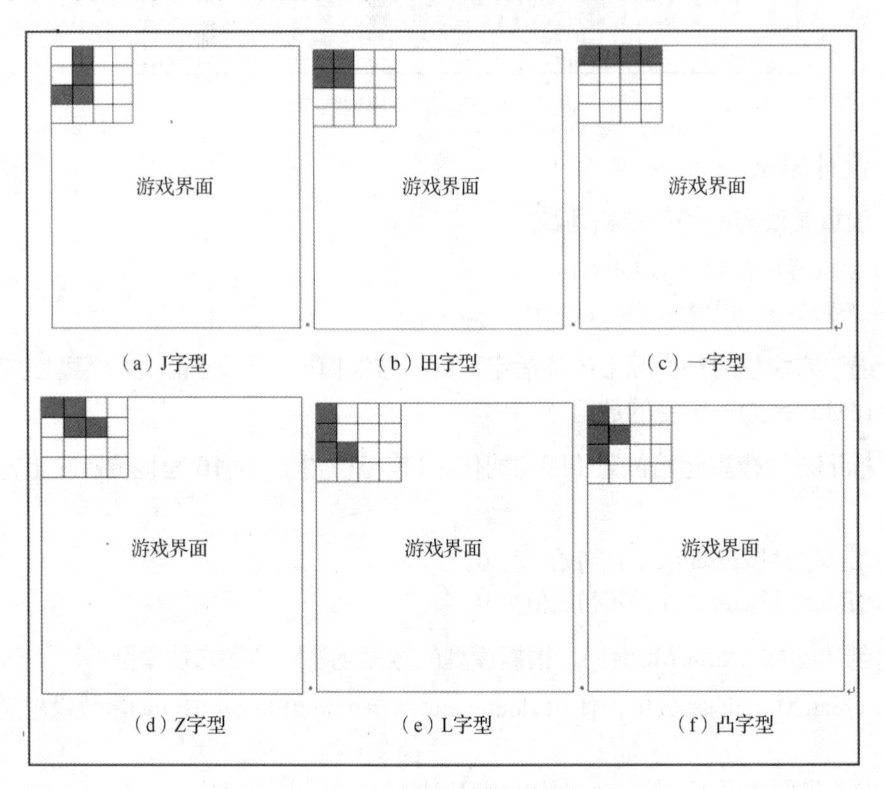

图 4-40 所有方块模型的初始设计

4.4.4 编程实现

1. 步骤说明

在“创建界面”迭代工程基础上进行开发，步骤如下所示。

步骤一：设置游戏界面行数和列数。

步骤二：创建 createModel()函数，创建方块模型。

步骤三：创建 locationBlocks()函数，进行方块模型定位。

步骤四：调用函数并输出方块模型。

2. 实现

步骤一：在 index.js 文件中，定义变量，分隔游戏界面容器，设置游戏界面行数和列数。

（1）游戏界面的列数：定义变量 W_COUNT，值为 gameWidth 除以 boxWidth 的余数。

（2）游戏界面的行数：定义变量 H_COUNT，值为 gameHeight 除以 boxHeight 的余数。

```
//分隔容器为多少行多少列（即多少个单个方块的距离）
var W_COUNT = gameWidth/boxWidth;
var H_COUNT = gameHeight/boxHeight;
```

步骤二：在 index.js 文件中，定义方块模型数组变量和 createModel()函数，通过方块信息在页面上创建指定数量的方块模型。

（1）定义当前方块模型的变量 currentModel，其为一个空的数组。

```
//定义变量存储当前使用的模型
var currentModel = [];
```

（2）标记方块模型起始位置（即初始化 16 宫格位置），为 16 宫格位置左上方的一个方块。

① 变量 currentX 初始值为 0。

② 变量 currentY 初始值为 0。

```
//标记起始位置
var currentX = 0;
var currentY = 0;
```

（3）根据模型的数据创建对应的方块模型。

① 创建自定义函数 createModel()，函数中使用 document 对象的 getElementById()方法设置游戏界面大小，宽度（单位：px）为 gameWidth、高度（单位：px）为 gameHeight。

```
//根据模型的数据创建对应的方块模型
function createModel() {
    //游戏界面大小设置
    document.getElementById("container").style.width = gameWidth + 'px';
    document.getElementById("container").style.height = gameHeight + 'px';
}
```

② 在自定义函数 createModel()中，使用 new 调用构造函数 CreateRandomModel()，实例化一个随机方块对象；调用随机方块对象的模型函数 getBlockModel()，获取随机方块对象的方块模型，赋值给变量 currentModel。

```
//根据模型的数据创建对应的方块模型
function createModel() {
    //省略其他代码

    //调用构造函数，实例化一个随机方块对象
    var objectBlocks = new CreateRandomModel();
    //获取随机方块对象的模型
    currentModel = objectBlocks.getBlockModel();
}
```

③ 重新初始化 16 宫格位置。

变量 currentX 的值重新设置为 0。

变量 currentY 的值重新设置为 0。

```
//根据模型的数据创建对应的方块模型
function createModel() {
    //省略其他代码

    //重新初始化 16 宫格位置
    currentX = 0;
    currentY = 0;
}
```

④ 在 for 语句中，创建<div>子节点。

使用 for...in 循环遍历 currentModel 方块模型。

在 for...in 循环中，使用 document 对象的 createElement()方法创建<div>子节点，并用变量 divEle 存储。

使用 className 属性，设置<div>子节点的 class 属性值为“activity_model”。

```
//根据模型的数据创建对应的方块模型
function createModel() {
    //省略其他代码

    for (var key in currentModel) {
        //创建<div>子节点
        var divEle = document.createElement("div");
        //给<div>子节点设置 class 属性值
        divEle.className = "activity_model";
    }
}
```

⑤ 在 for...in 循环中，把<div>子节点追加到游戏界面 container 元素中。

使用 document 对象的 getElementById()方法获取游戏界面中 id 为 container 的元素，再调用 appendChild()方法将 divEle 节点添加为 container 元素的子节点。

使用 document 对象的 getElementsByClassName()方法获取所有单个方块（<div>子节点），并使用数组索引依次获取单个方块（<div>子节点）。通过 style 属性设置单个方块的宽度和高度。

```
//根据模型的数据创建对应的方块模型
function createModel() {
    //省略其他代码

    for (var key in currentModel) {
        var divEle = document.createElement("div");
        divEle.className = "activity_model";
        //追加方块，将其显示到游戏界面中
        document.getElementById("container").appendChild(divEle);
        //方块模型中单个方块的宽度和高度设置
        document.getElementsByClassName('activity_model')[key].style.width =
```

```
boxWidth + "px";
        document.getElementsByClassName('activity_model')[key].style.height =
boxHeight + "px"
    }
}
```

（4）在 index.css 文件中，设置 activity_model 的样式。

① 设置方块模型的单个方块背景颜色为 cadetblue（青蓝色）。

② 设置方块模型的单个方块边框宽度 1px、实线、#eee（白色）。

③ 设置方块模型的 box-sizing 值为 border-box，表示让浏览器呈现出带有指定宽度和高度的框。

④ 设置方块模型的定位方式为绝对定位。

```
/*设置游戏活动区域创建方块模型 activity_model 样式*/
activity_model{
    background-color: cadetblue;
    border: 1px solid #eee;
    box-sizing: border-box;
    position: absolute;
}
```

步骤三：在 index.js 文件中，根据数据源定义移动方块模型的位置。

（1）创建函数 locationBlocks()。

（2）在该函数中，使用 document 对象的 getElementsByClassName()方法获取所有的方块模型 activity_model，定义变量 eles 来存储所有方块模型。

```
//根据数据源定义移动方块模型的位置
function locationBlocks() {
    //获取所有的方块模型
    var eles = document.getElementsByClassName("activity_model");
}
```

（3）for 语句遍历每个方块模型，并根据每个方块模型的数据设置方块模型的位置。

① 在 for 语句中，循环变量 eles 获取单个方块模型，定义变量 activityModelEle 来存储单个方块模型。

```
//根据数据源定义移动方块模型的位置
function locationBlocks() {
    //获取所有的方块模型
    var eles = document.getElementsByClassName("activity_model");
    for (var i = 0; i < eles.length; i++) {
        //存储单个方块模型
        var actiityModelEle = eles[i];
    }
}
```

② 找到每个方块模型对应的数据（行和列）。

使用索引从 currentModel 变量中获取方块模型对应的数据（行和列），定义 blockModel

变量存储对应的数据。

```
//根据数据源定义移动方块模型的位置
function locationBlocks() {
    //获取所有的方块模型
    var eles = document.getElementsByClassName("activity_model");
    for (var i = 0; i < eles.length; i++) {
        //存储单个方块模型数据
        var activityModelEle = eles[i];
        //找到每个方块模型对应的数据（行和列）
        var blockModel = currentModel[i];
    }
}
```

③ 根据每个方块模型对应的数据来指定方块模型的位置。

设置 actityModelEle 距上边的距离（单位：px）为“(currentY + blockModel[0])*boxWidth”。

设置 actityModelEle 距左边的距离（单位：px）为“(currentX + blockModel[1])*boxHeight”。

注释：每个方块模型的位置由两个值（16 宫格所在的位置/方块模型在 16 宫格的位置）来决定。每次移动的距离，由单个方块的宽度和高度来决定。

```
//根据数据源定义移动方块模型的位置
function locationBlocks() {
    //获取所有的方块模型
    var eles = document.getElementsByClassName("activity_model");
    for (var i = 0; i < eles.length; i++) {
        //单个方块模型
        var actiityModelEle = eles[i];
        //找到每个方块模型对应的数据（行和列）
        var blockModel = currentModel[i];
        //根据每个方块模型对应的数据来指定方块模型的位置
        //每个方块模型的位置由两个值（16 宫格所在的位置/方块模型在 16 宫格的位置）来决定。
每次移动的距离，由单个方块的宽高度来决定
        actiityModelEle.style.top = (currentY + blockModel[0]) * boxWidth + "px";
        actiityModelEle.style.left = (currentX + blockModel[1]) * boxHeight + "px";
    }
}
```

步骤四：调用 createModel()方法创建方块模型，调用 locationBlocks()函数移动方块模型位置。

（1）获取根据模型的数据创建的对应方块模型。

（2）根据数据源定义移动方块模型的位置。

```
//获取根据模型的数据创建的对应方块模型
createModel();
//根据数据源定义移动方块模型的位置
locationBlocks();
```

（3）执行结果如图 4-41 所示，显示随机获取的所有字型方块模型。

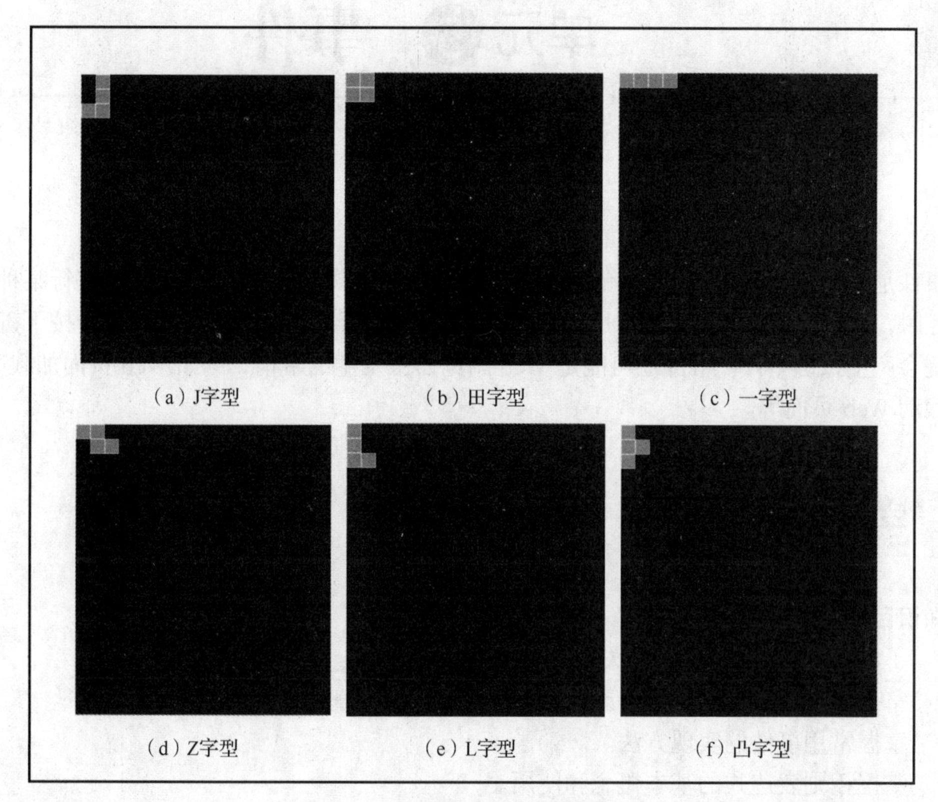

图 4-41　所有方块模型的实际效果

单元小结

本单元介绍了 DOM，说明了什么是 DOM、DOM 的组成结构等，重点介绍了如何获取页面元素，操作元素的内容、属性和样式，以及节点的获取、追加和删除。通过本单元的学习，读者应能理解 DOM 的基本概念和 DOM 的节点概念，能够通过 DOM 中的属性、方法对网页中的元素进行编程控制，实现节点的获取、增加和删除。

单元 5 事件

事件是 JavaScript 中非常重要的一个概念。当用户与浏览器中的 Web 页面进行某种类型的交互时，就产生了事件。例如，用户在 Web 页面上进行单击会产生单击事件，按下键盘上的按键会产生按键事件。事件还可能是 Web 浏览器中发生的事情，例如 Web 页面加载完成、用户滚动 Web 页面等。

学习目标

知识目标

- 了解 JavaScript 事件的相关概念。
- 掌握 JavaScript 事件的绑定方式。
- 掌握常用事件的实现方法。
- 掌握正则表达式的基本概念和使用。

能力目标

- 能够分析并实现 Web 页面中的事件代码。
- 能够根据要求编写正则表达式。
- 能够编写代码实现综合项目实训的方块移动控制。

素质目标

- 引导学生正确认识和理解学习的价值，培养浓厚的学习兴趣，养成自主学习的习惯，掌握适合自身的学习方法，具有终身学习的意识和能力，以适应软件行业日新月异的技术发展。
- 培养学生分析任务、理解任务、完成任务的能力，以及在任务实施过程中解决问题的能力。

5.1 事件的绑定

事件由事件源、事件类型和事件处理程序 3 部分组成。它们又被称为事件三要素，具体解释如下。

（1）事件源：触发事件的 HTML 元素。

（2）事件类型：如 click（单击）事件。

（3）事件处理程序：事件触发后要执行的代码，也称为事件处理函数。

5.1.1 事件流

文档对象模型（Document Object Model，DOM）结构是树形结构，当一个 HTML 元素产生一个事件时，事件会在该元素节点与 DOM 树根节点之间按照特定的顺序进行传播，路径所经过的节点都会收到该事件，事件以事件流的形式传播。

在浏览器发展的历史中，IE 和 Netscape Navigator 开发团队各提出了一种事件流处理方式，IE 提出的是事件冒泡，Netscape Navigator 提出的是事件捕获。现在的标准事件则同时支持事件捕获和事件冒泡。

1. 事件冒泡

冒泡，顾名思义，事件就像水中的气泡一样从底端一直往上冒，直至顶端。从 DOM 树结构上理解，就是事件从其产生的元素节点传递到 DOM 树的根节点。有如下 HTML 页面。

```
<!DOCTYPE html>
<html lang="zh">
<head>
    <meta charset="UTF-8">
    <meta name="viewport" content="width=device-width, initial-scale=1.0">
    <title>Document</title>
</head>
<body>
    <div id="myDiv">请点击</div>
</body>
</html>
```

在点击 Web 页面中 id 为 myDiv 的<div>元素后，点击事件会以如下顺序进行传播。

① <div>。

② <body>。

③ <html>。

④ document。

也就是说，<div>元素在被点击后，最先触发 click 事件。然后，click 事件沿 DOM 树一路向上，在经过的每个节点上依次触发，直至 document 对象。图 5-1 形象地展示了这个过程。

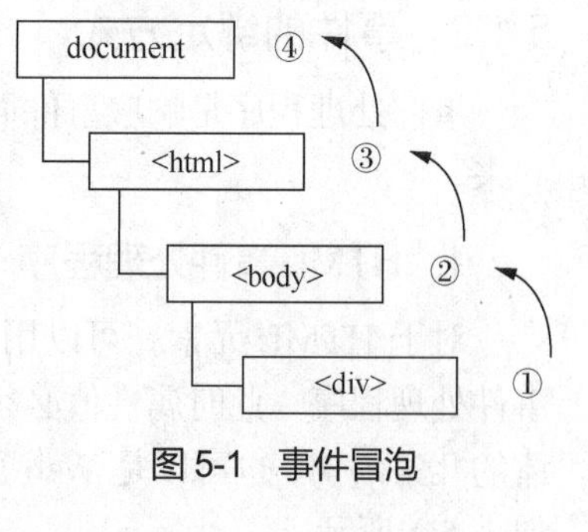

图 5-1 事件冒泡

2. 事件捕获

Netscape Navigator 提出的事件流处理方式被称为事件捕获，它与事件冒泡相反，事件从 DOM 树最顶层元素一直传播到产生该事件最精确的元素。

如果前面的例子使用事件捕获，点击 id 为 myDiv 的<div>元素会以下列顺序触发 click 事件。

① document。

② <html>。

③ <body>。

④ <div>。

在事件捕获中，click 事件首先由 document 对象捕获，然后沿 DOM 树依次向下传播，经过<html>元素、<body>元素，直至到达实际的目标元素<div>，这个过程如图 5-2 所示。

3. DOM 事件流

DOM2 级事件规范规定事件流分为 3 个阶段：事件捕获、到达目标和事件冒泡。事件捕获最先发生，为提前拦截事件提供了可能，然后事件到达实际的目标元素，最后一个阶段是事件的冒泡。仍以前面的 HTML 页面为例，点击 id 为 myDiv 的<div>元素，DOM 事件流如图 5-3 所示。

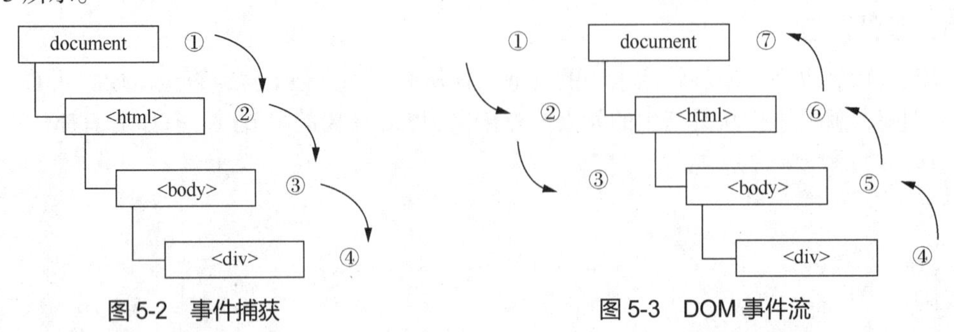

图 5-2　事件捕获　　　　图 5-3　DOM 事件流

思考

事件流中的事件冒泡与事件捕获的区别是什么？

素养课堂

沉下去，才能浮起来

李嘉诚说过："付出就想马上有回报，适合做钟点工；期待按月得到报酬，适合做打工族；按年度领取收入，是职业经理人；能耐心等待三到五年，适合当投资家；用一生的眼光去权衡，你才是人生赢家。"

内心沉淀的厚度，决定了你成长的高度，更决定了你多年之后的成就。

5.1.2　事件的绑定方式

事件处理程序是响应事件而被调用的函数，有很多方式可以把事件处理程序和事件绑定起来。

微课 90

扫码观看微课视频

1. HTML 事件处理程序

对于 HTML 元素，可以用 HTML 属性的形式，绑定其所支持事件的事件处理程序。此时属性值必须为能够执行的 JavaScript 代码，可以是具体的几条语句，也可以是 Web 页面其他地方定义的脚本。常用的事件属性如表 5-1 所示。

表 5-1　常用的事件属性

事件属性	描述
onclick	鼠标单击或按下键盘 Enter 键
ondblclick	鼠标双击
onfocus	元素获得焦点

续表

事件属性	描述
onblur	元素失去焦点
onmousedown	鼠标键按下
onmouseup	鼠标键释放
onmousemove	鼠标指针移动
onmouseover	在用户把鼠标从元素外部移到元素内部时触发，该事件触发冒泡
onmouseenter	在用户把鼠标从元素外部移到元素内部时触发。这个事件不触发冒泡
onmouseout	在用户把鼠标从一个元素移动到另一个元素上时触发，该事件触发冒泡
onmouseleave	在用户把鼠标从元素内部移到元素外部时触发，这个事件不触发冒泡

特别注意：在 HTML 中，有些字符（&、"、<、>）是预留的，具有特殊的含义，比如小于号<用于表示 HTML 标签的开始，大于号>用于表示 HTML 标签的结束。如果我们通过 HTML 属性的形式来绑定事件处理程序时，在事件处理程序中用到了这些预留字符，希望浏览器正确地解析这些字符，那么我们就需要在 HTML 源代码中插入字符实体。HTML 语法字符实体如表 5-2 所示。

表 5-2 HTML 语法字符实体

HTML 语法字符	实体	说明
&	&	取和号
"	"	双引号
<	<	小于号
>	>	大于号

【案例 5.1.1】HTML 事件处理程序

这个例子演示 3 种 HTML 事件处理程序。

```
<!DOCTYPE html>
<html>
    <head>
        <meta charset="utf-8" />
        <title></title>
    </head>
    <body>
        <input type="button" value="click me 1" onclick="console.log('click')"/>
        <input type="button" value="click me 2" onclick="console.log
(&quot;click&quot;)"/>
        <input type="button" value="click me 3" onclick="showMessage()"/>
    </body>
    <script>
        function showMessage(){
            console.log('hello world');
```

```
        }
    </script>
</html>
```

上述代码中有 3 个按钮，它们都使用 HTML 属性 onclick 在按钮上绑定了点击事件的事件处理程序，在点击相应按钮时，都会在控制台上输出一个字符串。在 JavaScript 中字符串是需要通过双引号或者单引号标识的，如果直接使用双引号标识字符串，这里会出现 4 个双引号，浏览器在解析的时候就会产生错误。因而这里用了 3 种处理方式：在第一个按钮的事件处理程序中，使用单引号代替了双引号；第二个按钮使用了双引号的字符实体（"）；第三个按钮的 onclick 属性值调用了<script>中定义的 showMessage()函数。这 3 种方式都能很好地解决 HTML 预留字符带来的问题。

这种通过 HTML 属性绑定事件处理程序的方式的最大问题在于，HTML 代码与 JavaScript 代码之间存在强耦合，代码的复用性也较差，这也是很多开发者不建议使用这种方式的主要原因。

2. DOM0 级事件处理程序

微课 91

扫码观看微课视频

每个对象（包括 window 对象和 document 对象）都有一系列的事件处理程序属性，比如 onclick、onblur 等。JavaScript 中指定事件处理程序的传统方式是把一个函数赋值到这些事件处理程序属性上。需要注意的是，在使用这种方式时，事件处理程序会在元素作用域中执行，即此时 this 指向该元素。下面的代码演示了这种绑定方式的用法。

【案例 5.1.2】DOM0 级事件处理程序

下面代码通过 DOM 获取元素后，设置单击事件 onclick()函数处理 click 事件。

```
<button id="btn">点击</button>
<script>
    let btn = document.getElementById("btn");
    btn.onclick = function(){
        console.log('click'); // click
        console.log('点击元素 id 为: ' + this.id);   // btn
    }
</script>
```

这里首先使用 JavaScript 代码获取到 Web 页面中的按钮，然后在该按钮的 onclick 属性上绑定点击事件处理程序。当点击这个按钮时，控制台会输出字符串“click”，同时也会把这个按钮上的 id“btn”输出。

通过将事件处理程序属性的值设置为 null，可以移除前面添加的事件处理程序，如下面的代码所示。

```
btn.onclick = null; // 移除事件处理程序
```

此时再去点击按钮，就不会执行任何操作了。

3. DOM2 级事件处理程序

标准浏览器，包括 IE8 以上版本的 IE 浏览器，以及新版的 Firefox、Chrome 等浏览器，支持 DOM2 级的事件处理程序，具体方法包括事件的注册 addEventListener()方法和事件的移除 removeEventListener()方法。这两个方法暴露在所有 DOM 对象上，语法格式如下。

```
DOM 对象.addEventListener(type, callback, [capture]);
DOM 对象.removeEventListener(type, callback, [capture]);
```

其中，参数 type 是指 DOM 对象绑定的事件类型，去掉表 5-1 中的事件属性名前面的 on 即事件类型名，如 click、dblclick 等。参数 callback 是指事件的处理程序。参数 capture 为可选参数，它是布尔型的，如果值是 true，表示在事件捕获阶段调用事件处理程序；如果值是 false（默认值），表示在事件冒泡阶段调用事件处理程序。

【案例 5.1.3】DOM2 级事件处理程序 1

下面代码使用 DOM2 级事件处理程序，将单击事件（click）与事件处理程序添加到对应按钮的事件监听器中。

```
<button id="btn">按钮</button>
<script>
let btn = document.getElementById("btn");
btn.addEventListener("click", function(){
  console.log("click");
}, false);
</script>
```

上述代码在 id 为 btn 的按钮上绑定了 DOM2 级的事件处理程序，点击该按钮会在控制台上输出字符串“click”。

```
btn.removeEventListener("click", function(){
     console.log("click");
}, false);
```

当我们执行上面的代码后，再去点击按钮，我们发现控制台仍然会输出字符串“click”。这是因为 addEventListener()方法添加了一个匿名函数作为事件处理程序，虽然又用相同的参数调用了 removeEventListener()方法，但实际上传给两个函数的匿名函数在内存中不是同一个函数对象，所以没能移除上面监听的点击事件处理程序。

【案例 5.1.4】DOM2 移除事件处理程序 2

正确的方式是将同一个函数传给 addEventListener()方法和 removeEventListener()方法。

```
<script>
     var btn = document.getElementById('btn');
     function handler() {
          console.log('click');
     }
     btn.addEventListener('click', handler, false);
     btn.removeEventListener('click', handler, false); // 移除事件处理程序
</script>
```

4. IE 事件处理程序

在早期版本的浏览器中，也实现了事件的监听和移除，即 attachEvent() 和 detachEvent()。

事件监听的语法格式如下。

```
DOM 对象.attachEvent(type, callback);
```

事件移除的语法格式如下。

```
DOM 对象.detachEvent(type, callback);
```

在上述语法格式中，参数 type 指的是为 DOM 对象绑定的事件类型，它是由 on 与事件名称组成的，如 onclick、onfocus 等。

【案例 5.1.5】IE 事件处理程序

下面这段代码演示了早期 IE 浏览器版本在添加和移除事件监听上与现在浏览器处理的差异。

```
<script>
    function handler() {
      console.log('click');
    }
    var btn = document.getElementById('btn');
    btn.attachEvent('onclick', handler);
    btn.detachEvent('onclick', handler);
</script>
```

5.1.3 事件对象的使用

事件发生后，系统会自动创建出一个事件对象 event。通过 event，可以获取到当前所发生事件的相关信息，如触发该事件的元素、鼠标事件中鼠标指针的位置、键盘事件中当前所按下按键的键码等。

微课 94

扫码观看微课视频

1. 标准事件对象

在符合 W3C 规范的标准浏览器中，事件对象 event（也被称为标准事件对象）可以作为唯一参数传递给事件处理程序。语法格式如下。

```
DOM 对象.事件类型 = function(event){
   ......
}          // DOM0 级事件处理程序

DOM 对象.addEventListener(事件类型, function(event){
   ......
}, false)  // DOM2 级事件处理程序
```

标准事件对象 event 包含了一系列属性和方法，对于不同事件存在一些差异。所有事件都包括的常用属性和方法如表 5-3 所示。

表 5-3　标准事件对象常用属性和方法

属性名或方法名	类型	说明
bubbles	布尔型	表示事件是否冒泡
cancelable	布尔型	表示是否可以取消事件的默认行为
currentTarget	元素	当前事件处理程序所在的元素
defaultPrevented	布尔型	值为 true 表示已经调用 preventDefault()方法，false 表示未调用 preventDefault()方法
detail	整型	事件相关的其他信息

续表

属性名或方法名	类型	说明
eventPhase	整型	表示调用事件处理程序的阶段：1 代表捕获阶段，2 代表到达目标，3 代表冒泡阶段
preventDefault()	方法	用于取消事件的默认行为。只有 cancelable 为 true 才可以调用这个方法
stopPropagation()	方法	用于取消所有后续事件捕获或事件冒泡。只有 bubbles 为 true 才可以调用这个方法
target	元素	事件目标
trusted	布尔型	值为 true 表示事件是由浏览器生成的。值为 false 表示事件是由开发者通过 JavaScript 创建的
type	字符串型	被触发的事件类型

（1）取消默认行为

微课 95

扫码观看微课视频

在对某些 DOM 元素进行某种操作时，会体现出特殊的行为。如单击<a>标签，Web 页面会跳转至该标签中 href 属性指定的地址；单击表单<form>标签中的 submit 按钮，会将表单数据提交至<form>标签中 action 属性所指定的 Web 页面或服务器进行处理；右击 Web 页面的时候，会弹出浏览器的上下文菜单。这些行为都称为默认行为。

在实际开发中，有时需要进行一些条件判断，在符合要求后才执行默认行为，否则需要阻止默认行为。

【案例 5.1.6】标准事件对象取消默认行为

标准事件对象，通过 preventDefault()方法来取消默认行为。

```
<!DOCTYPE html>
<html lang="en">
<head>
    <meta charset="UTF-8">
    <meta name="viewport" content="width=device-width, initial-scale=1.0">
    <title>标准事件对象阻止默认行为</title>
</head>
<body>
<a href="http://www.ccit.js.cn/" >常州信息职业技术学院</a>
<br>
    <a id="ssbd" href="http://sd.ccit.js.cn/">软件与大数据学院</a>
</body>
<script>
     var link = document.getElementById('ssbd');
     link.addEventListener('click', function(e){
          e.preventDefault();
     }, false);
</script>
</html>
```

上述案例中有两个<a>标签，其 href 属性分别指向常州信息职业技术学院和软件与大数据学院的官网地址。正常情况下，点击这两个<a>标签，会在新标签页打开链接。但是由于 id 为“ssbd”的<a>标签添加了点击事件的事件处理程序，并调用了其事件对象上的 preventDefault()方法，所以在对这个<a>标签进行点击的时候，就不会有打开新标签页进行调整的行为出现。

（2）阻止事件冒泡

【案例 5.1.7】标准浏览器阻止事件冒泡

stopPropagation()方法用于立即阻止事件流在 DOM 树中的传播，取消后续的事件捕获或冒泡。

```
<!DOCTYPE html>
<html lang="zh">
<head>
    <meta charset="UTF-8">
    <meta name="viewport" content="width=device-width, initial-scale=1.0">
    <title>标准浏览器阻止事件冒泡</title>
    <style>
        #red {
             width: 200px;
             height: 200px;
             background: red;
        }
        #blue {
             width: 300px;
             height: 300px;
             background: blue;
        }
        #green {
             width: 400px;
             height: 400px;
             background: green;
        }
    </style>
</head>
<body>
    <div id="green">
         <div id="blue">
              <div id="red"></div>
         </div>
    </div>
</body>
<script>
     var red = document.getElementById('red');
     var blue = document.getElementById('blue');
     var green = document.getElementById('green');
```

```
    red.addEventListener('click', function(e) {
        console.log('点击了红色方块');
    })
    blue.addEventListener('click', function(e) {
        console.log('点击了蓝色方块');
        e.stopPropagation();
    })
    green.addEventListener('click', function(e) {
       console.log('点击了绿色方块');
    })
</script>
</html>
```

上面的例子中定义了红、蓝、绿 3 个色块，其中蓝色方块包含红色方块，绿色方块包含蓝色方块。3 个色块都添加了点击事件处理程序。正常情况下，如果点击最内层的红色方块，由于事件的冒泡，不仅会执行自身绑定的事件处理程序，还会触发蓝色方块和绿色方块上绑定的事件处理程序。但是，在这里蓝色方块点击事件处理程序中，调用了事件对象的 stopPropagation()方法，事件不再向上冒泡，绿色方块上的点击事件处理程序不会执行，所以最终执行结果会如图 5-4 所示，在浏览器控制台看到两条信息："点击了红色方块" 和 "点击了蓝色方块"。

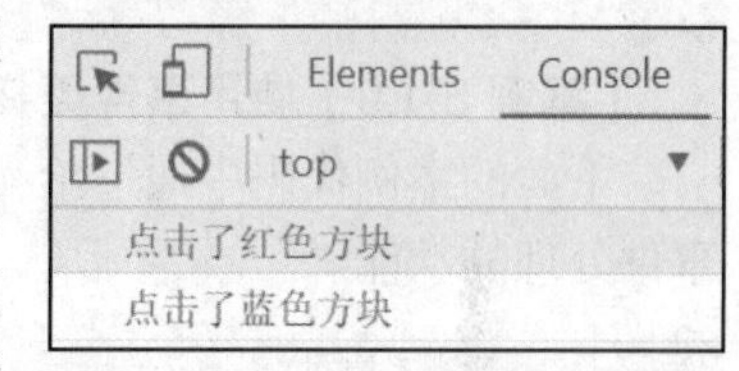

图 5-4 阻止事件冒泡执行结果

（3）事件委托

在 JavaScript 中，Web 页面中事件处理程序的数量与 Web 页面整体性能直接相关。首先，每个函数都是对象，都占用内存空间，对象越多，Web 页面整体性能越差。其次，指定事件处理程序所需访问 DOM 的次数会造成整个 Web 页面交互的延迟。使用事件委托可以解决"过多事件处理程序"的问题。

事件委托是 JavaScript 中绑定事件的常用技巧。顾名思义，"事件委托" 是把原本需要绑定在子元素的响应事件（click、keydown 等）委托给父元素，让父元素承担事件监听的工作，通过事件对象上的某些属性，就可以判断出产生该事件的元素，进而做出响应。事件委托的原理是利用事件冒泡，用一个事件处理程序来管理一种类型的事件。

【案例 5.1.8】常规方式注册单击事件

下面的案例代码中通过给 4 个按钮分别注册单击事件，实现单击事件处理功能。

```
<div class="btns">
     <button id="check">查看</button>
     <button id="add">添加</button>
     <button id="modify">修改</button>
     <button id="delete">删除</button>
</div>
<script>
  var oCheck = document.getElementById('check');
  var oAdd = document.getElementById('add');
```

```
  var oModify = document.getElementById('modify');
  var oDelete = document.getElementById('delete');
  oCheck.addEventListener('click', function(){
    console.log('查看');
  }, false);
  oAdd.addEventListener('click', function(){
    console.log('添加');
  }, false);
  oModify.addEventListener('click', function(){
    console.log('修改');
  }, false);
  oDelete.addEventListener('click', function(){
    console.log('删除');
  }, false);
</script>
```

【案例 5.1.9】使用事件委托注册单击事件

下面的案例代码中通过给 4 个按钮的父元素注册 1 次单击事件，实现单击不同按钮完成事件处理的功能。

```
<div class="btns">
    <button id="check">查看</button>
    <button id="add">添加</button>
    <button id="modify">修改</button>
    <button id="delete">删除</button>
</div>
<script>
  document.addEventListener('click', function(e){
    var target = e.target;
    switch(target.id) {
      case 'check':
        console.log('查看');
        break;
      case 'add':
        console.log('添加');
        break;
      case 'modify':
        console.log('修改');
        break;
      case 'delete':
        console.log('删除');
        break;
    }
  }, false);
</script>
```

上面两个案例分别使用常规方式和事件委托方式注册了单击事件。可以看到，通过常规方式注册单击事件时，会出现大量雷同的代码；而通过事件委托的方式，仅需要在 document 对象上注册单击事件，通过事件对象的 target 属性，找到触发事件的实际目标元素，再根据其 id 执行相对应的代码。

相对于之前的方式，事件委托具有如下优点。

- document 对象随时可用，任何时候都可以给它添加事件处理程序（不用等待 DOMContentLoaded 或 load 事件）。这意味着只要 Web 页面渲染出可点击的元素，就可以无延迟地起作用。
- 节省花在设置 Web 页面事件处理程序上的时间。只指定一个事件处理程序既可以减少 DOM 引用，也可以节省时间。
- 减少整个 Web 页面所需的内存，提升整体性能。

2. IE 事件对象

微课 96

扫码观看微课视频

在使用 IE 浏览器时，注册事件的方式不同，访问浏览器事件对象的方式也是不一样的。采用 DOM0 方式注册事件时，可以通过 window.event 来访问事件对象；而通过 attachEvent()方式或者通过 HTML 属性方式指定事件处理程序时，事件对象会作为唯一的参数传递给事件处理程序。

【案例 5.1.10】IE 事件对象的使用

下面代码演示旧版本 IE 浏览器事件对象的使用，通过输出事件对象的 type 属性可以确定触发事件的类型。

```
<div class="btns">
    <button id="add">新增</button>
    <button id="modify">修改</button>
    <button id="delete" onclick="console.log('HTML 属性方式：', event.type)">删除</button>
</div>
<script>
  var oAdd = document.getElementById('add');
  oAdd.onclick = function() {
   console.log('DOM0 方式：', window.event.type);
  };
  var oModify = document.getElementById('modify');
  oModify.attachEvent('onclick', function(event) {
   console.log('attachEvent 方式：', event.type);
  });
</script>
```

上面的案例中有 3 个按钮，分别用 3 种不同的方式（DOM0 方式、attachEvent 方式、HTML 属性方式）指定了点击事件的事件处理程序，点击按钮就能够在控制台输出其对应的字符串，执行结果如图 5-5 所示。

IE 事件对象也包含了很多属性和方法，其中一些与其事件类型相关。这里列举所有 IE 事件对象常用属性和方法，如表 5-4 所示。

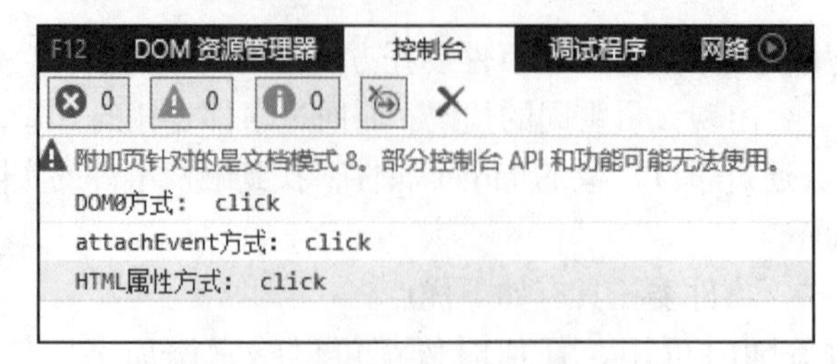

图 5-5　使用 IE 事件对象执行结果

表 5-4　IE 事件对象常用属性和方法

属性名或方法名	类型	说明
cancelBubble	布尔型	默认为 false 不阻止冒泡，设置为 true 可以阻止冒泡
returnValue	布尔型	默认为 true，允许事件默认行为，设置为 false 可以取消事件默认行为
srcElement	元素	事件目标元素
type	字符串型	触发的事件类型

（1）取消默认行为

【案例 5.1.11】IE 事件对象取消默认行为

IE 事件对象的 returnValue 属性，与标准事件对象的 preventDefault()方法作用相同，它们都用于取消给定事件默认的行为，只是在 IE 事件对象中，要把 returnValue 属性设置为 false。

```
<!DOCTYPE html>
<html lang="zh">
<head>
    <meta charset="UTF-8">
    <meta name="viewport" content="width=device-width, initial-scale=1.0">
    <title>IE 事件对象取消默认行为</title>
</head>
<body>
    <a href="http://www.ccit.js.cn/" target="_blank">常州信息职业技术学院</a>
    <br>
    <a id="ssbd" href="http://sd.ccit.js.cn/" target="_blank">软件与大数据学院</a>
</body>
<script>
     var link = document.getElementById('ssbd');
     link.attachEvent('onclick', function(event){
        event.returnValue = false;
     });
</script>
</html>
```

在这个案例中，点击<a>标签原本都可以导航至 href 指定的网站。由于 id 为“ssbd”的<a>标签添加了点击事件处理程序，并且将事件对象的 returnValue 值设置成了 false，因而在点击第二个<a>标签时，不会产生网站的跳转。

（2）阻止事件冒泡

IE 事件对象的 cancelBubble 属性与标准事件对象的 stopPropagation()方法作用一致，都可以用来阻止事件的冒泡，只是在这里需要将 cancelBubble 设置为 true 才可以阻止事件冒泡。

【案例 5.1.12】IE 事件对象阻止事件冒泡

这个代码通过 3 个嵌套的色块演示如何阻止事件冒泡。

```
<!DOCTYPE html>
<html lang="zh">
<head>
    <meta charset="UTF-8">
    <meta name="viewport" content="width=device-width, initial-scale=1.0">
    <title>IE 事件对象阻止事件冒泡</title>
    <style>
        #red {
            width: 200px;
            height: 200px;
            background: red;
        }
        #blue {
            width: 300px;
            height: 300px;
            background: blue;
        }
        #green {
            width: 400px;
            height: 400px;
            background: green;
        }
    </style>
</head>
<body>
    <div id="green">
        <div id="blue">
            <div id="red"></div>
        </div>
    </div>
</body>
<script>
    var red = document.getElementById('red');
    var blue = document.getElementById('blue');
    var green = document.getElementById('green');
    red.attachEvent('onclick', function() {
        console.log('点击了红色方块');
    })
    blue.attachEvent('onclick', function(event) {
        console.log('点击了蓝色方块');
```

```
        event.cancelBubble = true;
    })
    green.attachEvent('onclick', function() {
        console.log('点击了绿色方块');
    })
</script>
</html>
```

这个案例中从外到内嵌套了绿色方块、蓝色方块和红色方块，当点击最内层的红色方块时，触发了红色方块的点击事件处理程序，随后点击事件向上冒泡，触发蓝色方块的点击事件处理程序，由于这里将事件对象的 cancelBubble 属性设置为 true，阻止了事件的继续冒泡，所以最外层绿色方块上的点击事件处理程序没有触发。IE 事件对象阻止事件冒泡执行结果如图 5-6 所示。

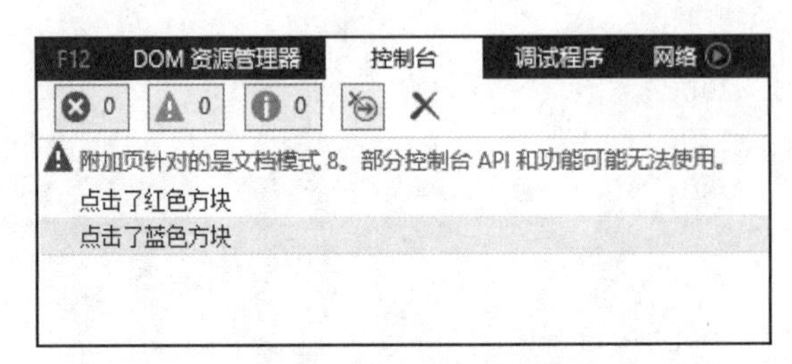

图 5-6　IE 事件对象阻止事件冒泡执行结果

思考

为什么需要标准事件对象？

拓展练习

一、单选题

1.（　　）方法可在 Chrome 浏览器中进行事件监听的同时设置事件流的处理方式。

A. attachEvent()　　B. detachEvent()
C. addEventListener()　　D. removeEventListener()

2. 下列事件中，可以在<body>内所有标签都加载完成后才触发的是（　　）。

A. load　　B. click　　C. blur　　D. focus

3. Chrome 浏览器中，可获取单击 Web 页面位置的是（　　）。

A. clientX 和 clientY　　B. pageX 和 pageY
C. screenX 和 screenY　　D. scrollLeft 和 scrollTop

4. 下列选项中不属于 JavaScript 事件绑定方式的是（　　）。

A. 行内绑定式　　B. 动态绑定式　　C. 嵌入式　　D. 事件监听

5. 下列选项中，（　　）属性可以作为标签的属性绑定事件。

A. click　　B. onclick　　C. focus　　D. onblur

6. 以下选项中不适合 JavaScript 代码与 HTML 代码相分离的是（　　）。

A. 动态绑定式　　B. 嵌入式　　C. 行内绑定式　　D. 事件监听

7. 下列选项中，（　　）可在 Chrome 浏览器中阻止事件冒泡。

A. returnValue　　B. cancelBubble

C. stopPropagation()　　D. preventDefault()

8. 单击 Web 页面按钮，被监听到并弹出提示信息的过程被称为（　　）。

A. 事件处理程序　　B. 事件驱动　　C. 事件流　　D. 事件对象

9. W3C 规定在以下哪个阶段进行事件处理（　　）。

A. 事件冒泡　　B. 事件捕获

C. 事件冒泡和事件捕获　　D. 以上说法都不正确

10. 下面关于事件的描述错误的是（　　）。

A. 事件指的是 JavaScript 监听到的行为

B. 事件处理程序指的是事件发生后执行的程序代码

C. 事件驱动指的是事件发生后的一系列处理过程

D. 以上说法都不正确

二、多选题

若事件处理程序函数的参数为 e，则以下事件对象兼容处理的方式正确的是（　　）。

A. var event= e || window.event;

B. var event = e ? e : window.event;

C. var event = e;if(!e)event = window.event;

D. 以上选项皆不正确

三、判断题

1. W3C 规定了事件发生后，首先实现事件捕获，但不对事件进行处理。（　　）
2. DOM0 级事件模型中事件不能够被传播。（　　）
3. JavaScript 中事件的发生，都会产生一个事件对象。（　　）
4. 事件驱动是指用户的行为被监听到后，执行相应的事件处理程序的过程。（　　）
5. 事件对象的 type 属性可以获取发生事件的类型。（　　）
6. DOM0 级事件模型中，同一个 DOM 对象的同一个事件只能有一个事件处理程序。（　　）
7. 在 Chrome 浏览器中，利用 addEventListener()方法可以完成事件监听。（　　）
8. 重置的事件处理程序函数的返回值若是 false，则会取消默认的重置操作。（　　）
9. 匿名函数处理的事件监听不能够被移除。（　　）
10. W3C 规定事件流的传播方式为，先事件冒泡然后事件捕获，最后事件处理。（　　）

四、填空题

1. DOM 对象在标准浏览器中调用（　　）方法可以移除 DOM 对象的事件监听。
2. （　　）是指 JavaScript 为响应用户行为所执行的程序代码。
3. （　　）可给同一个 DOM 对象的同一个事件添加多个事件处理程序。
4. JavaScript 提供了 3 种事件的绑定方式，分别为行内绑定式、动态绑定式和（　　）的方式。

5. 事件流传播的顺序为从 DOM 树的根节点到发生事件的元素节点的事件流处理方式称为（　　）方式。

6.（　　）指的是为某个元素对象的事件绑定事件处理程序。

7. 事件在发生事件的元素节点与 DOM 树根节点之间传播的过程可称为（　　）。

8. 事件对象调用（　　）属性可获取按下“Enter”键时对应的码值。

5.2 常用事件的实现

浏览器中可以发生很多种事件，按照 W3C 规范，常用的事件可以分为以下几种。

- 用户界面事件（UIEvent）：涉及与 BOM 交互的通用浏览器事件。
- 焦点事件（FocusEvent）：在元素获得和失去焦点时触发。
- 鼠标事件（MouseEvent）：使用鼠标在 Web 页面上执行某些操作（如单击、双击等）时触发。
- 键盘事件（KeyboardEvent）：使用键盘在 Web 页面上执行某些操作时触发。
- 表单事件（FormEvent）：对表单进行某些操作（如重置、提交等）时触发。

5.2.1 用户界面事件

用户界面事件在 DOM 规范出现之前就已经存在了，这类事件不一定跟用户操作相关。常用的用户界面事件有以下几个：load 事件、beforeUnload 事件、unload 事件、resize 事件和 scroll 事件等。

1. load 事件

触发 load 事件的几种情况如下：

- 在 window 对象上当 Web 页面加载完成后触发；
- 在窗套（frameset）上当所有窗格（frame）加载完成后触发；
- 在<img>标签上当图片加载完成后触发；
- 在<object>标签上当相应对象加载完成后触发。

【案例 5.2.1】load 事件的使用

```
<!DOCTYPE html>
<html lang="zh">
<head>
  <meta charset="UTF-8">
  <meta name="viewport" content="width=device-width, initial-scale=1.0">
  <title>load 事件的使用</title>
  <script>
    window.addEventListener('load', function(e) {
      var btn = document.getElementById('btn');
      btn.addEventListener('click', function(){
        alert('welcome');
      }, false);
    }, false);
  </script>
</head>
```

```
<body>
  <button id="btn">welcome</button>
</body>
</html>
```

HTML 文件可以在<head>标签或<body>标签内插入 JavaScript 代码，上面的案例在<head>标签内插入了一段 JavaScript 代码，并在按钮上注册 click 事件，使得这个按钮在被点击时，能够弹出内容为“welcome”的对话框，如图 5-7 所示。

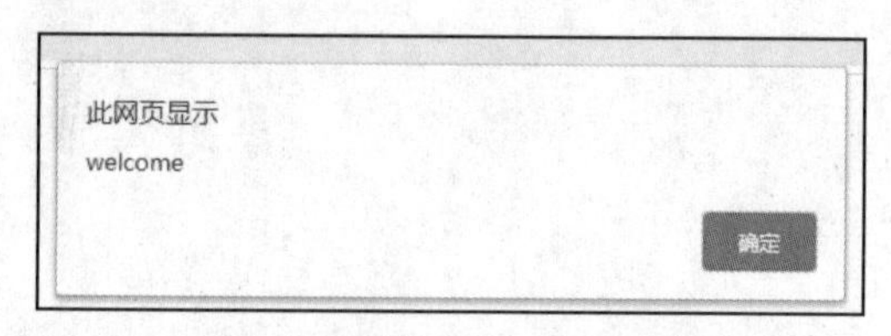

图 5-7 弹出 welcome 对话框

如果这里不在 window 对象上注册 load 事件，那么因为浏览器是自上而下进行解析的，当解析到<script>标签时，代码需要去找 id 为 btn 的按钮，而该按钮还未被浏览器解析，所以 JavaScript 代码执行到这儿就会找不到这个按钮，从而报错，如图 5-8 所示。

图 5-8 未注册 load 事件报错

2. beforeUnload 事件

beforeUnload 事件在 Web 页面关闭（卸载）或刷新时被触发，事件触发的时候弹出一个有“离开此页”和“留在此页”按钮的对话。

微课 97

扫码观看微课视频

【案例 5.2.2】beforeUnload 事件的使用

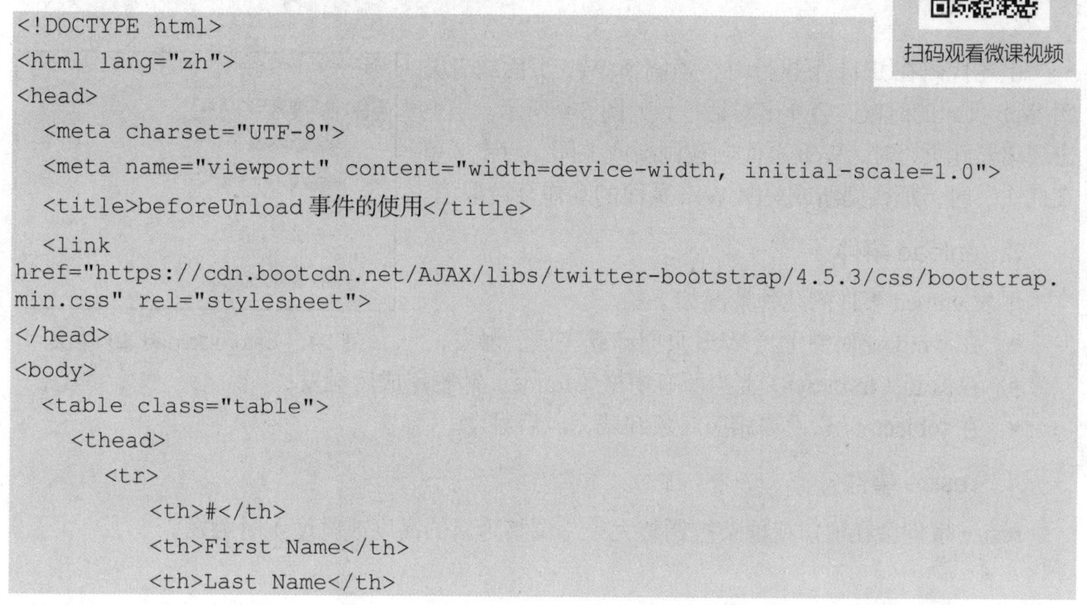

```
<!DOCTYPE html>
<html lang="zh">
<head>
  <meta charset="UTF-8">
  <meta name="viewport" content="width=device-width, initial-scale=1.0">
  <title>beforeUnload 事件的使用</title>
  <link
href="https://cdn.bootcdn.net/AJAX/libs/twitter-bootstrap/4.5.3/css/bootstrap.
min.css" rel="stylesheet">
</head>
<body>
  <table class="table">
    <thead>
      <tr>
          <th>#</th>
          <th>First Name</th>
          <th>Last Name</th>
```

```
          <th>Username</th>
        </tr>
      </thead>
      <tbody>
        <tr>
          <th scope="row">1</th>
          <td>Mark</td>
          <td>Otto</td>
          <td>@mdo</td>
        </tr>
        <tr>
          <th scope="row">2</th>
          <td>Jacob</td>
          <td>Thornton</td>
          <td>@fat</td>
        </tr>
        <tr>
          <th scope="row">3</th>
          <td>Larry</td>
          <td>the Bird</td>
          <td>@twitter</td>
        </tr>
      </tbody>
    </table>
    <script>
        window.addEventListener('beforeUnload', function(){
          return "确定要离开本 Web 页面吗？";
      }, false);
    </script>
</body>
</html>
```

上述代码在 IE11 下执行时，当刷新 Web 页面或者关闭 Web 页面的时候，会弹出对话框，如图 5-9 所示。当点击“离开此页”时，Web 页面会被刷新或关闭，点击“留在此页”时，那么刷新或关闭 Web 页面的动作会被取消。

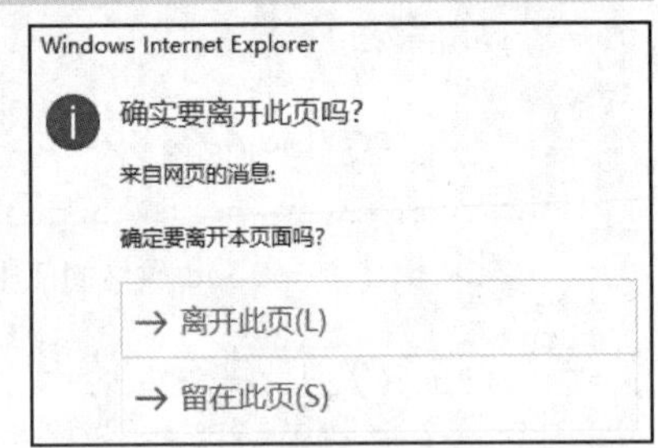

图 5-9　beforeUnload 事件触发

3．unload 事件

触发 unload 事件的几种情况如下：

- 在 window 对象上当 Web 页面卸载完成后触发；
- 在窗套（frameset）上当所有窗格（frame）卸载完成后触发；
- 在<object>元素上当相应对象卸载完成后触发。

4．resize 事件

resize 事件会在窗口或框架被调整大小（调整为新的高度或宽度）时触发。

5. scroll 事件

一般都要给 window、document、<body>标签绑定滚动事件以监听窗口。但是需要注意：不管给谁绑定，窗口的 scrollTop 值都是通过 document.body 来获取的，即 document.body.scrollTop；window 和 document 是没有 scrollTop 值的。

当监听普通盒子的 scroll 事件时需要注意以下几点。

- 盒子必须有滚动条，可以理解为盒子的内容高度超过盒子本身。同时要给盒子设置 overflow:scroll 或 auto 属性，这样盒子才能滚动。
- 当滚动到尽头时，有这样一个关系式：this.scrollTop + this.offsetHeight == this.scrollHeight。可以根据此关系式做很多事情，如判断盒子内容是否已完全展示出来。

微课 98

扫码观看微课视频

【案例 5.2.3】scroll 事件的使用

下面的代码演示在 Web 页面上拖动滚动条时相关属性值的变化。

```
<!DOCTYPE html>
<html lang="zh">
<head>
  <meta charset="UTF-8">
  <meta name="viewport" content="width=device-width, initial-scale=1.0">
  <title>scroll 事件</title>
  <style>
    html,body {
      height: 100%;
      overflow: auto;
    }
    #block {
      height: 2000px;
    }
    #wrapper {
      background: green;
      overflow: auto;
      height: 200px;
      width: 300px;
    }
    #inner {
      height: 400px;
    }
  </style>
</head>
<body>
  <div id="block">
    <div id="wrapper">
      <div id="inner"></div>
    </div>
  </div>
  <script>
```

```
    document.body.addEventListener('scroll', function(e){
      console.log('scrollTop值为：', document.body.scrollTop);
    }, false);
    var wrapper = document.getElementById('wrapper');
    wrapper.addEventListener('scroll', function(e){
      console.log(this.scrollTop, this.offsetHeight, this.scrollHeight);
      console.log('是否滚动到底部：', this.scrollTop + this.offsetHeight ==
this.scrollHeight);
    }, false);
  </script>
</body>
</html>
```

如上述代码所示，通过 CSS 设置，在<body>标签和 id 为 wrapper 的<div>元素上生成了垂直滚动条。当拖动<body>标签上的滚动条时，通过 document.body.scrollTop 输出当前<body>标签内容顶部（卷起来的）到它的视口可见内容（的顶部）的距离。当拖动 id 为 wrapper 的<div>标签上的垂直滚动条时，调试窗口会输出当前的 scrollTop、offsetHeight 和 scrollHeight。当拖动到底部时，this.scrollTop + this.offsetHeight == this.scrollHeight。

下面介绍如何辨别 clientHeight、offsetHeight、scrollHeight、scrollTop 和 offsetTop 等容易混淆的属性。

每个 HTML 元素都具有 clientHeight、offsetHeight、scrollHeight、scrollTop 和 offsetTop 这 5 个和元素高度、滚动、位置相关的属性。其中 clientHeight 和 offsetHeight 属性和元素的滚动位置没有关系，它代表元素的高度。

clientHeight、clientWidth：元素内部的高度、宽度（单位：px），包括外边距，但不包括边框、水平滚动条、内边距。对于没有定义 CSS 或者内联布局盒子的元素，这个属性一直是 0。clientHeight、clientWidth 示意如图 5-10 所示。

offsetHeight、offsetWidth：元素内部的高度、宽度（单位：px），包括元素的边框、内边距和元素的水平滚动条（如果存在且渲染的话）。如果元素被隐藏（例如，元素或者元素的父元素的 style.display 被设置为 none），则返回 0。offsetHeight、offseWidth 示意如图 5-11 所示。

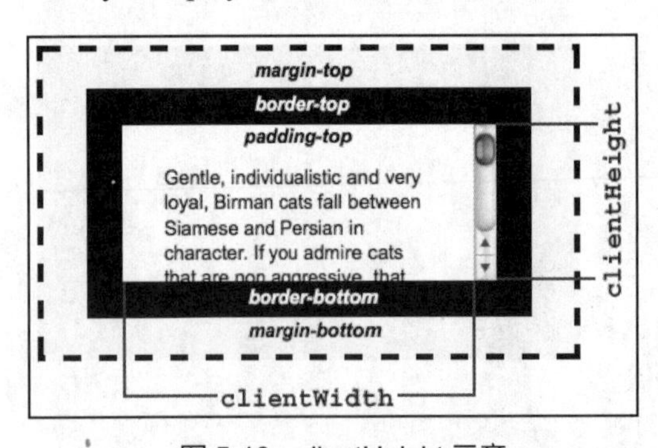

图 5-10　clientHeight 示意

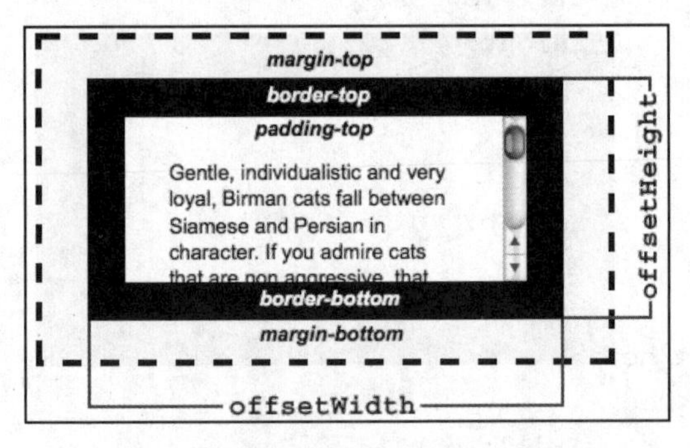

图 5-11　offsetHeight 示意

scrollHeight：因为子元素比父元素高，父元素不想被子元素撑得一样高就显示出了滚动条，在滚动的过程中本元素有部分被隐藏了，scrollHeight 代表当前元素的高度，包括由于 overflow 而不可见的部分，如图 5-12 所示。

scrollTop：代表在有滚动条时，滚动条向下滚动的距离，也就是元素顶部被遮住部分的高度。

offsetTop：它返回本元素相对于其父元素的顶部内边框的距离，如图 5-13 所示。

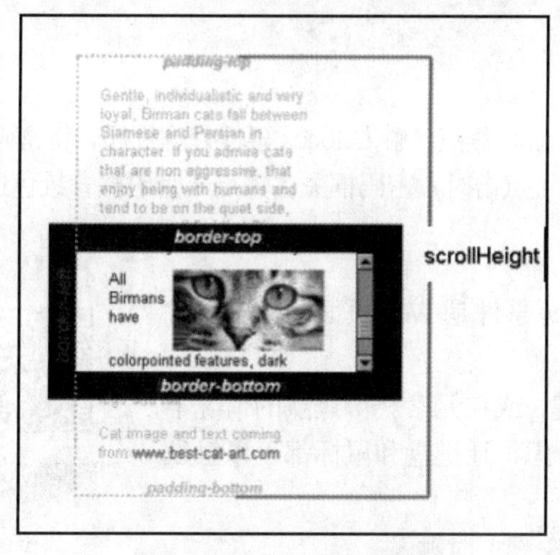

图 5-12 scrollHeight 示意

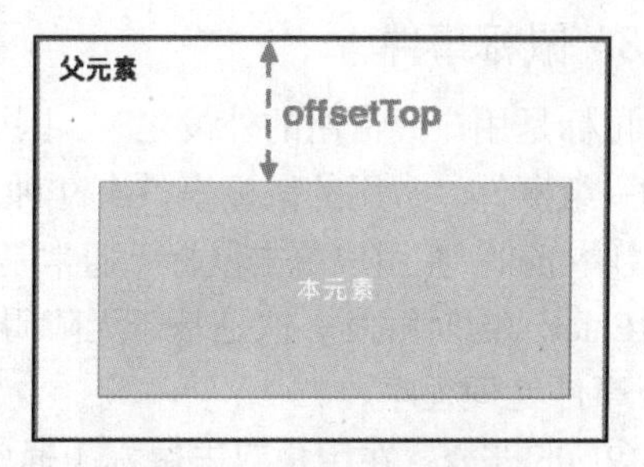

图 5-13 offsetTop 示意

5.2.2 焦点事件

微课 99

扫码观看微课视频

焦点事件在 Web 页面元素获得或失去焦点时触发。常用的焦点事件有以下几种。

① blur：当元素失去焦点时触发。这个事件不冒泡。

② focus：当元素获得焦点时触发。这个事件不冒泡。

③ focusout：当元素失去焦点时触发。这个事件是 blur 的冒泡版。

④ focusin：当元素获得焦点时触发。这个事件是 focus 的冒泡版。

【案例 5.2.4】焦点事件的使用

下面这段代码用于演示在登录 Web 页面中密码框获得和失去焦点时的样式变化。

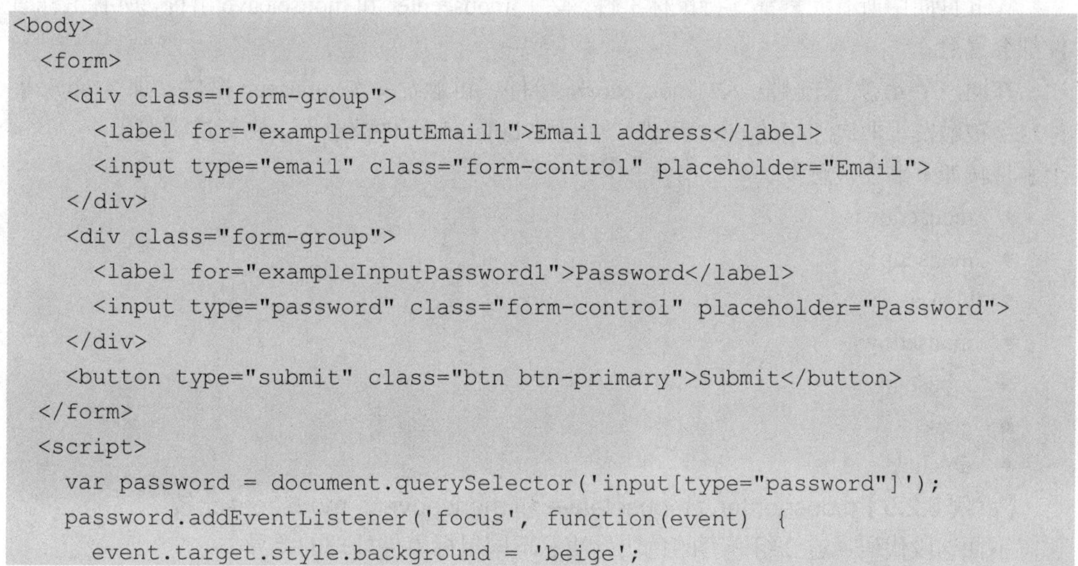

```
<body>
  <form>
    <div class="form-group">
      <label for="exampleInputEmail1">Email address</label>
      <input type="email" class="form-control" placeholder="Email">
    </div>
    <div class="form-group">
      <label for="exampleInputPassword1">Password</label>
      <input type="password" class="form-control" placeholder="Password">
    </div>
    <button type="submit" class="btn btn-primary">Submit</button>
  </form>
  <script>
    var password = document.querySelector('input[type="password"]');
    password.addEventListener('focus', function(event)  {
      event.target.style.background = 'beige';
```

```
    });
    password.addEventListener('blur',function (event)  {
      event.target.style.background = '';
    });
  </script>
</body>
```

在这个案例中，当点击密码框时，密码框获得焦点，触发 focus 事件处理程序，将密码框的背景色设置为 beige，而当在 Web 页面其他位置点击时，密码框失去焦点，密码框背景色还原。

5.2.3 鼠标事件

微课 100

扫码观看微课视频

鼠标是用户最常用的外设之一，因此鼠标事件是 Web 页面开发中最常用的一组事件。常用的鼠标事件有 9 种。

① click：在用户单击鼠标（通常是左键）或在元素获得焦点的情况下按“Enter”键时触发。这是基于无障碍的考虑，让键盘和鼠标都可以触发 click 事件处理程序。

② dblclick：在用户双击鼠标（通常是左键）时触发。

③ mousedown：在用户按下任意鼠标时触发。

④ mouseenter：在用户把鼠标从元素外部移到元素内部时触发。这个事件不冒泡。当鼠标经过后代元素时，不会触发该事件。

⑤ mouseleave：在用户把鼠标从元素内部移到元素外部时触发。这个事件不冒泡。当鼠标经过后代元素时，不会触发该事件。

⑥ mousemove：在鼠标在元素上移动时反复触发。

⑦ mouseout：在用户把鼠标从一个元素移动到另一个元素上时触发。移动到原始元素的父元素或子元素时也会触发。

⑧ mouseover：在用户把鼠标从元素外部移到元素内部时触发。

⑨ mouseup：在用户释放鼠标时触发。

Web 页面中所有元素都支持鼠标事件。除了 mouseenter 和 mouseleave 事件，所有鼠标事件都会冒泡。

在同一个元素上先触发一次 mousedown 事件，再触发一次 mouseup 事件，那么 click 事件也会被触发。两次连续的 click 事件，会导致 dblclick 事件被触发。在标准浏览器中，这 4 个事件按如下顺序被触发。

- mousedown；
- mouseup；
- click；
- mousedown；
- mouseup；
- click；
- dblclick。

【案例 5.2.5】mouseenter、mouseleave 和 mouseover、mouseout 比较

下面这段代码通过 2 组嵌套的色块，演示不同鼠标事件处理的差异。

```
<!DOCTYPE html>
<html lang="zh">
<head>
  <meta charset="UTF-8">
  <meta name="viewport" content="width=device-width, initial-scale=1.0">
  <title>mouseenter、mouseleave 和 mouseover、mouseout 比较</title>
  <style>
    .wrapper {
      display: flex;
    }
    .green {
      position: relative;
      width: 300px;
      height: 300px;
      background: green;
      margin: 60px;
    }
    .red {
      position: absolute;
      top: 50%;
      left: 50%;
      margin-left: -100px;
      margin-top: -100px;
      width: 200px;
      height: 200px;
      background: red;
    }
  </style>
</head>
<body>
  <div class="wrapper">
    <div class="green" id="block1">
      <div class="red"></div>
    </div>
    <div class="green" id="block2">
      <div class="red"></div>
    </div>
  </div>
  <script>
    var block1 = document.getElementById('block1');
    block1.addEventListener('mouseenter', function(e){
      console.log('block1: mouseenter');
    }, false);
    block1.addEventListener('mouseleave', function(e){
      console.log('block1: mouseleave');
    }, false);
```

```
    var block2 = document.getElementById('block2');
    block2.addEventListener('mouseover', function(e){
      console.log('block2: mouseover');
    }, false);
    block2.addEventListener('mouseout', function(e){
      console.log('block2: mouseout');
    }, false);
    </script>
</body>
</html>
```

通常情况下，mouseenter 和 mouseleave 配合使用，mouseover 和 mouseout 配合使用。如上述代码所示，两个同样的绿色大方块（简称绿色块）中各有一个红色小方块（简称红色块），第一个绿色块绑定 mouseenter 和 mouseleave 事件，第二个绿色块绑定 mouseover 和 mouseout 事件。

鼠标指针从左往右移动经过第一个绿色块，刚进入绿色块时，触发 mouseenter 事件，输出 block1: mouseenter；经过红色块时，不会触发任何事件；当鼠标指针离开绿色块时，触发 mouseleave 事件，输出 block1: mouseleave。具体执行结果如图 5-14 所示。

鼠标指针从左往右移动经过第二个绿色块，刚进入绿色块时，触发 mouseover 事件，输出 block2: mouseover；进入红色块时，首先触发 mouseout 事件，输出 block2: mouseout，然后触发 mouseover 事件，输出 block2: mouseover；当鼠标指针离开红色块，重新进入绿色块时，首先触发 mouseout 事件，输出 block2: mouseout，然后触发 mouseover 事件，输出 block2: mouseover；最后当鼠标指针离开绿色块时，触发 mouseout 事件，输出 block2: mouseout。具体执行结果如图 5-15 所示。

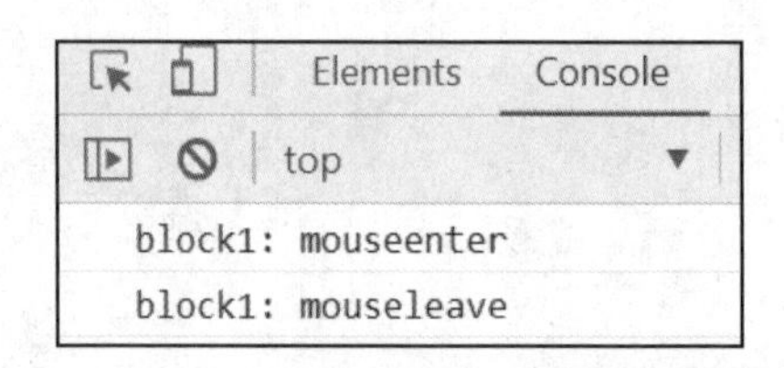

图 5-14　鼠标经过第一个绿色块

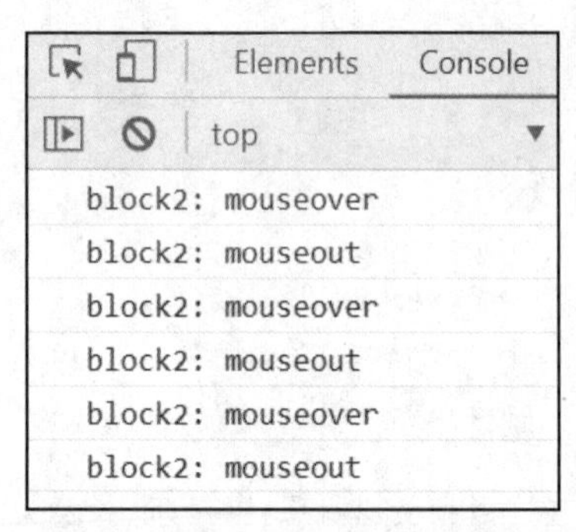

图 5-15　鼠标经过第二个绿色块

5.2.4　键盘事件

微课 101

扫码观看微课视频

用户在操作键盘的时候会触发键盘事件。常见的键盘事件有以下几个。

① keydown：在用户按下键盘上某个键时触发，持续按住会重复触发。

② keypress：在用户按下键盘上某个字符键时触发，持续按住会重复触发。按下“Esc”键也会触发这个事件。该事件在 DOM3 Events 规范被废弃，建议使用 textInput 事件。

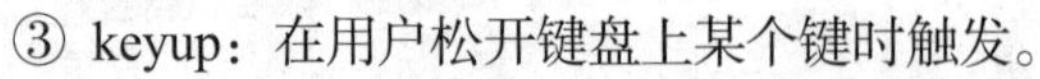

③ keyup：在用户松开键盘上某个键时触发。

④ textInput：输入事件，是对 keypress 事件的扩展，在文本被插入文本框之前被触发。

对于 keydown 和 keyup 事件，事件对象 event 的 keyCode 属性会保存键码。当事件触发时，如果按下的键是字母和数字键，keyCode 的值与大写字母和数字的 ASCII 一致，如字母 A 的 keyCode 为 65，数字 1 的 keyCode 为 49。表 5-5 给出了键盘上所有非字符键的键码。

表 5-5　非字符键键码

键	键码	键	键码
退格（Backspace）	8	数字小键盘 3	99
制表（Tab）	9	数字小键盘 4	100
回车（Enter）	13	数字小键盘 5	101
上档（Shift）	16	数字小键盘 6	102
控制（Ctrl）	17	数字小键盘 7	103
Alt	18	数字小键盘 8	104
暂停/中断（Pause/Break）	19	数字小键盘 9	105
大写锁定（Caps Lock）	20	数字小键盘加号	107
退出（Esc）	27	数字小键盘及大键盘上的减号	109
上翻页（Page Up）	33	数字小键盘小数点	110
下翻页（Page Down）	34	数字小键盘 /	111
结尾（End）	35	F1	112
开头（Home）	36	F2	113
左箭头（Left Arrow）	37	F3	114
上箭头（Up Arrow）	38	F4	115
右箭头（Right Arrow）	39	F5	116
下箭头（Down Arrow）	40	F6	117
插入（Insert）	45	F7	118
删除（Delete）	46	F8	119
左 Windows 键	91	F9	120
右 Windows 键	92	F10	121
上下文菜单键	93	F11	122
数字小键盘 0	96	F12	123
数字小键盘 1	97	数字锁（Num Lock）	144
数字小键盘 2	98	滚动锁（Scroll Lock）	145

对于 textInput 事件，它与 keypress 事件的区别主要有两处。第一，textInput 事件只在可编辑区域触发，而 keypress 事件可以在任何能获得焦点的元素上触发。第二，textInput 事件只有在新字符被插入时才触发，而 keypress 事件对任何可能影响文本的键（包括 Backspace 键）都会触发。

另外，对于 textInput 事件，其事件对象 event 有一个属性 data，表示要插入的字符。如果按下按键“A”，那么 data 的值为 a；如果同时按下“Shift”键和“A”键，那么 data 的值为 A。

【案例 5.2.6】键盘事件

下面这段代码演示 keyup 事件与 textInput 事件处理的差异。

```
<!DOCTYPE html>
<html lang="zh">
<head>
  <meta charset="UTF-8">
  <meta name="viewport" content="width=device-width, initial-scale=1.0">
  <title>键盘事件</title>
  <link href="https://cdn.bootcdn.net/AJAX/libs/twitter-bootstrap/3.4.1/css/
bootstrap.css" rel="stylesheet">
  <style>
    form {
      width: 400px;
      margin: 20px;
    }
  </style>
</head>
<body>
  <form>
    <div class="form-group">
      <label for="exampleInputEmail1">Email address</label>
      <input type="email" class="form-control" placeholder="Email">
    </div>
    <div class="form-group">
      <label for="exampleInputPassword1">Password</label>
      <input type="password" class="form-control" placeholder="Password">
    </div>
    <button type="submit" class="btn btn-primary">Submit</button>
  </form>
  <script>
    var email = document.querySelector('input[type="email"]');
    var password = document.querySelector('input[type="password"]');
    email.addEventListener('keyup', (event) => {
      console.log(event.keyCode);
    });
    password.addEventListener('textInput', (event) => {
      console.log(event.data);
    });
  </script>
</body>
</html>
```

当在文本框中按下“A”键，控制台没有输出，松开“A”键后，控制台输出 65。同时按下“Shift”键和“A”键，控制台同样没有输出，松开“Shift”键和“A”键后，控制台同样输出 65，如图 5-16 所示。

当在 password 输入框中按下“A”键，控制台输出 a，同时按下“Shift”键和“A”键，控制台输出 A，如图 5-17 所示。

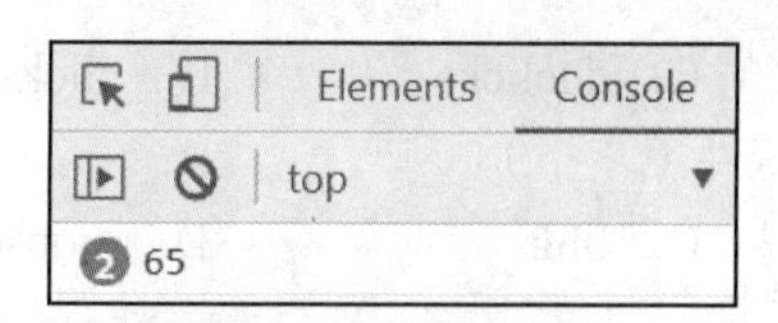

图 5-16 keyup 事件

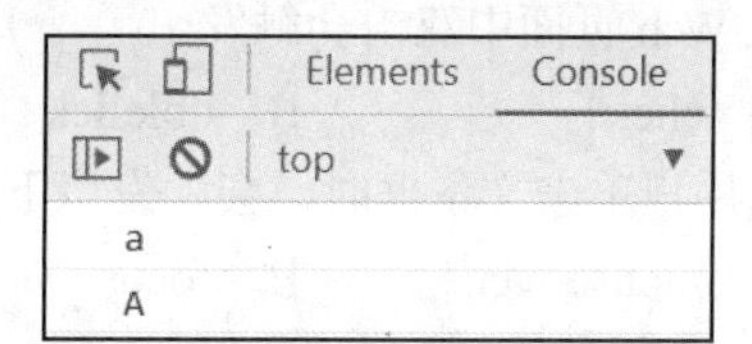

图 5-17 textInput 事件

5.2.5 表单事件

表单在 Web 页面中主要负责数据采集功能，在表单中常见的操作有表单提交和表单重置，因而在表单中可以注册提交事件和重置事件。

提交（submit）事件：当“提交”按钮被点击时触发。

重置（reset）事件：当“重置”按钮被点击时触发。

【案例 5.2.7】表单事件

```
//Web 页面代码与案例 5.2.6 相同
<script>
  var form = document.getElementById('form');
  form.addEventListener('submit', function(e){
    console.log('表单已提交');
    e.preventDefault();
  }, false);
  form.addEventListener('reset', function(){
    console.log('表单已重置');
  }, false);
</script>
```

在这个案例中，表单上添加了提交事件和重置事件。当点击“提交”按钮时，会输出“表单已提交”，如图 5-18 所示。实际开发中，在表单提交之前会对表单进行前端校验，若不满足提交的要求，可以使用事件对象的 preventDefault()方法阻止表单提交。

当点击重置按钮时，会输出“表单已重置”，如图 5-19 所示。

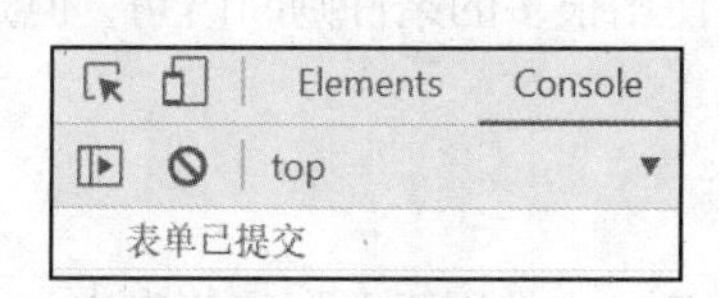

图 5-18 提交事件

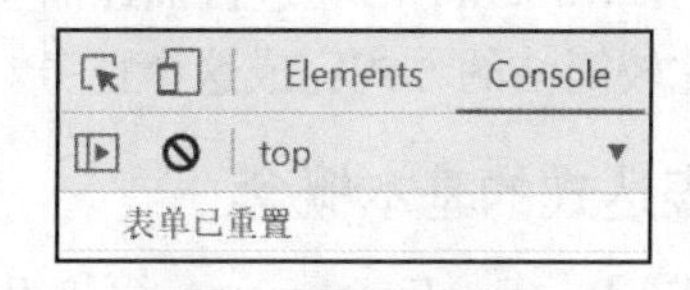

图 5-19 重置事件

拓展练习

一、单选题

1. 下列事件中，不会发生冒泡的是（　　）。

A. click　　B. mouseout　　C. blur　　D. keyup

2. 事件（　　）可监听用户在某元素内连续移动的行为。

A. mouseover　　B. mouseout　　C. mouseup　　D. mousemove

3. 在 Web 页面中双击会触发（　　）事件。

A. click　　B. dblclick　　C. dbclick　　D. clicks

4. 当用户单击文本框时，会触发以下哪种事件（　　）。

A. mouseover　　B. focus　　C. blur　　D. mouseout

二、多选题

若<form>标签上绑定了 submit 事件，则单击（　　）会触发此事件。

A. <button>提交</button>　　B. <input type="button" value="提交">

C. <input type="submit" value="提交">　　D. 以上答案都不正确

三、判断题

1. JavaScript 中焦点事件都不会发生事件冒泡，如 focus 和 blur。（　　）
2. 当下拉菜单中只有一个选项时不会触发 change 事件。（　　）
3. 当 Web 页面中文本框失去焦点触发 blur 事件时不会发生事件冒泡。（　　）
4. 事件 keypress 和 keydown 在发生时，保存的按键值都是键码。（　　）
5. submit 事件不能被绑定到表单元素上，否则该事件不会生效。（　　）
6. 被绑定到<button>标签上的 submit 事件，在表单提交时触发。（　　）
7. 键码中只有数字和字母与 ASCII 表中的编号相同。（　　）
8. submit 事件被触发浏览器就会向服务器提交表单数据。（　　）

四、填空题

1. JavaScript 中，文本框失去焦点时会触发（　　）事件。
2. 事件（　　）可监听用户拖曳用户登录框的行为。
3. 当按下并释放任意鼠标按键时触发（　　）事件。

5.3 正则表达式

在实际的项目中，表单提交是非常常用的操作。通常在提交表单前，需要对表单元素进行校验，比如校验邮箱地址格式、校验身份证号码、校验手机号码等。这些校验规则繁多而复杂，用常规的 JavaScript 语句进行描述需要使用很多的条件判断语句，但是使用正则表达式，就可以以比较简洁的方式完成这个任务。

5.3.1 正则表达式的基本概念

正则表达式（Regular Expression，简称 RegExp）是用于匹配字符串中字符组合的模式，是用事先定义好的一些特定字符及这些特定字符的组合，组成“规则字符串”，“规则字符串”用来表达对字符串的过滤逻辑。

微课 103

扫码观看微课视频

正则表达式的优点：很强的灵活性、逻辑性和功能性；可以用极简单的方式实现对字符串的复杂控制。但是正则表达式通常比较晦涩难懂，所以在实际开发中一般会复制现有的正则表达式进行使用，当然在某些场景下也需要能够根据实际情况编写或修改正则表达式。

给定正则表达式和字符串，我们可以完成查找、匹配、替换等任务。在 JavaScript 中，正则表达式也是对象。它可以被用于 RegExp 的 exec()方法和 test()方法，以及 String 的 match()方法、matchAll()方法、replace()方法、search()方法和 split()方法。

5.3.2 创建正则对象

微课 104

扫码观看微课视频

在使用正则表达式之前，需要创建正则对象。

创建正则对象的方式有两种。

- 使用构造函数，命令为 new RegExp()函数。在脚本执行过程中，用构造函数 RegExp()创建的正则表达式会被编译。如果正则表达式将会发生改变，或者它将会从用户输入等来源中动态地产生，就需要使用构造函数来创建正则表达式。
- 使用正则表达式字面量进行创建。当正则表达式保持不变时，使用此方法可获得更好的性能。

语法格式如下。

```
//)构造函数
var expression1 = new RegExp("表达式","模式修饰符")
// 字面量方式
var expression2 = /表达式/模式修饰符
```

这里的表达式可以是任何简单或复杂的正则表达式，包括字符类、边界符、分组、向前查找和反向引用，由元字符和文本字符组成。

元字符包括：

```
( [ { \ ^ $ | ) ] } ? * + .
```

它们在正则表达式中有一种或多种特殊功能，后面会详细讲解。

文本字符是普通的文本，如字母和数字等。

每个正则表达式可以带零个或多个模式修饰符，用于控制正则表达式的行为。JavaScript 支持的模式修饰符如表 5-6 所示。

表 5-6 模式修饰符

模式修饰符	说明
g	全局模式，表示查找字符串的全部内容，而不是找到第一个匹配的内容就结束
i	忽略大小写模式，表示在查找匹配时忽略表达式和字符串的大小写
m	多行模式，表示查找到一行文本末尾时会继续查找
y	黏附模式，表示只查找 lastIndex 及之后的字符串
u	Unicode 模式，启用 Unicode 匹配
s	dotAll 模式，表示元字符.匹配任何字符（包括\n 和\r）

表 5-6 中的模式修饰符，可以根据实际需求组合在一起使用，多个模式修饰符进行组合时没有顺序要求。例如 gi 表示需要进行全局匹配，同时需要忽略字符串的大小写。

创建出的正则对象拥有一系列的属性，提供有关正则表达式各方面的信息。正则对象属性说明如表 5-7 所示。

表 5-7　正则对象属性

属性	说明
global	布尔值，表示是否设置了 g 模式修饰符
ignoreCase	布尔值，表示是否设置了 i 模式修饰符
unicode	布尔值，表示是否设置了 u 模式修饰符
sticky	布尔值，表示是否设置了 y 模式修饰符
lastIndex	整数，表示在源字符串中下一次搜索的开始位置，始终从 0 开始
multiline	布尔值，表示是否设置了 m 模式修饰符
dotAll	布尔值，表示是否设置了 s 模式修饰符
source	正则表达式的字面量字符串（不是传递给构造函数的模式字符串），没有开头和结尾的斜线
flags	正则表达式的标记字符串

正则对象也有一系列方法，常用的有 test()、exec()。test()方法用于检测一个字符串是否匹配某个正则表达式，如果匹配则返回 true，否则返回 false。exec()方法也用于检测一个字符串是否匹配某个正则表达式，但是如果匹配，返回的是包含第一个匹配信息的数组，如果没有匹配项，返回 null。

【案例 5.3.1】初识正则表达式

```
var str = "await Async";
var reg1 = new RegExp("a", "gi");
var reg2 = /a/gi;
console.log(reg1.test(str));// true
console.log(reg2.test(str));// true
console.log(reg1.exec(str)); // ["a", index:0, input:"await Async",groups:
undefined]
console.log(reg2.exec(str)); // ["a", index:2, input:"await Async",groups:
undefined]
```

在上述代码中，正则表达式 reg1 和 reg2 都用于匹配字符串中的 a 字符，模式修饰符 g 表示全局模式，i 表示忽略大小写模式。因此给定的字符串“await Async”能够与 reg1 和 reg2 相匹配，返回 true。exec()方法虽然返回的是一个数组，但包含额外的属性：index 和 input。index 是字符串中匹配模式的起始位置，input 是要查找的字符串。这里 index 为 0，因为首次调用 exec()方法时，匹配的是索引为 0 的字符 a。由于这里设置了模式修饰符 g，如果再次调用 exec()方法，input 将指向 2。执行结果如图 5-20 所示。

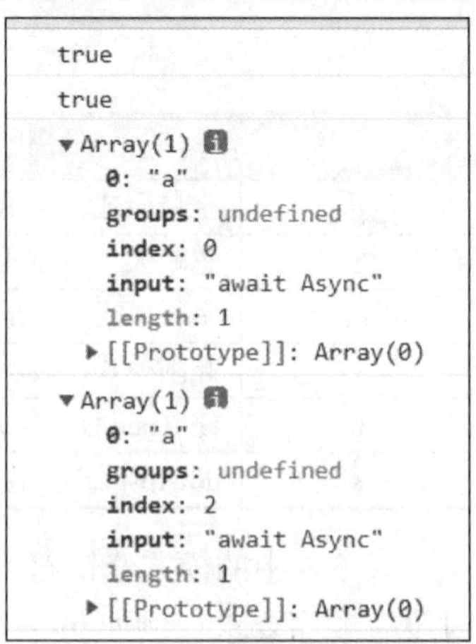

图 5-20　初识正则表达式

5.3.3　边界符

正则表达式中的边界符用来描述字符串或单词的边界。常用的边界符如表 5-8 所示。

表 5-8　常用的边界符

边界符	说明
^	匹配输入字符串开始的位置
$	匹配输入字符串结尾的位置
\b	匹配单词边界。如/\bccit/可以匹配“in ccit”，结果为“ccit”
\B	匹配非单词边界。如/\Bccit/不能匹配“in ccit”，结果为 null

正则表达式中不区分数字型和字符串型，不需要使用引号标识。为了让读者能够更好地理解边界符的用法，我们通过示例代码来进行讲解。

微课 105

扫码观看微课视频

【案例 5.3.2】边界符的使用

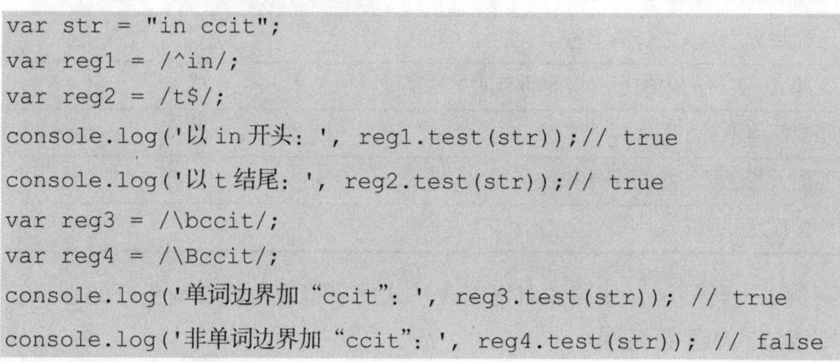

```
var str = "in ccit";
var reg1 = /^in/;
var reg2 = /t$/;
console.log('以 in 开头：', reg1.test(str));// true
console.log('以 t 结尾：', reg2.test(str));// true
var reg3 = /\bccit/;
var reg4 = /\Bccit/;
console.log('单词边界加“ccit”：', reg3.test(str)); // true
console.log('非单词边界加“ccit”：', reg4.test(str)); // false
```

在上述代码中，reg1 表示匹配以“in”开头的字符串，因而能够与 str 匹配成功。reg2 表示匹配以“t”结尾的字符串，因而也能与 str 匹配成功。reg3 表示匹配一个单词边界加“ccit”的字符串，reg4 表示匹配一个非单词边界加“ccit”的字符串。而字符串 str 中“in”和“ccit”之间有一个空格，存在单词边界，所以 reg3 能够与 str 匹配，reg4 则不能与 str 匹配。执行结果如图 5-21 所示。

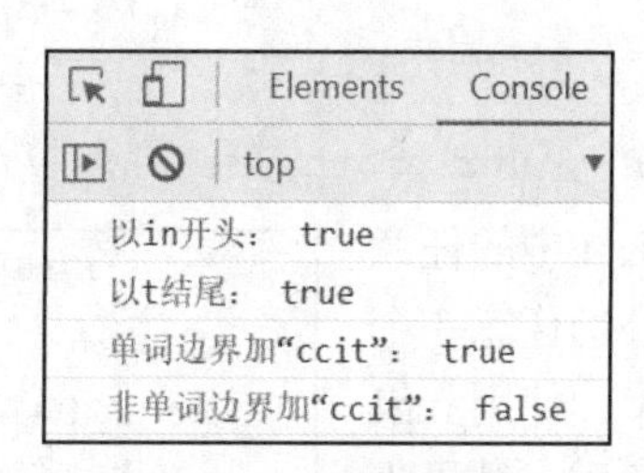

图 5-21　边界符的使用

素养课堂

心灵的边界

你的精神世界有多大，你的视野、你的事业就有多大。一个人事业的边界在内心，要想保证事业的边界不断突破，就必须突破你心灵的边界，而学习，是唯一的途径……

5.3.4　字符范围

在使用正则表达式时，常常需要在一定范围内去匹配字符。选择符“|”可以理解为“或”，

即两项任意匹配一项；“[]” 表明匹配字符集，用于定义匹配的字符范围。“[]” 与 “^” 一起使用表示匹配 “否定” 的字符集，即匹配任何没有包含在方括号中的字符（注意：^单独使用表示匹配输入字符串开始的位置）。“[]” 与连字符 “-” 一起使用则表示匹配一个区间。匹配字符范围示例如表 5-9 所示。

表 5-9 匹配字符范围示例

匹配字符范围示例	说明
|	指明两项之间的一个选择。例如，/b|d/能匹配单词 “bar” 和 “done”
[xyz]	匹配字符集中的任何一个字符，x、y 或 z
[^xyz]	匹配除 x、y、z 之外的字符
[A-Z]	匹配 A～Z 区间内的字符，即所有的大写字母
[^a-z]	匹配任何不是小写字母的字符
[a-zA-Z0-9]	匹配大写字母、小写字母和数字
[\u4e00-\u9fa5]	匹配任意一个中文字符

我们通过下面的案例来进行演示，使读者对正则表达式的字符范围能够有更好的理解。

【案例 5.3.3】正则表达式的字符范围

```
var str1 = 'ccit';
var reg1 = /[cit]/;
var reg2 = /[^cit]/;
console.log('匹配 c、i、t 中的任意一个字符：', reg1.test(str1));// true
console.log('匹配 c、i、t 之外的任意一个字符：', reg2.test(str1));// false
var str2 = 'WEB 前端开发';
var reg3 = /[\u4e00-\u9fa5]/ig;
console.log('匹配任意中文字符：', str2.match(reg3)); // ["前","端","开","发"]
```

上述代码中，reg1 匹配 c、i、t 中的任意一个字符，reg2 匹配 c、i、t 之外的任意一个字符。因此对于"ccit"这个字符串，使用 reg1 匹配，结果为 true；使用 reg2 匹配，结果为 false。reg3 可以匹配到任意中文字符，不会匹配到英文字符，调试窗口输出["前","端","开","发"]。执行结果如图 5-22 所示。

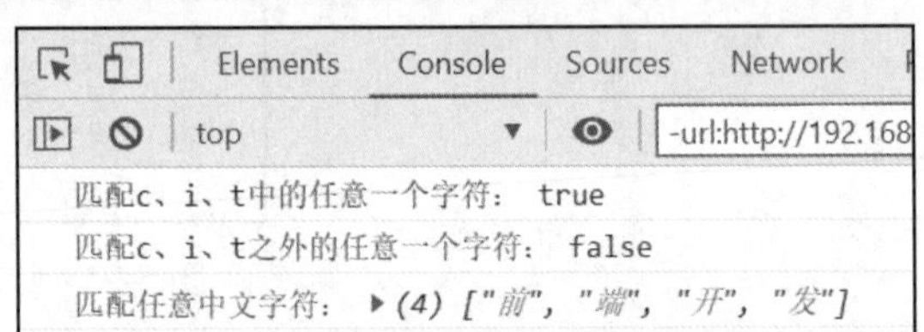

图 5-22 正则表达式的字符范围

5.3.5 预定义类

正则表达式提供预定义类来匹配常见的字符类别。有效地使用预定义类可以快速匹配目标，可以使正则表达式更简洁、更易于阅读。常用的预定义类如表 5-10 所示。

表 5-10　预定义类

预定义类	说明
.	匹配除“\n”之外的任何单个字符
\d	匹配 0~9 之间的任意一个数字，相当于[0-9]。例如，/\d/匹配“B2 is the　number”中的“2”
\D	匹配 0~9 之外的任意大写字母，相当于[^0-9]。例如，/\D/在“B2 is the suite number”中匹配“B”
\w	匹配基本拉丁字母中的任意字母及数字，包括下划线，相当于[A-Za-z0-9_]
\W	匹配任何不是基本拉丁字母的单词字符，相当于[^A-Za-z0-9_]。例如，/\W/在“50%”中匹配“%”
\f	匹配一个换页符
\t	匹配一个水平制表符（tab）
\v	匹配一个垂直制表符（verticle tab）
\n	匹配一个换行符
\r	匹配一个回车符
\s	匹配空格（包括换行符、制表符、空格符等），相当于[\t\r\n\v\f]
\S	匹配非空格字符，相当于[^\t\r\n\v\f]

【案例 5.3.4】预定义类的使用

```
var str = "This is JavaScript.";
var reg = /\s../g;
console.log(str.match(reg)); // [" is"," Ja"]
```

上述代码定义了一个正则表达式，用于匹配空格符及其后面的两个字符，模式修饰符 g 表示全局模式，所以这里会匹配到两个结果，即" is"和" Ja"，且每个结果之前、引号之后都有一个空格。执行结果如图 5-23 所示。

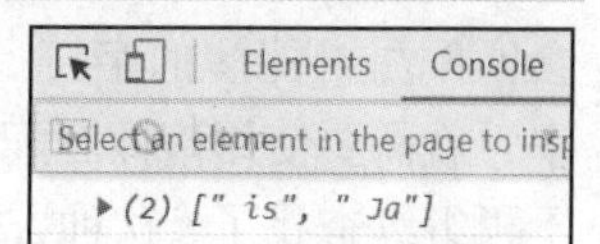

图 5-23　预定义类的使用

5.3.6　量词符

微课 108

扫码观看微课视频

正则表达式中的量词符用来表示要匹配的字符或表达式的数量。量词符用以下几个符号表示——?、+、*、{}，具体用法如表 5-11 所示。

表 5-11　量词符

量词符示例	说明
x?	匹配任何包含零个或一个“x”字符的字符串
x*	匹配任何包含零个或多个“x”字符的字符串
x+	匹配任何包含至少一个“x”字符的字符串
x{n}	n 为正整数，匹配包含 n 个“x”字符的字符串
x{n,}	n 为正整数，匹配包含至少 n 个“x”字符的字符串
x{n,m}	n、m 为正整数，且 m>n，匹配包含至少 n 个、最多 m 个“x”字符的字符串

【案例 5.3.5】量词符的使用

```
var reg = /colo.?r/;
var str1 = 'color';
var str2 = 'colour';
console.log('/colo.?r/能匹配到 color: ', reg.test(str1));//true
console.log('/colo.?r/能匹配到 colour: ', reg.test(str2));//true
```

英式英语中颜色的英文为“colour”，而在美式英语中颜色的英文为“color”。在上述代码中，我们通过一个正则表达式/colo.?r/就能同时匹配到“colour”和“color”。执行结果如图 5-24 所示。

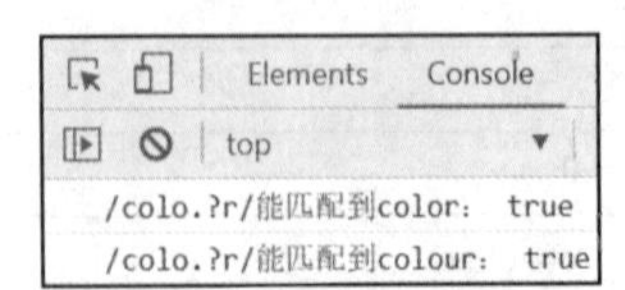

图 5-24　量词符的使用

思考

公民身份号码 18 位，前 17 位为数字，第 18 位为校验位，可能为数字或字符 X。如何使用正则表达式检验一个公民身份号码是否合法?

5.3.7　惰性匹配

微课 109

扫码观看微课视频

正则表达式在使用量词符匹配指定范围内任意字符的时候，支持贪婪匹配和惰性匹配两种方式。默认情况下正则表达式使用的是贪婪匹配，它会匹配尽可能多的字符。如果想要匹配到满足正则表达式的第一个字符串，就需要使用惰性匹配，使用惰性匹配是指找到第一个匹配的字符串就不再继续查找了，这种方式是通过在量词符后面加上符号“?”实现的。惰性匹配的具体说明如表 5-12 所示。

表 5-12　惰性匹配

示例	说明
x*?	匹配任何包含零个或多个“x”字符，且第一个匹配到的字符串
x+?	匹配任何包含至少一个“x”字符，且第一个匹配到的字符串
x{n,}?	n 为正整数，匹配包含至少 n 个“x”字符，且第一个匹配到的字符串
x{n,m}?	n,m 为正整数，且 m>n，匹配包含至少 n 个、最多 m 个“x”字符，且第一个匹配到的字符串

【案例 5.3.6】惰性匹配

```
var reg1 = /c.*t/;
var reg2 = /c.*?t/;
var str = "ccitccitccit";
console.log(reg1.exec(str));//["ccitccitccit", index: 0, input: "ccitccitccitccit", groups: undefined]
console.log(reg2.exec(str));//["ccit", index: 0, input: "ccitccitccitccit", groups: undefined]
```

如上述代码所示，字符串 str 重复了 3 次“ccit”。正则表达式 reg1 和 reg2 都匹配一个字符串，这个字符串有字符“c”和字符“t”，并且“c”和“t”之间有零或多个字符。reg1 为默认贪婪匹配，而 reg2 为惰性匹配。因此 reg1 匹配尽可能多的字符串，匹配到了“ccitccitccit”，reg2 匹配到第一次匹配的字符串，匹配到了“ccit”，就不再往后继续匹配了。执行结果如图 5-25 所示。

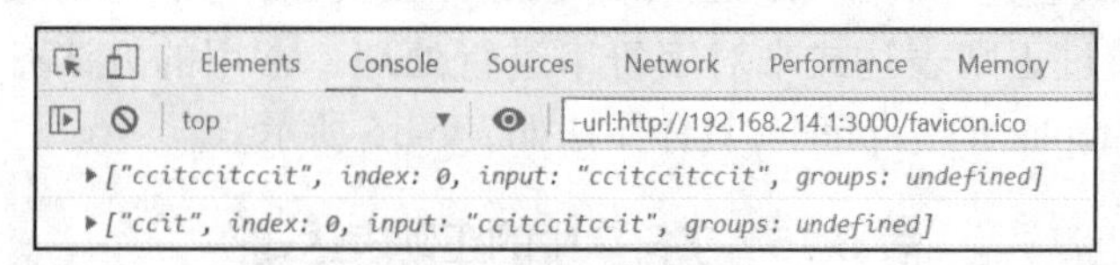

图 5-25　惰性匹配

5.3.8　括号字符

在正则表达式中，圆括号“()”的作用非常强大。它可以进行分组，改变边界符的作用范围，对整个组进行一系列的操作；可以表示捕获与非捕获；可以实现反向引用……我们重点掌握使用圆括号“()”进行分组，见表 5-13。

表 5-13　圆括号的分组作用

分组前	分组后
正则表达式：java|script 可匹配的结果：java、script	正则表达式：ja(va|script) 可匹配的结果：java、jascript
正则表达式：javascript{2} 可匹配的结果：javascriptt	正则表达式：java(script){2} 可匹配的结果：javascriptscript

如表 5-13 所示，“java|script”这个正则表达式表示匹配 java、script 中的任意一项，如果给“va|script”加上圆括号，就改变了“|”的作用范围，也就只能在 va 和 script 之间任意匹配一项，加上圆括号外面的“ja”，可匹配的结果也就改变为 java 和 jascript 中的任意一项。正则表达式“javascript{2}”中的量词符“{2}”对字符“t”产生作用，但是加上圆括号之后“java(script){2}”，形成了分组，量词符对“script”生效，最终使得两个正则表达式能够匹配的字符串发生变化。

5.3.9　正则表达式优先级

编程语言中的表达式在碰到运算符时，会根据运算符的优先级进行相应的运算。例如“j>i && k==i”，在这个表达式中“>”和“==”的优先级比“&&”要高，所以会先运算“j>i”和“k==i”，然后将两个结果进行“&&”运算。在正则表达式中，也有很多的特殊符号，它们也会遵循优先级顺序进行匹配。正则表达式的优先级由高到低如表 5-14 所示。

表 5-14　正则表达式的优先级

符号	说明
\	转义符
()、(?:)、(?=)、[]	圆括号和方括号
*、+、?、{n}、{n,}、{n,m}	量词
^、$、\元字符、任何字符	边界符、字符序列
|	“或”操作

5.3.10　字符串对象与正则表达式

通过前面的学习，我们知道在 JavaScript 中，字符串对象可以通过两种方式创建：一种是通过字面量来创建，例如 var str = "hello"；一种是通过 new String()的方式创建，例如 var str = new String("hello")。字符串对象有多个方法可以通过正则表达式来对字符串进行处理，常用的方法有 match()、search()、replace()、split()。具体用法如表 5-15 所示。

表 5-15　字符串中的正则表达式

用法	说明
match(reg)	检索并返回字符串匹配 reg 的结果，匹配成功则返回一个数组，匹配失败则返回 false
search(reg)	返回符合 reg 的子串在字符串中首次出现的位置，未找到则返回-1
replace(reg, str)	使用 str 替换字符串中满足 reg 的子字符串，并返回
split(reg)	使用 reg 分割字符串，并返回数组

为了让读者更好地理解表 5-15 中的 4 个方法，我们通过案例来进行演示。执行结果如图 5-26 所示。

【案例 5.3.7】字符串与正则表达式

```
var reg1 = /r.*?t/g;//惰性匹配
var str1 = "repeat react replace";
console.log(str1.match(reg1));//["repeat ","react"]
console.log(str1.search(reg1));//0
console.log(str1.replace(reg1, "good"));//good good replace
var reg2 = /@|\./;
var str2 = "tony@ccit.js.cn";
console.log(str2.split(reg2));//["tony", "ccit", "js", "cn"]
```

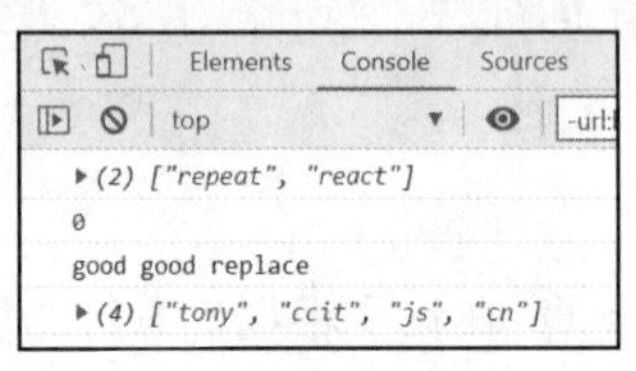

图 5-26　字符串与正则表达式

拓展练习

一、单选题

1. 关于正则对象“/abc/i”描述正确的是（　　）。

   A. “/”表示转义字符　　B. “abc”表示要搜索的内容

   C. “i”表示不要忽略大小写　　D. 以上说法全部正确

2. 下面（　　）可在字符串“EDA56aceKE”中获取所有 e（忽略大小写）。

   A. /e/gi.exec('EDA56aceKE')　　B. /e/g.exec('EDA56aceKE')

   C. 'EDA56aceKE'.match(/e/gi)　　D. 'EDA56aceKE'.match(/e/g)

3. 正则对象/[\s+]/g 调用 exec('h i')方法后，再调用 lastIndex 属性的值为（ ）。

A. -1 B. 0 C. 1 D. 2

4. RegExp 构造函数的正则表达式模式文本中（ ）用于匹配字符串“\\”。

A. \\ B. \\\

C. \\\\ D. 以上选项都不正确

5. 下面关于'^abc\\edf$'.match(RegExp('\\$|\\\\', 'gi'))的说法错误的是（ ）。

A. 利用正则匹配“\”和“$” B. “|”可以理解为“或”

C. 字符串中的“\\”表示“\” D. 以上选项都不正确

6. 下列可用于匹配除 f、r、o、g 以外的字符的是（ ）。

A. [frog] B. [^frog] C. [f|r|o|g] D. [^f-r]

7. 以下（ ）表示匹配 a～z 范围内的字符。

A. [^a-z] B. [a-Z] C. [z-a] D. [a-z]

8. 下列正则运算符中优先级最低的是（ ）。

A. \ B. * C. ? D. $

9. 下列选项中，正则对象^\d{4}$可以匹配到的内容是（ ）。

A. a12b B. 5js4 C. 0000 D. 2d2d

10. 字符串“leg end”调用 replace(/\s+/,'')方法的返回值是（ ）。

A. leg end B. end C. leg D. legend

二、多选题

1. 以下功能中，可以利用正则表达式实现的是（ ）。

A. 手机号验证 B. 文本查找 C. 内容替换 D. 截取内容

2. 若要匹配“TO BE OR NOT TO BE”，则需要以下哪些字符类别（ ）。

A. \W B. \w C. \S D. \s

3. 下列选项中，返回值等于 0 的是（ ）。

A. /[\s+]/g.lastIndex B. 'js css'.match(/\s../gi)

C. '123*abc.456'.search('.*') D. /^[a-z]\d/gi.exec('12DC')

4. 正则对象/\w+(\-)?/可以匹配到以下哪些内容（ ）。

A. ab-AB B. abAB C. 12 D. 5-7

三、判断题

1. JavaScript 的字符串“a\\b”中，“\\”表示反斜杠“\”。（ ）

2. 正则对象中，“\2”表示第 2 个子表达式的捕获内容。（ ）

3. 正则对象 Countr(?=y|ies)用于匹配 Country 或 Countries 中的 y 或 ies。（ ）

4. 正则表达式中“[it]”与“[i|t]”都表示匹配字符集中的任意一个字符 i 和 t。（ ）

5. match()方法成功匹配的结果中包含所有匹配到的字符以及其对应的索引位置。（ ）

6. 边界符$用于确定字符在字符串结尾的位置。（ ）

7. 正则对象中“..”表示匹配除换行符\n 外的任意两个字符。（ ）

8. “.”可以匹配任意的单个字符，如“$”“\n”等。（ ）

9. 模式修饰符 gi 和 ig 均表示“全局匹配且忽视大小写”。（ ）

10. 正则对象 a(bc){2}用于匹配字符串“abcbc”。 （ ）

四、填空题

1. RegExp 类中的（ ）属性用于返回正则表达式对象的默认文本的字符串。
2. Best Grade'.match(/\bg./gi)的匹配结果为（ ）。
3. JavaScript 中的正则表达式模式文本是由（ ）和文本字符组成的。
4. 正则对象中被圆括号()标识的内容，称为（ ）。
5. （ ）方法用于在目标字符串中搜索匹配，且一次仅返回一个匹配结果。
6. （ ）方法可以返回指定模式的子串在字符串中首次出现的位置。
7. 当点字符（.）和（ ）连用时，可以实现匹配指定数量范围的任意字符。
8. （ ）用于匹配任意一个字符（大小写字母、数字和下划线）。
9. 在正则对象中，可以通过（ ）的方式使用捕获的内容。
10. （ ）指的是系统将子表达式匹配到的内容存储到缓存区的过程。

五、简答题

请利用正则表达式完成用户名的验证，要求：长度为 4～12，由英文大小写字母组成。

5.4 综合项目实训——《俄罗斯方块》之移动控制

5.4.1 项目目标

- 掌握 JavaScript 事件的定义和使用方法。
- 掌握 JavaScript 事件绑定的使用方法。
- 掌握 JavaScript 事件对象的使用方法。
- 熟练应用常见的 JavaScript 事件（用户界面事件、鼠标事件、键盘事件）。
- 综合应用本单元知识和技能，在《俄罗斯方块》上一个工程基础上进行迭代开发，即移动控制。

5.4.2 项目任务

1. 开始游戏

（1）在 Web 页面添加“开始游戏”按钮。Web 页面效果如图 5-27 所示。

（2）点击游戏上方“开始游戏”按钮，生成第一个方块。Web 页面效果如图 5-28 所示。

图 5-27 添加“开始游戏”按钮

图 5-28 游戏初始效果

2. 移动方块

监听用户的键盘输入，当用户输入“左”“右”方向键时可以控制方块左右移动，当用户输入“下”方向键时方块下落，输入“上”方向键时方块旋转。Web 页面效果如图 5-29 所示。

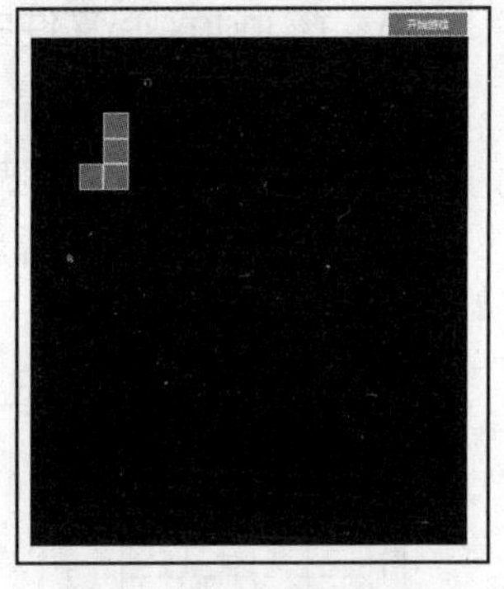

图 5-29 游戏执行效果

5.4.3 设计思路

1. 在 Web 页面添加“开始游戏”按钮

（1）在 index.html 文件中添加 <button> 元素，设置 id 为“start”。

（2）在 index.css 文件中编辑按钮样式，设置按钮的背景颜色和边框等。

2. 在 index.js 文件中，为 <button> 元素绑定点击事件，生成方块

（1）使用 JavaScript DOM 操作获取 Web 页面中 <button> 元素，给该元素绑定点击（onclick）事件。

（2）点击事件调用 createModel()函数生成方块模型。

（3）调用 locationBlocks()函数移动方块位置。

3. 在 index.js 文件中，创建 onKeyDown()函数监听用户的键盘事件

（1）给 Web 页面（document，即当前文档 Web 页面）绑定键盘事件，设置键盘事件参数为 event。

（2）事件执行后可获取 event 参数对象中键盘按键键码。

（3）使用 switch 表达式判断当前按键键值所要执行的函数。

（4）如果是“上”方向键，则执行 rotate()函数，如果是“下”方向键、“左”方向键、“右”方向键，则执行 move()函数。根据不同方向键给 move()函数设置默认参数，参数值为模型默认初始坐标值 x、y，如图 5-30 所示。

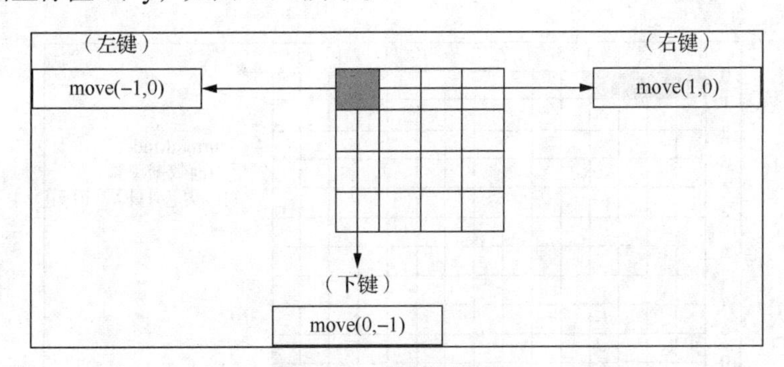

图 5-30 游戏控制设计

4. 在 index.js 文件中，创建 move()函数移动位置

（1）设置 move()函数参数 x、y，x 为默认横坐标值，y 为默认纵坐标值。

（2）每调用一次坐标，更改初始坐标位置 currentX+=x，控制方块在 x 轴移动。更改初始坐标位置 currentY+=y，控制方块模型在 y 轴移动。

（3）调用 locationBlocks()函数移动方块模型的位置。

5. 在 index.js 文件中，创建 rotate()函数，当键盘为“上”方向键时旋转方块模型

（1）遍历当前数据源 currentModel，定义变量 blockModel 获取当前数据源遍历行坐标。

（2）定义 temp 变量获取当前行坐标 x 轴值。

（3）改变模型数据源旋转模型，旋转前的行=旋转后的列，旋转后的行= 3-旋转前的行。模型旋转如图 5-31 所示。

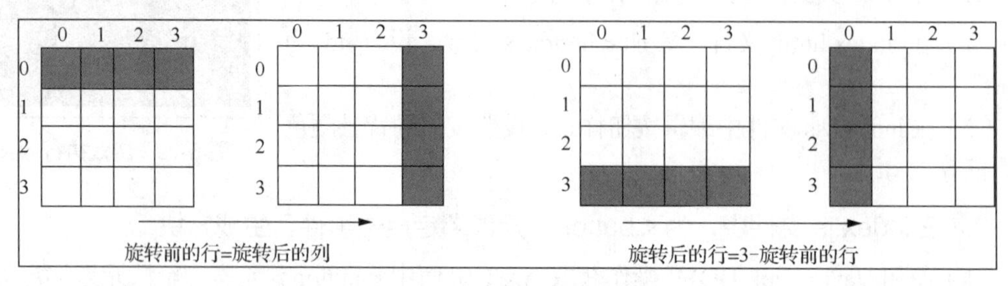

图 5-31　游戏旋转设计

注：这里的 currentModel 是一个全局变量，当模型在坐标移动的过程中发生触碰时，数据会重新生成，旋转这里的数据也会发生变化，这是一个浅拷贝的过程。如果旋转过程中发生触碰，数据源会变化，需要进行数据深拷贝。

（4）调用 locationBlocks()函数移动方块模型的位置。

6. 在 index.js 文件中，创建 checkBound()函数，控制移动边界

（1）在 locationBlocks()函数中调用 checkBound()函数，每次坐标变更需调用一次。

（2）在 checkBound()函数中定义模型边界：定义变量 leftBound（左边边界）值为 0，定义变量 rightBound（右边边界）值为游戏界面容器列数 W_COUNT，定义变量 bottomBound（底部边界）值为游戏界面容器行数 H_COUNT。

游戏界面坐标参考如图 5-32 所示。

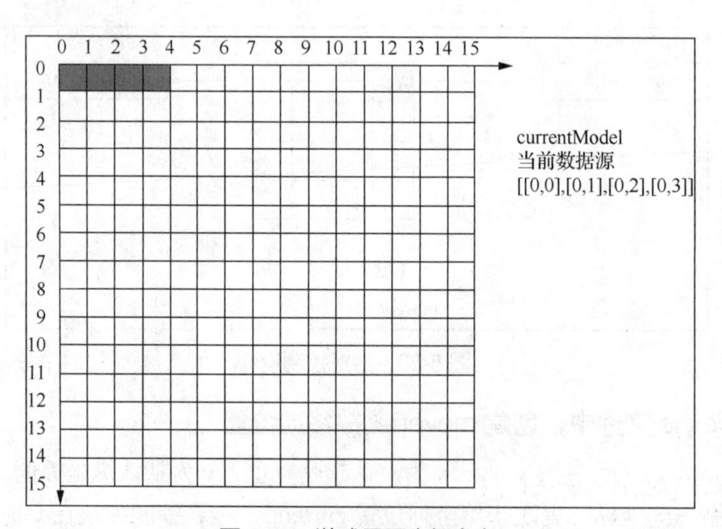

图 5-32　游戏界面坐标参考

（3）遍历 currentModel 数据源，判断当前模型移动坐标 blockModel。

① blockModel[0]为 *y* 坐标，blockModel[1]为 *x* 坐标。

② 当 *x* 坐标+currentX 值小于 leftBound 值时，表示坐标左侧越界，设置 currentX++（向左退格）。

③ 当 *x* 坐标+currentX 值大于或等于 rightBound 值时，表示坐标右侧越界，设置 currentX--（向右退格）。

④ 当 *y* 坐标+currentY 值大于或等于 bottonBound 值时，表示坐标底部越界，设置 currentY--（向上退格），同时当模型触达底部时需要调用 fixedBottonModel()函数固定模型。

7. 在 index.js 文件中，定义初始化游戏界面的函数，记录游戏区域模型移动的轨迹

（1）定义全局变量 fixedBlocks 数组记录所有方块模型的位置。

（2）创建 reStore()函数，初始化游戏界面。遍历当前游戏界面的行和列生成一个二维数组。

（3）在点击开始游戏的函数中加上 reStore()函数。在生成新的模型前，先生成数组记录模型位置。

5.4.4 编程实现

1. 步骤说明

在“创建方块”迭代工程基础上进行开发，步骤如下所示。

步骤一：添加“开始游戏”按钮。

步骤二：清除上一迭代工程中部分代码

步骤三：给“开始游戏”按钮绑定点击事件。

步骤四：创建函数 onKeyDown()，处理键盘事件。

步骤五：创建函数 move()，进行方块移动。

步骤六：创建函数 rotate()，进行方块旋转。

步骤七：控制模型移动边界。

步骤八：定义函数 reStore()，初始化游戏界面。

2. 实现

步骤一：在 index.html 文件中，给 Web 页面添加“开始游戏”按钮。

（1）打开 index.html 文件，在 HTML 页面中添加<button>元素，设置 id 为“start”。

```
<!--游戏活动区域-->
<article class="container" id="container">
<!--“开始游戏”按钮-->
    <button  id="start">开始游戏</button>
</article>
```

（2）打开 index.css 文件，在该文件中编辑按钮样式，设置按钮的背景颜色和边框等。

```
/*按钮样式*/
#start{
    top: -27px;
```

```
    right: 1px;
    position: absolute;
    color: #fff;
    width: 100px;
    border: 1px solid cadetblue;
    background-color: cadetblue;
    height: 26px;
    text-align: center;
}
```

步骤二：在 index.js 文件中，清除上一迭代工程中以下代码。

```
//清除以下代码
//获取根据模型的数据创建对应的方块模型
createModel();
//根据数据源定义移动方块模型的位置
locationBlocks();
```

步骤三：在 index.js 文件中，给<button>元素绑定点击事件。

（1）使用 document.getElementById()函数获取 Web 页面中“开始游戏”按钮元素<button>。

（2）为<button>元素指定 onclick 事件。

（3）点击事件调用 createModel()函数生成方块，根据坐标调用 locationBlocks()函数移动方块位置。

（4）调用 onKeyDown()函数，监听键盘事件。

```
//点击 Web 页面中“开始游戏”按钮，触发点击事件后游戏开始
document.getElementById("start").onclick = function(){
    //获取根据模型的数据创建的对应方块模型
    createModel();
    //根据数据源定义移动方块模型的位置
    locationBlocks();
    //监听用户的键盘事件
    onKeyDown();
}
```

步骤四：在 index.js 文件中，创建 onKeyDown()函数监听用户的键盘事件。

（1）给 Web 页面（document，即当前文档 Web 页面）绑定键盘事件，使用 console.log()在控制台输出当前键入的键值，event.keyCode 表示的是一个按键对应的键码（Unicode 编码）。

```
//创建 onKeyDown()函数监听用户的键盘事件
function onKeyDown() {
     document.onkeydown = function (event) {
         console.log(event.keyCode)
     }
}
```

代码执行效果如图 5-33 所示。

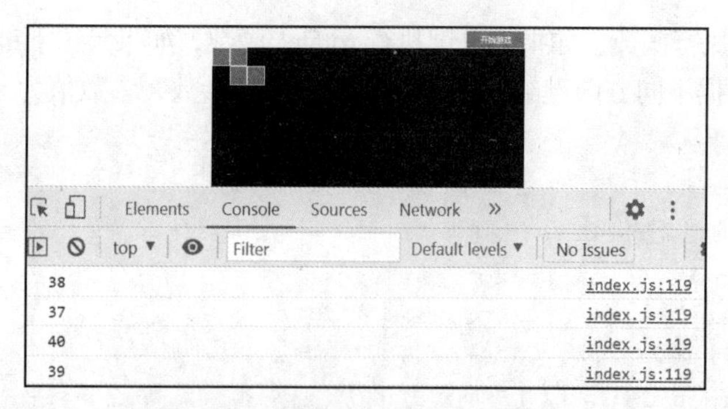

图 5-33　控制台输出用户按键（1）

（2）使用 switch 表达式判断当前按键键值执行的代码。

```
//监听用户的键盘事件
function onKeyDown() {
    //获取按下的键盘按键值
    document.onkeydown = function (event) {
        switch (event.keyCode) {
            case 38: //（上方向键）
                console.log("上键")
                break;
            case 39: //（右方向键）
                console.log("右键")
                break;
            case 40: //（下方向键）
                console.log("下键")
                break;
            case 37: //（左方向键）
                console.log("左键")
                break;
        }
    }
}
```

代码执行效果如图 5-34 所示。

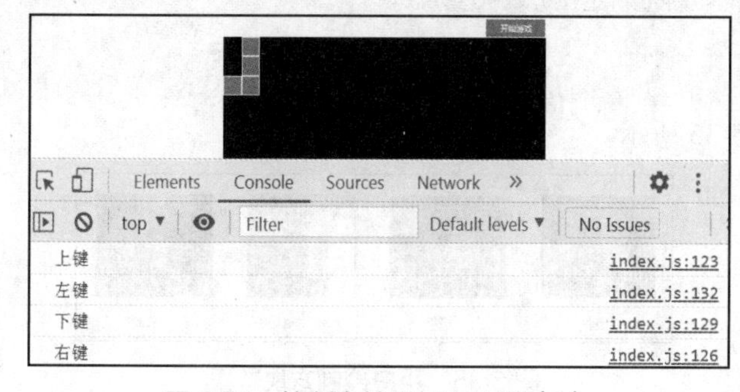

图 5-34　控制台输出用户按键（2）

（3）调用对应执行函数，如果是上键执行 rotate()函数，如果是（下键、左键、右键）执行 move()函数。根据不同方向键给 move()函数设置默认参数，参数值为 x、y 默认坐标值。

```
//监听用户的键盘事件
function onKeyDown() {
    //获取按下的键盘按键 Unicode 值
    document.onkeydown = function (event) {
        console.log(event.keyCode)
        switch (event.keyCode) {
            case 38: //（上方向键）
                console.log("上键")
                rotate();
                break;
            case 39: //（右方向键）
                console.log("右键")
                move(1, 0);
                break;
            case 40: //（下方向键）
                console.log("下键")
                move(0, 1);
                break;
            case 37: //（左方向键）
                console.log("左键")
                move(-1, 0);
                break;
        }
    }
}
```

步骤五：在 index.js 文件中，创建移动方块的函数 move()。

```
//移动
function move(x, y) {
    //16 宫格移动
    currentX += x;
    currentY += y;
    //根据 16 宫格的位置重新定位方块模型
    locationBlocks();
}
```

执行效果如图 5-35 所示。

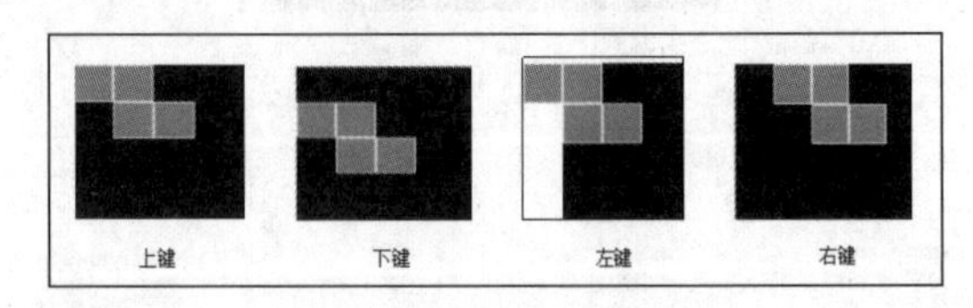

图 5-35　用户控制方块效果

步骤六：在 index.js 文件中，创建方块模型旋转的函数 rotate()，用于旋转方块模型。

```
//旋转模型
function rotate() {
    //遍历模型数据源
    for (var key in currentModel) {
        //方块模型数据源
        var blockModel = currentModel[key];
        var temp = blockModel[0]
        //旋转前的行=旋转后的列
        blockModel[0] = blockModel[1];
        //旋转后的行=3-旋转前的行
        blockModel[1] = 3 - temp;
    }
    //重新定位方块模型
    locationBlocks();
}
```

模型旋转效果如图 5-36 所示。

图 5-36　方块旋转效果

步骤七：在 index.js 文件中，创建 checkBound()函数，控制模型移动边界。

（1）创建 checkBound()函数，在函数中定义模型可以活动的边界，左边边界值为 0，右边边界值为游戏界面宽度，底部边界值为游戏界面高度。

```
function checkBound() {
        //定义模型可以活动的边界
        var leftBound = 0;
        var rightBound = W_COUNT;
        var bottonBound = H_COUNT;
}
```

（2）遍历当前模型 currentModel，当前方块模型移动坐标左侧越界，坐标往右回退，当方块模型坐标右侧越界，坐标往左回退，当方块模型坐标底部越界，调用把方块模型固定在底部的函数。

```
function checkBound() {
        //省略定义模型可以活动的边界代码
        //当方块模型超出边界后，让16宫格后退
        for (var key in currentModel) {
            var blockModel = currentModel[key];
```

```
            //左侧越界
            if ((blockModel[1] + currentX) < leftBound ) {
                    currentX++;
            }
            //右侧越界
            if ((blockModel[1] + currentX) >= rightBound) {
                    currentX--;
            }
            //底部越界
            if ((blockModel[0] + currentY) >= bottonBound) {
                    currentY--;
                    //把方块模型固定在底部
                    fixedBottonModel();
            }
        }
}
```

（3）在 locationBlocks()函数中调用 checkBound()函数，方块移动时需要判断活动边界。

```
function locationBlocks() {
    //方块移动时需要判断活动边界，在函数顶部调用
    checkBound();

    //省略其他代码
}
```

步骤八：定义初始化游戏界面的函数 reStore()。

（1）定义全局变量记录所有方块模型的位置。

```
//记录所有方块模型的位置
var fixedBlocks = [];
```

（2）定义初始化游戏界面的函数 reStore()。

```
function  reStore(){
       //遍历行
      for(var i=0;i<=H_COUNT;i++){
          fixedBlocks[i] = [];
          //遍历列
          for(var j=0;j<=W_COUNT;j++){
              fixedBlocks[i][j] = null;
          }
      }
}
```

（3）在开始游戏事件中，初始化游戏界面，需放在创建方块函数前调用。

```
//点击游戏界面，触发对应点击事件后游戏开始
document.getElementById("start").onclick = function(){
    reStore();
```

```
    //获取根据模型的数据创建的对应方块模型
    createModel();
    //根据数据源定义移动方块模型的位置
    locationBlocks();
    //监听用户的键盘事件
    onKeyDown();
}
```

单元小结

本单元主要讲解了事件和正则表达式的相关知识。

事件是 JavaScript 与 Web 页面结合的主要方式。本单元围绕事件，讲解了事件的机制、事件的绑定方式以及常用的一些事件。使用事件时，应考虑内存和性能问题，可限制一个 Web 页面中事件处理程序的数量，否则会占用过多内存而导致 Web 页面响应缓慢；利用事件冒泡、事件委托解决事件处理程序数量过多的问题；在 Web 页面卸载前删除所有事件处理程序。

本单元围绕正则表达式讲解了正则表达式的概念和语法规则，通过学习，读者应能掌握正则表达式的使用方法，了解其使用场景，完成相关前端开发中的格式校验工作。

单元 6 jQuery

jQuery 是一款优秀的 JavaScript 库。它通过封装原生的 JavaScript 函数得到一整套定义好的方法。它可以简化 HTML 与 JavaScript 之间的操作，使得 DOM 对象、事件处理、动画效果等操作的实现语法更加简洁。它可以提高程序的开发效率，消除很多跨浏览器的兼容问题。

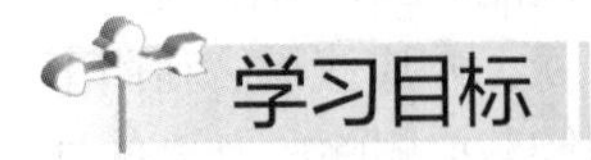

知识目标

- 掌握元素与节点的操作。
- 掌握 jQuery 事件处理机制。
- 掌握事件与动画特效的实现。
- 掌握 jQuery 中的 AJAX 操作。
- 掌握 jQuery 中插件机制的使用。

能力目标

- 能够使用 jQuery 实现事件处理。
- 能够使用 jQuery 实现页面动画效果。
- 能够实现综合项目实训的消除方块功能。
- 能够实现综合项目实训的胜负判断功能。

素质目标

- 培养学生的自我学习能力。
- 通过软件专业实践课程，学思结合、知行统一，增强学生勇于探索的创新精神、善于解决问题的实践能力，在实践中增强创新精神、创造意识和创业能力。

6.1 jQuery 选择器

6.1.1 jQuery 概述

1. 什么是 jQuery

jQuery 由美国人约翰·莱西格（John Resig）于 2006 年创建，其开发团队至今已吸引了来自世界各地的众多 JavaScript 高手加入。最开始 jQuery 所提供的功能非常有限，仅仅可以增强 CSS 的选择器功能。但随着时间的推移，jQuery 的新版本一个接一个地发布，它也越来越多地受到人们的关注。如今 jQuery 已经成了集 JavaScript、CSS、DOM 和 AJAX（Asynchronous JavaScript and

XML，异步 JavaScript 和 XML 技术）于一体的强大功能。如图 6-1 所示，它的设计主旨就是使用更少的代码，做更多的事情，即 write less,do more。

图 6-1　主旨：使用更少的代码，做更多的事情

2. jQuery 的功能和优势

jQuery 作为 JavaScript 封装的库，它的目的就是简化开发者的 JavaScript 操作。其主要功能和优势有以下几点。

① 轻量级代码库。

② 像 CSS 那样访问和操作 DOM。

③ 修改 CSS 控制页面外观。

④ 简化 JavaScript 代码操作。

⑤ 出色的浏览器兼容性。

⑥ 事件处理更加容易。

⑦ 动画效果使用方便。

⑧ 让 AJAX 技术更加完美。

⑨ 大量插件。

⑩ 自行扩展功能插件。

3. 其他 JavaScript 库

目前除了 jQuery，还有 5 个库较为流行，它们分别是 YUI、Prototype、Dojo、Mootools 和 ExtJS。

① YUI，是 Yahoo 公司开发的一套完备的、扩展性良好的富交互网页工具集。

② Prototype，是最早成型的 JavaScript 库之一，对 JavaScript 内置对象做了大量的扩展。

③ Dojo，其强大之处在于提供了其他库没有的功能，如离线存储、图标组件等。

④ Mootools，是轻量、简洁、模块化和面向对象的 JavaScript 框架。

⑤ ExtJS，简称 Ext，原本是对 YUI 的一个扩展，主要创建前端用户界面。

4. 下载并使用 jQuery

jQuery 的官方网站会提供 jQuery 下载文件，如图 6-2 所示。

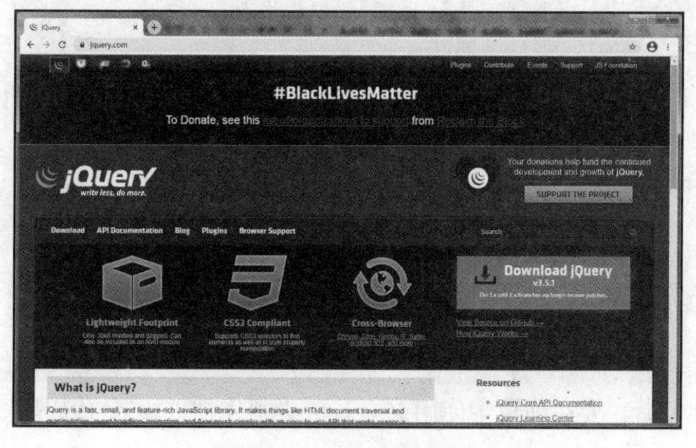

图 6-2　jQuery 的官方网站

单击“Download jQuery”进入下载页面后，可以看到 jQuery 各个版本的下载地址，如图 6-3 所示。

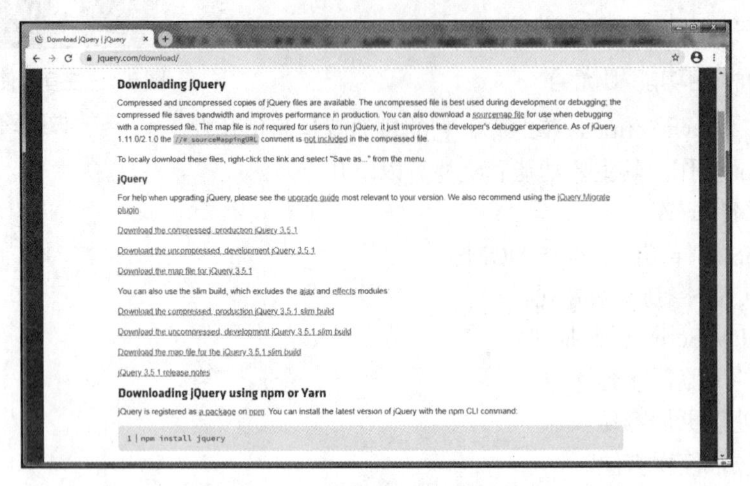

图 6-3　jQuery 各个版本的下载地址

在下载页面会看到 jQuery 下载文件的类型主要包括未压缩的开发版（development）和压缩后的生产版（production）。压缩指的是去掉代码中所有换行、缩进和注释等以减小文件的大小，从而更有利于网络传输。

我们选择并下载 3.5.1 压缩版，将其保存为本地文件 jquery-3.5.1.min.js。该文件无须安装，使用<script>标签将该文件导入自己的页面即可，代码如下。

```
<script src="js/jquery-3.5.1.min.js" ></script>
```

下面我们通过一个简单的例子演示 jQuery 的使用。

【案例 6.1.1】一个 jQuery 例子

通过 jQuery 方式获取页面<h2>元素后，使用 jQuery 提供的 text()方法设置元素的内容。

微课 112

扫码观看微课视频

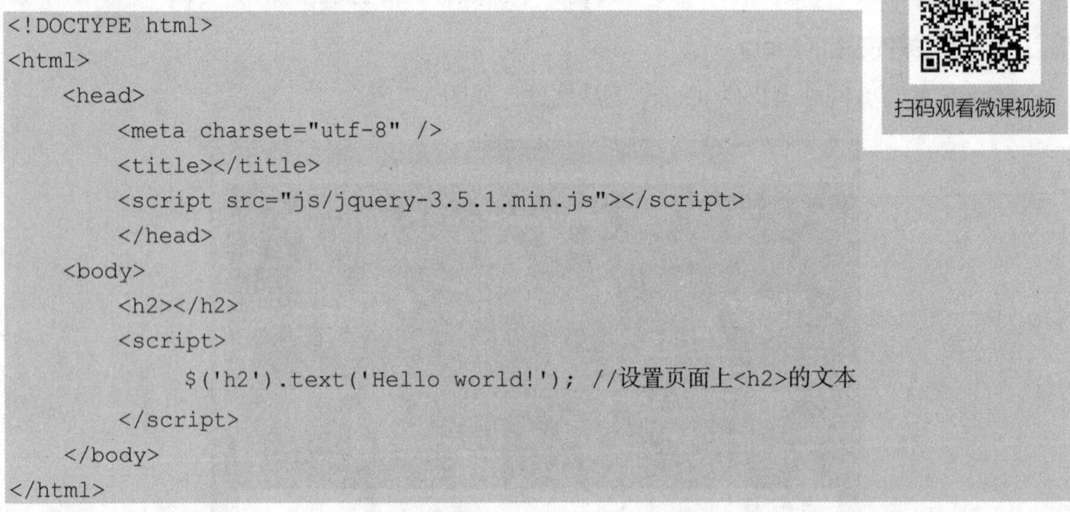

```
<!DOCTYPE html>
<html>
    <head>
        <meta charset="utf-8" />
        <title></title>
        <script src="js/jquery-3.5.1.min.js"></script>
        </head>
    <body>
        <h2></h2>
        <script>
             $('h2').text('Hello world!'); //设置页面上<h2>的文本
        </script>
    </body>
</html>
```

创建 Web 项目后，要在项目中使用 jQuery，必须先把 jQuery 代码库添加到当前项目的目录中，如图 6-4 所示。

案例 6.1.1 代码的作用是使用 jQuery 的 text()方法，为<h2>标题元素设置文本内容“Hello world!”。浏览后可以看到结果如图 6-5 所示。

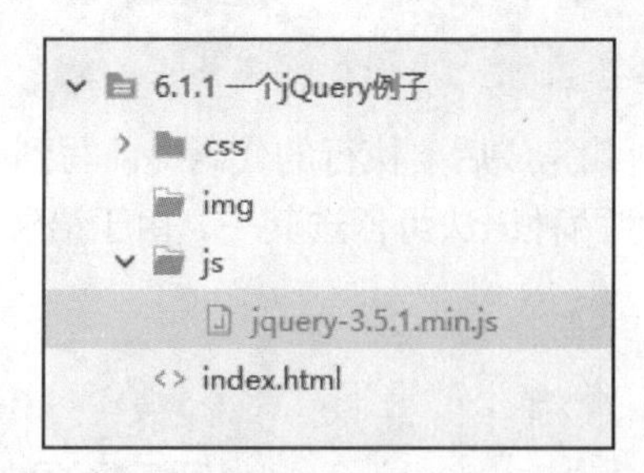

图 6-4　在项目目录中添加 jQuery 代码库

图 6-5　设置<h2>标题元素的文本

由案例 6.1.1 可见，在使用 jQuery 时，有两个基本步骤，第 1 步是获取要操作的元素，也就是在$()函数中传入字符串“h2”，表示<h2>元素；第 2 步是调用操作方法，如调用带有文本参数的 text()方法来给元素设置文本。这个步骤和原生 JavaScript 的 DOM 操作其实是很类似的，但代码简洁了许多。下面我们通过代码对比 jQuery 代码和 JavaScript 原生代码的区别。

```
//jQuery 代码（为了方便对比，将代码分成两行书写）
//获取元素
var h2=$('h2');                //获取页面元素
h2.text('Hello world!');       //对元素操作
 // Javascript 原生代码
var h2=document.querySelector('h2');    //获取页面元素
h2.innerText='Hello world!';            //对元素操作
```

在使用 jQuery 时需要注意代码的书写位置，jQuery 代码需要写在要操作的 DOM 元素的后面，确保 DOM 元素加载后，才可以用 jQuery 进行操作。如果将 jQuery 代码写在 DOM 元素前面，则代码不会生效，示例代码如下。

```
<body>
        <script>
            var h2=$('h2');
            h2.text('Hello world!');
        </script>
        <h2></h2>
</body>
```

上述代码将要操作的<h2>元素写在了<script>代码段的后面，通过浏览器访问，会发现页面上什么都没有。这是因为 jQuery 没有找到<h2>元素，自然也无法为其设置文本了。

如果一定要将 jQuery 代码写在 DOM 元素的前面，则可以使用如下语法来实现。

```
//语法 1（简写形式）
$(function(){
    //页面 DOM 加载后执行的代码
});
```

或

```
//语法 2（完整形式）
$(document).ready(function(){
    //页面 DOM 加载后执行的代码
});
```

上述代码是 jQuery 提供的加载事件，将页面 DOM 加载完成后要执行的代码提前写到函数中，传给 jQuery，由 jQuery 在合适的时机去执行。上述两种语法可任选其一，由于语法 1 比较简洁，在开发中推荐语法 1。

【案例 6.1.2】jQuery 加载事件的使用

微课 113

扫码观看微课视频

下面通过代码演示 jQuery 加载事件的使用。

```
<!DOCTYPE html>
<html>
    <head>
        <meta charset="utf-8" />
        <title></title>
        <script src="js/jquery-3.5.1.min.js"></script>
        </head>
    <body>
        <script>
            $(function(){
                var h2=$('h2');           //获取页面元素
                h2.text('Hello world!');      //对元素操作
            });
        </script>
        <h2></h2>
    </body>
</html>
```

在浏览器中观察结果，可以发现<h2>的内容设置成功了，如图 6-6 所示。

图 6-6 jQuery 加载事件的使用

5. jQuery 顶级对象

将 jQuery 引入后，在全局作用域下会新增“$”和“jQuery”两个全局变量，这两个变量引用的是同一个对象，称为 jQuery 顶级对象。在代码中可以使用 jQuery 代替$，但一般为了方便，都直接使用$。下面两段代码的效果是一样的。

```
//使用$
$(function(){
    $('h2').text('Hello world!');
});

//使用jQuery
jQuery(function(){
    jQuery('h2').text('Hello world!');
});
```

jQuery顶级对象类似一个构造函数，用来创建jQuery实例对象（简称jQuery对象），但它不需要使用new进行实例化，它内部会自动进行实例化，并返回实例化后的对象。jQuery的功能有很多，但使用方式很简单。

在实际开发中，经常会在jQuery对象和DOM对象之间进行转换。DOM对象是用原生JavaScript的DOM操作获取的对象，jQuery对象是通过jQuery方式获取到的对象。这两种对象的使用方式不同，不能混用，例如下面的代码是错误的。

```
//DOM对象
var myh2=document.querySelector('h2');
myh2.text('Hello world!');    //错误写法

//jQuery对象
var h2=$('h2');
h2.innerText='Hello world!';  //错误写法
```

要解决这个问题，我们有如下几种方法。

（1）将DOM对象转换成jQuery对象

```
var myh2=document.querySelector('h2');  //获取DOM对象
var h2=$(myh2);                         //将其转换成jQuery对象
h2.text('Hello world!');                //使用jQuery方法
```

（2）将jQuery对象转换成DOM对象

```
//从jQuery对象中取出DOM对象
$('h2')[0];         //方法1
$('h2').get(0);     //方法2
//再对DOM对象进行操作
$('h2')[0].innerText='Hello world!';
$('h2').get(0).innerText='Hello world!';
```

在上述代码中，由于一个jQuery对象中可能包含多个DOM对象，所以在取出DOM对象时需要加上索引。索引从0开始，0表示第一个DOM对象。

6.1.2 jQuery选择器

在前面讲解的代码中，使用$('h2')可以获取<h2>元素，这种方式就是通过jQuery选择器来获取的，语法为$("选择器")。在$()函数中传入的字符串“h2”就是一个选择器。原生JavaScript

获取元素的方式有很多，而且兼容性情况也不一致，jQuery 为我们提供了更强大的选择器。

1. 基本选择器

jQuery 的基本选择器和 CSS 选择器非常类似。jQuery 常用的基本选择器如表 6-1 所示。

表 6-1 基本选择器

名称	用法	描述
id 选择器	$("#id")	获取指定 id 的元素
全选选择器	$("*")	匹配所有元素
类选择器	$(".class")	通过 Index 页面的结构文件获取同一类 class 的元素
标签选择器	$("div")	获取相同标签名的所有元素
并集选择器	$("div,p,li")	选取多个元素
交集选择器	$("li.current")	交集元素

【案例 6.1.3】jQuery 的基本选择器的使用

下面通过案例演示 jQuery 各种基本选择器的使用。

```
<!DOCTYPE html>
<html>
    <head>
        <meta charset="utf-8" />
        <title></title>
        <script src="js/jquery-3.5.1.min.js"></script>
        </head>
    <body>
        <h2 id='color'>颜色列表</h2>
        <div class="red">红色</div>
        <div class="yellow">黄色</div>
        <div class="blue">蓝色</div>
        <h2 id='city'>城市列表</h2>
        <p>常州</p>
        <p>南京</p>
        <h2>水果列表</h2>
        <ul>
            <li class="red">苹果</li>
            <li class="yellow">香蕉</li>
            <li class="blue">蓝莓</li>
            <li class="red">樱桃</li>
        </ul>
        <script>
```

```
            console.log($("h2"));
            console.log($("ul"));
            console.log($(".red"));
            console.log($("#city"));
            console.log($("p,li"));
            console.log($("li.red"));
            console.log($("*"));
        </script>
    </body>
</html>
```

在浏览器控制台查看上述代码的结果如图 6-7 所示。

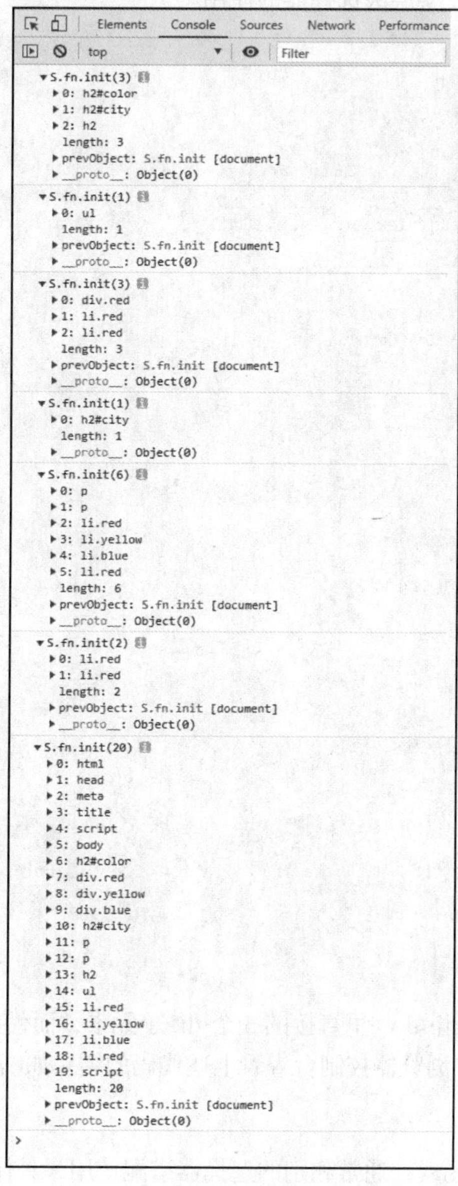

图 6-7　基本选择器

2. 层级选择器

层级选择器可以完成多层级元素之间的获取，具体如表 6-2 所示。

微课 116

扫码观看微课视频

表 6-2　层级选择器

名称	用法	描述
子代选择器	$("ul > li")	$("ul > li")子代选择器获取子元素
后代选择器	$("ul　li")	$("ul　li")后代选择器获取后代元素

【案例 6.1.4】jQuery 的层级选择器的使用

下面通过案例演示 jQuery 层级选择器的使用。

```
<!DOCTYPE html>
<html>
    <head>
        <meta charset="utf-8" />
        <title></title>
        <script src="js/jquery-3.5.1.min.js"></script>
        </head>
    <body>
        <div>
             <li>红色</li>
             <li>黄色</li>
             <li>蓝色</li>
             <ul>
                 <li>苹果</li>
                 <li>香蕉</li>
                 <li>蓝莓</li>
             </ul>
        </div>
        <li>我是 div 外面的 li</li>
        <script>
             console.log($("div>li"));  //获取<div>里的直接子元素<li>
             console.log($("div li"));  //获取<div>里的所有<li>元素
        </script>
    </body>
</html>
```

代码$("div>li")只选择出<div>里直接的 3 个<li>子元素，而代码$("div li")则选择出<div>里的所有 6 个<li>元素。在浏览器控制台查看上述代码的结果如图 6-8 所示。

3. 筛选选择器

筛选选择器用来筛选元素，通常和别的选择器搭配使用，具体如表 6-3 所示。

```
Elements  Console  Sources  Network  Performance  Memory
top  Filter  Default levels
▼S.fn.init(3) [li, li, li, prevObject: S.fn.init(1)]
  ▶0: li
  ▶1: li
  ▶2: li
   length: 3
  ▶prevObject: S.fn.init [document]
  ▶__proto__: Object(0)
▼S.fn.init(6) [li, li, li, li, li, li, prevObject: S.fn.init(1)]
  ▶0: li
  ▶1: li
  ▶2: li
  ▶3: li
  ▶4: li
  ▶5: li
   length: 6
  ▶prevObject: S.fn.init [document]
  ▶__proto__: Object(0)
>
```

图 6-8 层级选择器

表 6-3 筛选选择器

选择器	用法	描述
:first	$("li:first")	$("li:first")获取第一个<li>元素
:last	$("li:last")	$("li:last")获取最后一个<li>元素
:eq(index)	$("li:eq(2)")	$("li:eq(2)")获取<li>元素，选择索引为 2 的元素
:odd	$("li:odd")	$("li:odd")获取<li>元素，选择索引为奇数的元素
:even	$("li:even")	$("li:even")获取<li>元素，选择索引为偶数的元素

【案例 6.1.5】jQuery 的筛选选择器的使用

下面通过案例演示 jQuery 筛选选择器的使用。

```
<!DOCTYPE html>
<html>
    <head>
        <meta charset="utf-8" />
        <title></title>
        <script src="js/jquery-3.5.1.min.js"></script>
    </head>
    <body>
        <ul>
            <li>苹果</li>
            <li>香蕉</li>
            <li>葡萄</li>
            <li>樱桃</li>
        </ul>
        <div>
            <li>红色</li>
            <li>黄色</li>
```

```
            <li>紫色</li>
            <li>红色</li>
        </div>
        <script>
            $('ul li:first').css('color','red'); //为匹配的元素设置文本的颜色
            $('ul li:last').css('color','red');
            $('ul li:eq(2)').css('color','purple');
            $('div li:even').css('background-color','yellow');//为匹配的元素设
置背景颜色
            $('div li:odd').css('background-color','pink');
        </script>
    </body>
</html>
```

代码$('ul li:first')将筛选出<ul>里的第一个<li>元素，即<li>苹果</li>。代码.css('color','red');的作用是为匹配元素设置文本的颜色为红色。代码$('ul li:eq(2)')将筛选出<ul>里的索引为 2 的<li>元素，即<li>葡萄</li>，索引是从 0 开始的。代码$('div li:even')将筛选出<div>里的偶数行<li>元素，并通过 css('background-color','yellow');设置偶数行的背景色为黄色，注意是从第 0 行开始计算的，并且第 0 行被看作偶数行。代码$('div li:odd').css('background-color','pink');将筛选出<div>里的奇数行<li>元素，并设置背景色为粉色。在浏览器查看结果如图 6-9 所示。

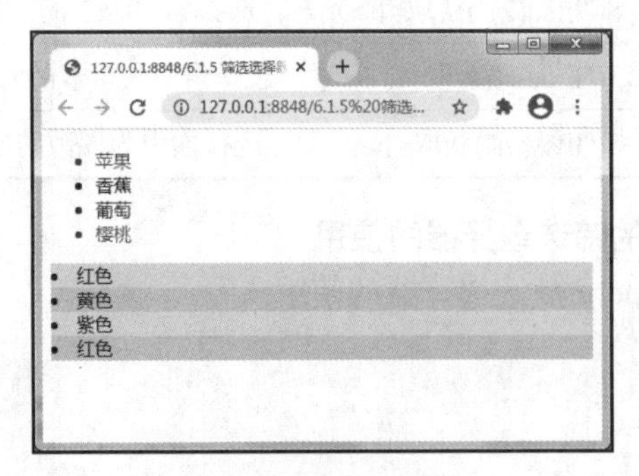

图 6-9　筛选选择器

实际开发中，有时需要对一个已经用选择器获取到的集合进行筛选，这时可以使用筛选方法。常用的筛选方法如表 6-4 所示。

表 6-4　常用筛选方法

方法	用法	描述
parent()	$("li").parent()	查找父元素
children(selector)	$("ul").children("li")	查找子元素
find(selector)	$("ul").find("li")	查找后代元素

续表

方法	用法	描述
siblings(selector)	$(".first").siblings("li")	查找同级元素
nextAll([expr])	$(".first").nextAll()	查找当前元素之后所有的兄弟节点
prevAll([expr])	$(".last").prevAll()	查找当前元素之前所有的兄弟节点
hasClass(class)	$("div").hasClass("protected")	检查当前的元素是否含有特定的类，返回 true 或 false
eq(index)	$("li").eq(2)	相当于$("li:eq(2)")

【案例 6.1.6】jQuery 的常用筛选方法的使用

下面通过案例演示 jQuery 常用筛选方法的使用。

```
<!DOCTYPE html>
<html>
    <head>
        <meta charset="utf-8" />
        <title></title>
        <script src="js/jquery-3.5.1.min.js"></script>
    </head>
    <body>
        <h2 id='list1'>水果列表</h2>
        <ul class='fruit'>
             <li>苹果</li>
             <li>香蕉</li>
             <li>葡萄</li>
             <li>樱桃</li>
        </ul>
        <div>
             <h2 id='list2'>城市列表</h2>
             <p>常州</p>
             <p>南京</p>
             <p>无锡</p>
             <p>苏州</p>
        </div>
        <h1 id='list3'>动物乐园</h1>
        <ol>
             <li>猴子</li>
             <li>兔子</li>
             <li>大象</li>
             <li>斑马</li>
        </ol>
```

```
        <script>
            console.log($('#list2').parent());
            $('ul').children('li').css('color', 'blue');
            $('body').find('h2').css('color', 'red');
            $('body').find('#list3').css('color', 'pink');
            $('div>p').eq(2).siblings('p').css('font-style','italic');
            $('ol li').eq(0).nextAll().css('font-style','italic');
            $('ol li').eq(3).prevAll().css('text-decoration', 'underline');
            console.log($('ul').hasClass('fruit'));
            console.log($('ol').hasClass('fruit'));
        </script>
    </body>
</html>
```

代码$('div>p').eq(2).siblings('p').css('font-style','italic');的作用是找出<div>的子元素中索引为 2 的<p>元素，即<p>无锡</p>，再将该元素的所有同级元素的文本设置为斜体。代码$('ol li').eq(0).nextAll().css('font-style','italic');的作用是找出<ol>的后代中索引为 0 的<li>元素，即<li>猴子</li>，再将该元素后面的所有同级元素的文本设置为斜体。代码$('ol li').eq(3).prevAll().css('text-decoration', 'underline');的作用是找出<ol>的后代元素中索引为 3 的<li>元素，即<li>斑马</li>，再为该元素前面所有的同级元素的文本添加下划线。在浏览器及控制台查看代码的结果如图 6-10 所示。

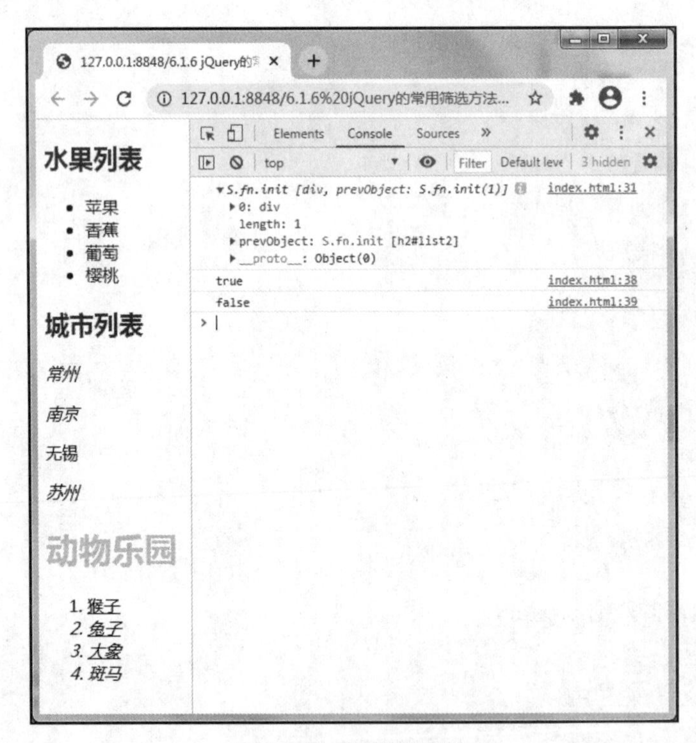

图 6-10　常用筛选方法

4. 其他选择器

jQuery 中的选择器种类非常多，初学者并没有必要全部掌握，只记住常用的选择器即可。

当需要使用不熟悉的选择器时，可以通过查阅文档看具体的解释。为了方便读者阅读，接下来我们简单介绍一些其他在开发中可能会用到的选择器。

（1）获取同级元素选择器

使用+或～可以获取同级元素，如表 6-5 所示。

表 6-5 获取同级元素

选择器	功能描述	示例
prev + next	获取当前元素（prev）紧邻的下一个同级元素（next）	$("div + .title")获取紧邻<div>的下一个 class 名为 title 的同级元素
prev ～ siblings	获取当前元素（prev）后的所有同级元素（siblings）	$(".bar～li")获取 class 名为 bar 的元素后的所有同级元素<li>

【案例 6.1.7】jQuery 获取同级元素

下面通过案例演示 jQuery 获取同级元素的使用。

```
<!DOCTYPE html>
<html>
    <head>
        <meta charset="utf-8" />
        <title></title>
        <script src="js/jquery-3.5.1.min.js"></script>
    </head>
    <body>
        <h2 id='list1'>水果列表</h2>
        <ul class="fruit">
            <li>苹果</li>
            <li>香蕉</li>
            <li>葡萄</li>
            <li>樱桃</li>
        </ul>
        <div>
            <h2 id='list2'>城市列表</h2>
            <p>常州</p>
            <p>南京</p>
            <p>无锡</p>
            <p>苏州</p>
        </div>
        <script>
            console.log($('h2+ul'));
            $('h2+ul').css('color', 'blue');
            console.log($('#list2～p'));
```

```
            $('#list2~p').css('color', 'red');
        </script>
    </body>
</html>
```

（2）筛选元素选择器

在 jQuery 中有一些选择器可以筛选元素，如表 6-6 所示。

表 6-6　筛选元素

选择器	功能描述
:gt(index)	获取索引大于 index 的元素
:lt(index)	获取索引小于 index 的元素
:not(seletor)	获取除指定的选择器（seletor）外的其他元素
:focus	匹配当前获取焦点的元素
:animated	匹配所有正在执行动画效果的元素
:target	选择由文档 URI 的格式化识别码表示的目标元素
:contains(text)	获取内容包含 text 文本的元素
:empty	获取内容为空的元素
:has(selector)	获取内容包含指定选择器（selector）的元素
:parent	选取带有子元素或包含文本的元素
:hidden	获取所有隐藏元素
:visible	获取所有可见元素

【案例 6.1.8】jQuery 筛选元素

下面通过案例演示 jQuery 筛选元素的使用。

```
<!DOCTYPE html>
<html>
    <head>
        <meta charset="utf-8" />
        <title></title>
        <script src="js/jquery-3.5.1.min.js"></script>
    </head>
    <body>
        <h2 id='list1'>水果列表</h2>
        <ul class="fruit">
            <li>苹果</li>
            <li>香蕉</li>
            <li>葡萄</li>
            <li>樱桃</li>
        </ul>
        <div>
            <h2 id='list2'>城市列表</h2>
            <p>常州</p>
            <p>南京</p>
```

```
            <p>无锡</p>
            <p>苏州</p>
        </div>
        <h1 id='list3'>动物乐园</h1>
        <ol>
            <li>猴子</li>
            <li>兔子</li>
            <li>大象</li>
            <li>斑马</li>
            <li></li>
        </ol>
        <script>
            $('p:gt(1)').css('color', 'blue');
            $('p:lt(1)').css('color', 'red');
            $('ul li:not(li:eq(1))').css('text-decoration', 'underline');
            $('li:contains("子")').css('color', 'green');
            $('li:empty').css('color', 'red');
            console.log($('div:has("h2")'));
            console.log($('h2:parent'));
        </script>
    </body>
</html>
```

微课 121

扫码观看微课视频

（3）属性选择器

根据属性获取指定元素的方式有多种，常用的属性选择器如表 6-7 所示。

表 6-7　属性选择器

选择器	功能描述	示例
[attr]	获取具有指定属性（attr）的元素	$("div[class]")获取含有 class 属性的所有<div>元素
[attr=value]	获取属性值等于 value 的元素	$("div[class='current']")获取 class 等于 current 的所有<div>元素
[attr!=value]	获取属性值不等于 value 的元素	$("div[class!='current']")获取 class 不等于 current 的所有<div>元素
[attr^=value]	获取属性值以 value 开始的元素	$("div[class^='box']")获取 class 属性值以 box 开始的所有<div>元素
[attr$=value]	获取属性值以 value 结尾的元素	$("div[class$='er']")获取 class 属性值以 er 结尾的所有<div>元素
[attr*=value]	获取属性值包含 value 的元素	$("div[class*='-']")获取 class 属性值中含有“-”符号的所有<div>元素
[attr~=value]	获取属性值包含一个 value，以空格分隔的元素	$("div[class~='box']")获取 class 属性值等于“box”或通过空格分隔并含有 box 的<div>元素，如“t box”
[attr1][attr2]...[attrN]	获取同时拥有多个属性的元素	$("input[id][name$='usr']")获取同时含有 id 属性和属性值以 usr 结尾的 name 属性的<input>元素

【案例 6.1.9】jQuery 属性选择器

下面通过案例演示 jQuery 属性选择器的使用。

```
<!DOCTYPE html>
<html>
    <head>
        <meta charset="utf-8" />
        <title></title>
        <script src="js/jquery-3.5.1.min.js"></script>
    </head>
    <body>
        <h2 id='list1'>水果列表</h2>
        <ul id="fruit">
             <li class='fruit'>苹果</li>
             <li class='fruit'>香蕉</li>
             <li class='fruit'>葡萄</li>
             <li class='fruit'>樱桃</li>
        </ul>
        <div>
             <h2 id='list2'>城市列表</h2>
             <p class='city1'>常州</p>
             <p class='city1'>南京</p>
             <p class='city2'>无锡</p>
             <p class='city2'>苏州</p>
        </div>
        <h2 id='list3' class="animal">动物乐园</h2>
        <ol>
             <li class='animal'>猴子</li>
             <li class='animal'>兔子</li>
             <li class='animal'>大象</li>
             <li class='animal'>斑马</li>
             <li class='animal'></li>
        </ol>
        <script>
             console.log($('li[class]'));
             $('li[class="fruit"]').css('color', 'blue');
             $('li[class^="an"]').css('color', 'red');
             $('p[class*="y2"]').css('color', 'green');
             $('h2[id][class="animal"]').css('color', 'orange');
        </script>
    </body>
</html>
```

（4）子元素选择器

子元素选择器是对子元素进行筛选，常用的子元素选择器如表 6-8 所示。

表 6-8 子元素选择器

选择器	功能描述
:nth-child(index/even/odd/公式)	索引默认从 1 开始，匹配指定索引、偶数、奇数或符合指定公式（如 2n，n 默认从 0 开始）的子元素
:first-child	获取第一个子元素
:last-child	获取最后一个子元素
:only-child	如果当前元素是唯一的子元素，则匹配
:nth-last-child(index/even/odd/公式)	选择所有父元素的第 n 个子元素。计数从最后一个元素开始到第一个元素结束
:nth-of-type(index/even/odd/公式))	选择同属于一个父元素之下，并且标签名相同的子元素中的第 n 个子元素
:first-of-type	在所有元素名称相同的元素中第一个子元素
:last-of-type	在所有元素名称相同的元素中最后一个子元素
:only-of-type	选择所有没有同级元素，但具有相同的元素名称的元素
:nth-last-of-type(index/even/odd/公式)	选择属于父元素的特定类型的第 n 个子元素，计数从最后一个元素开始到第一个元素结束

【案例 6.1.10】jQuery 子元素选择器

下面我们通过案例演示 jQuery 子元素选择器的使用。

```
<!DOCTYPE html>
<html>
    <head>
        <meta charset="utf-8" />
        <title></title>
        <script src="js/jquery-3.5.1.min.js"></script>
    </head>
    <body>
        <h2 id='list1'>水果列表</h2>
        <ul id="fruit">
            <li class='fruit'>苹果</li>
            <li class='fruit'>香蕉</li>
            <li class='fruit'>葡萄</li>
            <li class='fruit'>樱桃</li>
        </ul>
        <div>
            <h2 id='list2'>城市列表</h2>
```

```
            <p class='city1'>常州</p>
            <p class='city1'>南京</p>
            <p class='city2'>无锡</p>
            <p class='city2'>苏州</p>
        </div>
        <h2 id='list3' class="animal">动物乐园</h2>
        <ol>
            <li class='animal'>猴子</li>
            <li class='animal'>兔子</li>
            <li class='animal'>大象</li>
            <li class='animal'>斑马</li>
            <li class='animal'></li>
        </ol>
        <h2 id='list4'>鲜花列表</h2>
        <ul>
            <li>百合花</li>
        </ul>
        <script>
            $('ul li:first-child').css('color', 'blue');
            $('ul li:last-child').css('color', 'red');
            $('ul li:only-child').css('color', 'hotpink');
            $('p:first-of-type').css('text-decoration', 'underline');
            $('p:last-of-type').css('font-style','italic');
            $("ol li:nth-child(odd)").css('color', 'orange');
            $("ol li:nth-child(even)").css('color', 'green');
        </script>
    </body>
</html>
```

微课 123

扫码观看微课视频

（5）表单选择器

表单选择器是针对表单元素的选择器，用来方便表单开发，如表 6-9 所示。

表 6-9　表单选择器

选择器	功能描述
:input	获取页面中的所有表单元素，包含<select>以及<textarea>元素
:text	选取页面中的所有文本框
:password	选取所有的密码框
:radio	选取所有的单选按钮
:checkbox	选取所有的复选框
:submit	获取 submit（提交）按钮
:reset	获取 reset（重置）按钮

续表

选择器	功能描述
:image	获取 type="image"的图像域
:button	获取<button>元素，包括<button></button>和 type="button"。$(":button")
:file	获取 type="file"的文件域
:hidden	获取隐藏表单元素
:enabled	获取所有可用表单元素
:disabled	获取所有不可用表单元素
:checked	获取所有选中的表单元素，主要针对<radio>、<checkbox>、<option>
:selected	获取所有选中的表单元素，主要针对<select>

【案例 6.1.11】jQuery 表单选择器

下面通过案例演示 jQuery 表单选择器的使用。

```
<!DOCTYPE html>
<html>
    <head>
        <meta charset="utf-8" />
        <title></title>
        <script src="js/jquery-3.5.1.min.js"></script>
    </head>
    <body>
        <form>
            用户名：<input type="text" width="150px" /><br>
            密   码：<input type="password" width="150px" /><br>
            重复密码：<input type="password" width="150px" />
            <hr />
            男<input type="radio" name="rb" checked="checked" />  
            女<input type="radio" name="rb" />
            未知<input type="radio" name="rb" /><br />
            足球<input type="checkbox" value="football" />  
            篮球<input type="checkbox" value="basketball" />  
            羽毛球<input type="checkbox" checked="checked" value="badminton"
/><br />
            上传头像：<input type="file" />
            <textarea>自我介绍...</textarea>
            <hr />
            按钮：<input type="button" value="表单里的 input 按钮" /><br>
            重置：<input type="reset" value="重置" /><br>
            提交：<input type="submit" value="提交" />
            <hr />
```

```
        </form>
        下面的都是表单外的元素。<br />
        <button>ok</button>
        <select>
            <option>a</option>
            <option>b</option>
        </select>
        <textarea disabled="disabled">我是不可用的文本域。</textarea>
        <hr />
        <script>
            $(":text").css("border-color", "red");
            //$(":password").css("border-color","red");
            //$(":submit").css("border-color","red");
            //$(":reset").css("border-color","red");
            //$(":button").css("border-color","red");
            //console.log($(":checkbox"));
            //console.log($(":radio"));
            //console.log($(":file"));
            //console.log($(":disabled"));
            //console.log($("form:checked"));
            //console.log($(":input"));
            //console.log($("form :input"));
        </script>
    </body>
</html>
```

需要注意的是，$("input")与$(":input")虽然都可以获取表单元素，但是它们表达的含义有一定的区别。前者仅能获取表单标签是<input>的元素，后者则可以同时获取页面中所有的表单元素，包括表单标签是<select>及<textarea>的元素。

拓展练习

一、单选题

1. 下面对$("p,.red,.blue")的描述正确的是（　　）。
   A. 获取 id 值是 red 或 blue 的<p>元素
   B. 获取 class 值是 blue 或 red 的<p>元素
   C. 获取 class 值是 blue 或 red 的元素及<p>元素
   D. 获取 id 值是 blue 或 red 的元素及<p>元素
2. jQuery 选择器中，通过符号（　　）可获取父元素下的所有子元素。
   A. 空格　　B. >　　C. +　　D. ～
3. 下面关于 each()方法描述错误的是（　　）。
   A. 用于遍历选择器匹配到的所有元素
   B. 参数可以是一个回调函数，每个匹配元素都会去执行这个函数
   C. 第一个参数可以是待遍历的选择器
   D. 以上说法都不正确

4. 以下选项中，通过标签名获取元素的是（　　）。
   A. $("#id")　B. $(".class")　C. $("h3")　D. $("*")
5. 以下筛选选择器中，获取<li>元素，并选择索引为奇数的元素的是（　　）。
   A. $("li:first")　B. $("li:last")　C. $("li:odd")　D. $("li:even")
6. 以下用法正确的是（　　）。
   A. var p=document.querySelector('p');　p.text('abc');
   B. var h5=$('h5');　h5.innerText='h5';
   C. $(document.querySelector('h2')).textContent('h2');
   D. $(document.querySelector('h2')).text('h2');
7. 以下用法错误的是（　　）。
   A. $('h2')[0].innerHTML='H2';　B. $('h2').innerText='H2';
   C. $('h2').get(0).innerText='H2';　D. $('h2').text('h2');
8. 以下哪个不是表单选择器（　　）。
   A. :checked　B. :selected　C. :checkbox　D. :textbox
9. 根据指定的类名可匹配所有元素的是（　　）。
   A. $("div")　B. $(".title")　C. $("#title")　D. $("li,p,div")
10. 以下选项中可以获取前 3 项<li>元素的是（　　）。
   A. $("li:eq(3)")　B. $("li:gt(3)")
   C. $("li:lt(3)")　D. $("li:not(li:eq(3))")

二、多选题

1. 以下（　　）可获取指定选择器中的第一个元素。
   A. $('#fold>ul>li:first')　B. $('#fold>ul>li').eq(0)
   C. $('#fold>ul>li:lt(1)')　D. 以上答案都不正确
2. 下面（　　）属于 jQuery 提供的页面加载方式。
   A. $(document).ready()　B. window.onload
   C. $().ready()　D. $()

三、判断题

1. jQuery 对象并没有解决不同浏览器兼容的问题。（　　）
2. 选择器$("li:parent")用于获取内容不为空的<li>元素。（　　）
3. 在 jQuery 中，为$()传递一个元素，就可以创建出一个元素对象。（　　）
4. “$.each($('li'),function(i,e){})”的功能等价于“ $('li').each(function(i,e){})”。（　　）
5. $('div').first()与$('div:first')都可获取第一个匹配到的<div>元素。（　　）
6. $("div>ul").eq(1)用于获取<div>元素下第 2 个<ul>元素对象。（　　）
7. 与 jQuery 相比，JavaScript 中的页面加载事件只允许编写一个。（　　）
8. jQuery 文件的压缩版本中不包括换行、缩进和注释等内容。（　　）
9. jQuery 中页面加载事件只允许编写一个。（　　）
10. $("div+ul")表示获取所有紧邻<div>元素的下一个元素为<ul>的同级元素。（　　）

四、填空题

1. jQuery 提供的元素查找方法中，利用（　　　　）可获取所有同级元素。
2. 选择器（　　　　）用于获取所有<li>元素中的奇数行数据（第 0 行属于偶数行）。
3. 在 jQuery 中，$().ready()可以简写为（　　　　）。
4. jQuery 提供的（　　　　）方法用于元素的遍历。
5. jQuery 中可用（　　　　）同时获取所有<div>和<p>元素。

五、简答题

请简述 JavaScript 中的 window.onload 事件和 jQuery 中的 ready()方法的区别。

6.2 jQuery 操作 DOM

在网页开发时，经常需要用到大量的方法来对页面进行控制，jQuery 提供了操作元素的内容、样式、属性等的方法，以及许多操作 DOM 节点的方法，方便网页开发者使用。

微课 124

扫码观看微课视频

6.2.1 jQuery 操作元素内容

jQuery 中的操作元素内容的方法，主要包括 html()方法、text()方法和 val()方法。开发者可以根据不同的需求选择使用。这几种方法的具体使用说明如表 6-10 所示。

表 6-10　元素内容操作

语法	说明
html()	获取第一个匹配元素的 HTML 内容
html(content)	设置所有匹配元素的 HTML 内容
text()	获取所有匹配元素包含的文本内容组合起来的文本
text(content)	设置所有匹配元素的文本内容
val()	获取第一个匹配的表单元素的 value 值
val(value)	设置所有匹配表单元素的 value 值

需要注意的是，val()方法可以操作表单（<select>、<radio>和<checkbox>）的选中情况。当要获取的元素是<select>元素时，返回结果是一个包含所选值的数组；当要为表单元素设置选中情况时，可以传递数组参数。

【案例 6.2.1】操作元素内容

下面的代码通过使用 jQuery 的 html()方法、text()方法和 val()方法，演示它们的异同。

```
<!DOCTYPE html>
<html>
    <head>
        <meta charset="utf-8" />
        <title></title>
        <script src="js/jquery-3.5.1.min.js"></script>
```

```
    </head>
    <body>
        <div>
            <span>我是 span1 的内容</span>
        </div>
        <div>
            <span>我是 span2 的内容</span>
        </div>
        <p>我是段落 1 的内容</p>
        <p>我是段落 2 的内容</p>
        <input type="text" value="我是默认文本" />
        <input type="button" value="提交按钮" />
        <script>
            // 1. 获取设置的元素内容
            console.log($("div").html());
            $("div").html("<span>hello</span>");
            // 2. 获取设置的元素文本内容
            console.log($("p").text());
            $("p").text("我是新的段落内容");
            // 3. 获取设置的表单元素的值
            console.log($("input").val());
            $('input').val('我是新值');
        </script>
    </body>
</html>
```

在浏览器中的执行结果如图 6-11 所示。

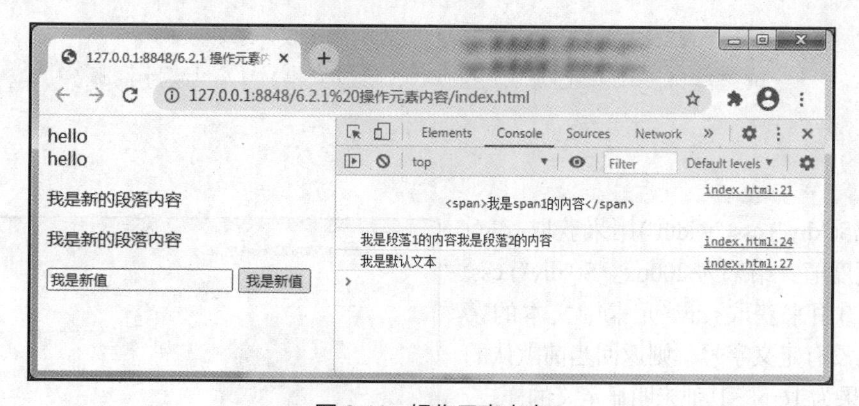

图 6-11　操作元素内容

从结果可以看出，使用 html()方法获取的是第一个<div>中的内容，包含<html>标签的<span>元素，设置的是所有<div>的 html 内容。使用 text()方法获取的是所有<p>元素的文本内容，设置的也是所有<p>元素的文本内容。val()方法获取的是第一个<input>的 value 值，设置的是所有<input>的 value 属性的值。因此，开发者在使用时应根据需要选择合适的方法。

6.2.2 jQuery 操作元素样式

jQuery 提供了两种用于样式操作的方法，分别是 css()方法和设置类样式的方法，css()方法可以直接读取或设置元素的样式，如 color、width、height 等，设置类样式的方法需要通过给元素添加或者删除类名来操作元素的样式。下面我们分别进行介绍。

1. css()方法

（1）获取样式

css()方法若只有一个参数，即只有一个样式名称，则方法将返回样式值。

【案例 6.2.2】css()方法获取样式

下面的例子通过 css()方法获取页面元素的指定样式。

```
<!DOCTYPE html>
<html>
    <head>
        <meta charset="utf-8" />
        <title></title>
        <script src="js/jquery-3.5.1.min.js"></script>
    </head>
    <body>
        <style>
            div {
                 width: 200px;
                 height: 200px;
                 background-color: pink;
            }
        </style>
        <div>CCIT</div>
        <script>
             console.log($("div").css("width")); // 结果为 200px
             console.log($("div").css("fontSize")); // 结果为 16px
        </script>
    </body>
</html>
```

代码$("div").css("width")用来获取<div>元素的宽度值，结果为 200px。$("div").css("fontSize")用来获取<div>元素中文本的字号，如果没有定义字号，则返回当前默认的字号，结果为 16px。其他未明显定义的样式，也可以通过 css()方法来获取样式的默认值。该例在浏览器中的显示结果如图 6-12 所示。

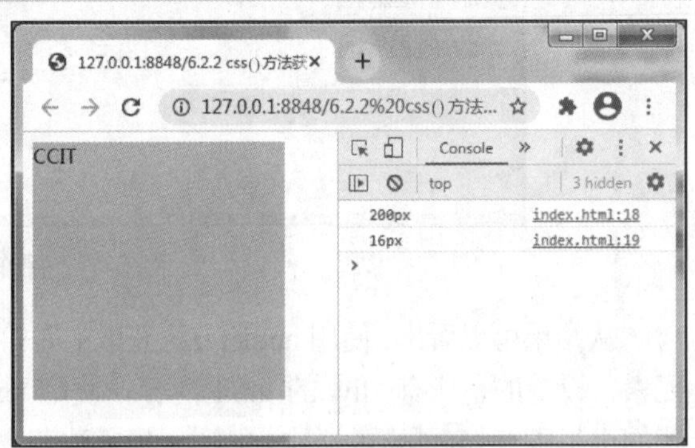

图 6-12 css()方法获取样式

（2）设置单个样式

css()方法的参数若由一个属性名和对应的属性值组成，中间以逗号分隔，表示设置一组样式。注意属性必须加引号，值如果是数字，可以不用加单位和引号。看下面的例子。

【案例 6.2.3】css()方法设置单个样式

下面的例子通过 css()方法设置页面元素的指定样式。

```
<!DOCTYPE html>
<html>
    <head>
        <meta charset="utf-8" />
        <title></title>
        <script src="js/jquery-3.5.1.min.js"></script>
    </head>
    <body>
        <div></div>
        <script>
            $("div").css("width", "200px");
            $("div").css("height", "200px");
            $("div").css("background-color", "pink");
        </script>
    </body>
</html>
```

上述代码中分别使用 3 个 css()方法为<div>元素设置了 3 个样式：宽度、高度和背景色。上述代码在浏览器中执行的效果如图 6-13 所示。

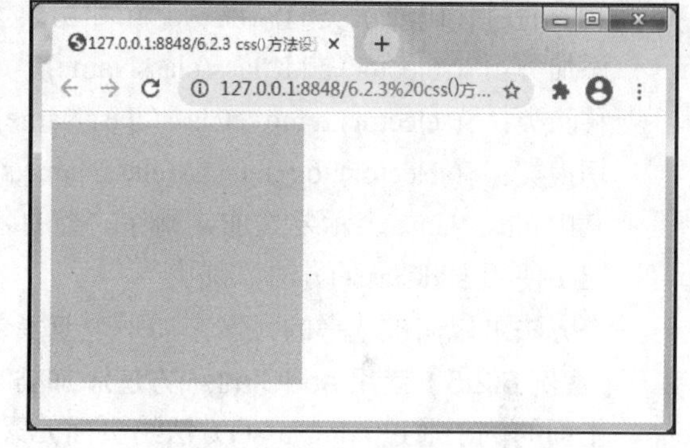

图 6-13　css()方法设置单个样式

（3）设置多个样式

css()方法的参数若是对象的形式，则可以设置多个样式。样式名和样式值用冒号隔开，样式名可以不用加引号。

【案例 6.2.4】css()方法设置多个样式

下面的例子通过 css()方法同时设置页面元素的多个指定样式。

```
<!DOCTYPE html>
<html>
    <head>
        <meta charset="utf-8" />
        <title></title>
        <script src="js/jquery-3.5.1.min.js"></script>
    </head>
    <body>
        <div></div>
        <script>
            $("div").css({
                width:200,
                height:200,
```

```
                backgroundColor:"pink",
                border:"2px solid blue"
            })
        </script>
    </body>
</html>
```

上述代码通过 css()方法的参数设置了 4 个样式，分别设置了<div>的宽度、高度、背景色和边框样式。宽度和高度的值是数字，可以不用写引号，也可以写成"200px"的形式。上述代码在浏览器中执行的效果如图 6-14 所示。

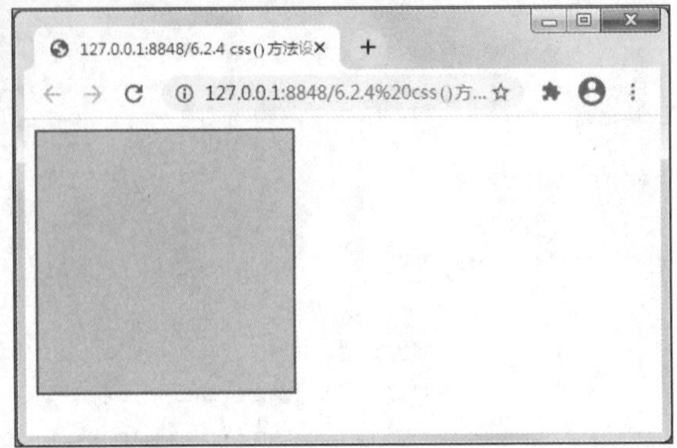

图 6-14　css()方法设置多个样式

2. 类操作

类操作就是通过操作元素的类名操作元素样式，当元素样式比较复杂时，如果通过 css()方法实现，需要编写很长的代码，既不美观也不方便。而通过写一个类名，把类名加上或去掉就会显得很方便。下面我们通过代码演示类的添加、删除和切换。语法如下。

微课 126

扫码观看微课视频

添加类：$(selector).addClass(className)。

移除类：$(selector).removeClass(className)。

切换类：$(selector).toggleClass(className,switch)。

其中 className 表示要添加或删除的类的名称。

（1）使用 addClass()方法添加类

该方法可以向被选择的元素添加一个或多个类。

【案例 6.2.5】使用 addClass()方法添加类

下面的例子通过 addClass()方法给页面元素添加一个或多个指定样式类。

```
<!DOCTYPE html>
<html>
    <head>
        <meta charset="utf-8" />
        <title></title>
        <script src="js/jquery-3.5.1.min.js"></script>
    </head>
    <body>
        <style>
            div {
                margin: 20px;
                width: 200px;
            }
            .red {
                background-color: red;
            }
```

```
            .border {
                border: 2px solid green;
            }
        </style>
        <div>first div</div>
        <div>second div</div>
        <div>third div</div>
        <script>
            $('div').eq(0).addClass('red');
            $('div').eq(1).addClass('border');
            $('div').eq(2).addClass('red border');
        </script>
    </body>
</html>
```

代码 addClass('red')为第一个<div>标签添加了类 red，使<div>标签呈现出红色的背景。代码 addClass('border')为第二个<div>标签添加了类 border，使<div>标签呈现了绿色的边框。代码 addClass('red border')为第三个<div>标签添加了两个类，使<div>标签同时呈现了红色的背景和绿色的边框，注意两个类名要写在一个引号里，用空格隔开。上述代码在浏览器中执行的效果如图 6-15 所示。

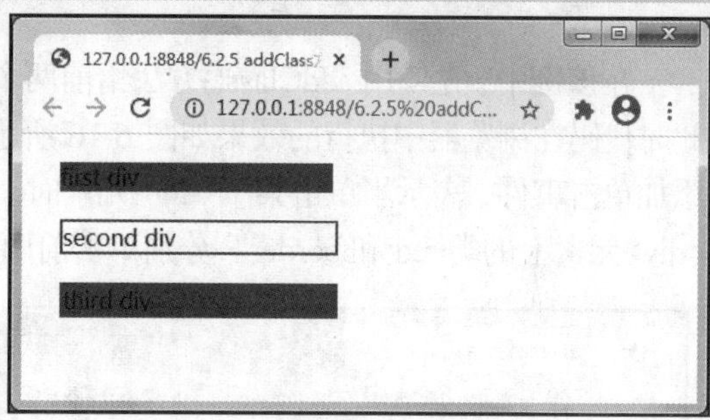

图 6-15 使用 addClass()方法添加类

（2）使用 removeClass()方法移除类

该方法可以为被选择的元素移除一个或多个类。

【案例 6.2.6】使用 removeClass()方法移除类

下面的例子通过 removeClass()方法为页面元素删除一个或多个指定样式类。

```
<!DOCTYPE html>
<html>
    <head>
        <meta charset="utf-8" />
        <title></title>
        <script src="js/jquery-3.5.1.min.js"></script>
    </head>
    <body>
        <style>
            div {
                margin: 20px;
                width: 200px;
            }
            .red {
                background-color: red;
            }
            .border {
```

```
                border: 2px solid green;
            }
        </style>
        <div>first div</div>
        <div>second div</div>
        <div>third div</div>
        <script>
            $('div').eq(0).addClass('red border');
            $('div').eq(1).addClass('border red');
            $("div").click(function() {
                $(this).removeClass("red border");
            });
        </script>
    </body>
</html>
```

在该例中，先使用 addClass()方法给前两个<div>元素添加类 red 和 border，顺序没有关系，此时代码在浏览器中执行的效果如图 6-16 所示。再通过 click()方法为所选择的多个<div>元素添加单击事件，表示当单击某个<div>元素时，使用代码$(this).removeClass("red border")移除该<div>元素上的类 red 和 border。分别单击前两个<div>元素移除类后的效果如图 6-17 所示。

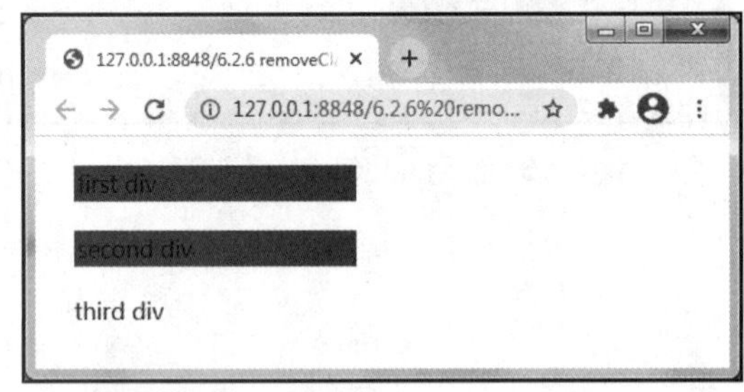

图 6-16　为前两个<div>元素添加类

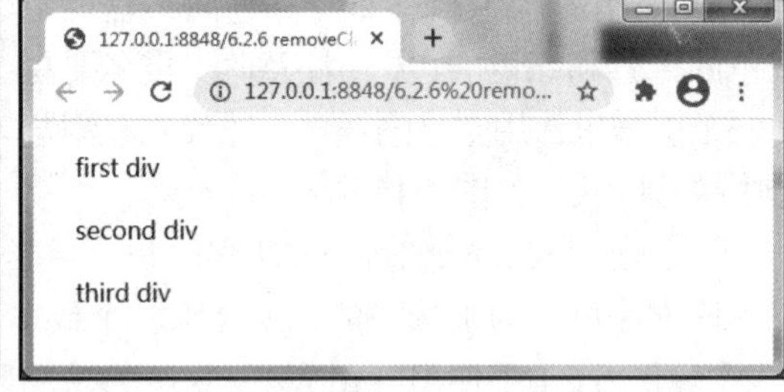

图 6-17　使用 removeClass()方法移除类

（3）使用 toggleClass()方法切换类

该方法用来为元素添加或移除某个类，如果类不存在，就添加该类；如果类存在，就移除该类，可以理解为在两种情况下进行切换。通过设置第二个“switch”参数，可以规定只删除或只添加类看下面的例子。

【案例 6.2.7】使用 toggleClass()方法切换类

下面的例子通过 toggleClass()方法在页面上切换背景色与边框。

```
<!DOCTYPE html>
<html>
    <head>
        <meta charset="utf-8" />
        <title></title>
        <script src="js/jquery-3.5.1.min.js"></script>
    </head>
    <body>
        <style>
```

```
            div {
                margin: 20px;
                width: 200px;
            }
            .red {
                background-color: red;
            }
            .border {
                border: 2px solid green;
            }
        </style>
        <div>first div</div>
        <div>second div</div>
        <div>third div</div>
        <script>
            $("div").click(function() {
                $(this).toggleClass("red border");
            });
        </script>
    </body>
</html>
```

在该例中，使用 click()方法为所选择的多个<div>元素添加单击事件，当单击某个<div>元素时，使用代码$(this).toggleClass("red border")检查该<div>元素是否有类 red 和 border，若有则进行移除，若无则进行添加。分别单击 3 个<div>元素添加类，再单击第二个<div>元素移除类后，在浏览器中的效果如图 6-18 所示。

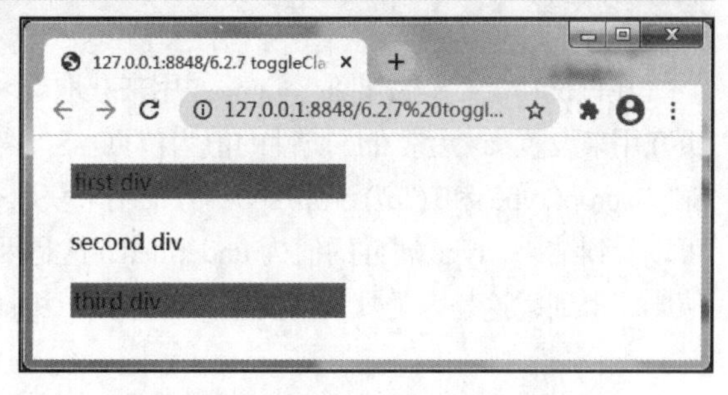

图 6-18　使用 toggleClass()方法切换类

6.2.3　jQuery 操作元素属性

在 HTML 中每一个标签都具有一些属性，它们表示这个标签在页面中呈现的各种状态。jQuery 提供了一些属性操作的方法，通过这些方法，能够实现不同的需求。下面我们做进一步的讲解。

1. prop()方法

prop()方法用来设置或获取元素固有属性的值。固有属性是指元素本身自带的属性，如<img>元素的 src 属性。具体语法示例如下。

prop()方法获取属性值语法如下。

```
$(selector).prop("属性名")
```

prop()方法设置属性值语法如下。

```
$(selector).prop("属性", "属性值")
```

【案例 6.2.8】prop()方法的使用

下面的例子通过 prop()方法获取和设置页面元素的属性值。

```
<!DOCTYPE html>
<html>
    <head>
        <meta charset="utf-8" />
        <title></title>
        <script src="js/jquery-3.5.1.min.js"></script>
    </head>
    <body>
        <a href="http://www.ccit.js.cn" title="无标题">我是超链接</a>
        <p type='para' style='color:red'>我是段落</p>
        <script>
             console.log($("a").prop('href'));
             $("a").prop("title", "首页");
             console.log($("a").prop('title'));
             console.log($("p").prop('type'));
             console.log($("p").prop('style'));
        </script>
    </body>
</html>
```

在该例中，代码$("a").prop('href')用来获取<a>元素的 href 属性值。代码$("a").prop("title", "首页");用来设置<a>元素 title 属性的值为首页。$("a").prop('title')用来获取<a>元素的 title 属性的值。$("p").prop('type')和$("p").prop('style')分别用来获取<p>元素的 type 和 style 属性的值。通过图 6-19 可以看到结果，type 属性的值为 undefined，这是因为 type 不是<p>元素的固有属性；而 style 属性值则能得到，这是因为默认情况下，id、class 和 style 属性被认为是所有元素的固有属性。

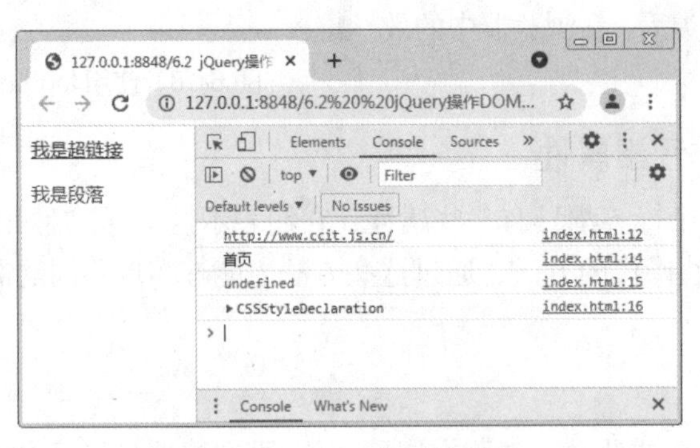

图 6-19　prop()方法的使用

2. attr()方法

attr()方法用来设置或获取元素的自定义属性的值。自定义属性是指用户给元素添加的非固有属性。其语法如下。

attr()方法获取属性值语法如下。

```
$(selector).attr("属性名")
```

attr()方法设置属性值语法如下。

```
$(selector).attr("属性", "属性值")
```

【案例 6.2.9】attr()方法的使用

下面的例子通过 attr()方法获取和设置页面元素的自定义属性的值。

```
<!DOCTYPE html>
<html>
    <head>
        <meta charset="utf-8" />
        <title></title>
        <script src="js/jquery-3.5.1.min.js"></script>
    </head>
    <body>
        <p type='para' data-index='1' >我是段落</p>
        <script>
            $("p").attr("type", "paragraph");
            $("p").attr("data-index", "2");
            $("p").attr("style", "color:red");
            console.log($("p").attr('type'));
            console.log($("p").attr('data-index'));
        </script>
    </body>
</html>
```

在该例中，<p>元素的 type 属性是一个普通的自定义属性，data-index 是 HTML5 的自定义属性（以“data-”开头），使用 attr()方法都可以设置或获取。代码$("p").attr("style", "color:red")对<p>元素的固有属性 style 进行了设置，使<p>元素的文本呈现出红色的样式，效果如图 6-20 所示。由此可以得出一个结论，attr()方法可以对自定义属性和固有属性进行操作，而 prop()方法只能对固有属性进行操作。

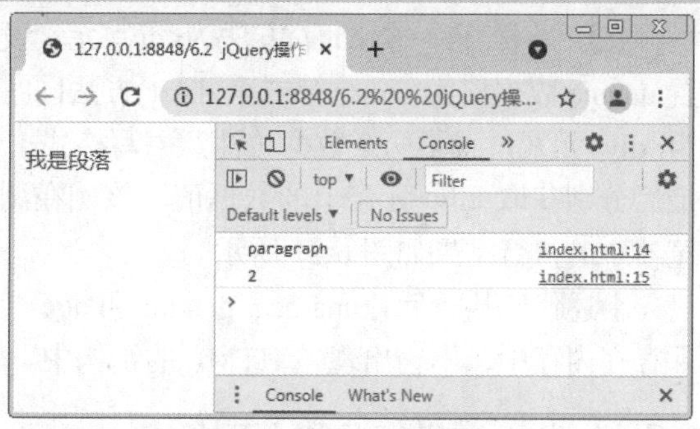

图 6-20 attr()方法的使用

3. data()方法

data()方法用来在指定的元素上存取数据，数据保存在内存中，并不会修改 DOM 结构；一旦页面刷新，之前存放的数据都将被移除。其语法如下。

微课 129

扫码观看微课视频

data()方法获取属性值语法如下。

```
$(selector).data("数据名")
```

data()方法设置属性值语法如下。

```
$(selector).data("数据名", "数据值")
```

【案例 6.2.10】data()方法的使用

下面的例子通过 data()方法获取和设置页面元素的数据。

```
<!DOCTYPE html>
<html>
    <head>
        <meta charset="utf-8" />
        <title></title>
        <script src="js/jquery-3.5.1.min.js"></script>
    </head>
    <body>
        <div>This is a DIV.</div>
        <script>
            $("div").data("uname", "Tom");
            $("div").data({
                "gender": "male",
                "age": 18
            });
            console.log($("div").data("uname"));
            console.log($("div").data("gender"));
            console.log($("div").data("age"));
        </script>
    </body>
</html>
```

在该例中，第一个 data()方法为<div>元素设置 uname 数据值为 Tom，第二个 data()方法同时为<div>元素设置了两个数据（注意书写格式），最后分别获取<div>元素上的数据值。该例在浏览器中的执行结果如图 6-21 所示。

上述代码执行后，uname、gender 和 age 会保存在内存中，不会出现在 HTML 的结构中。

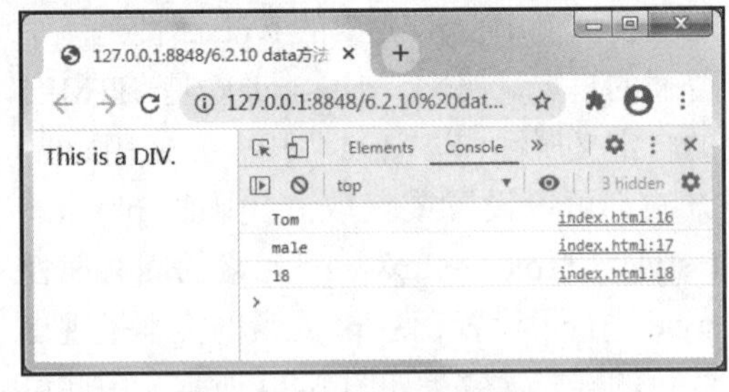

图 6-21　data()方法的使用

6.2.4　jQuery 操作 DOM 节点

jQuery 提供了一系列方法可以实现对 DOM 节点进行操作，如对节点进行遍历、创建、添加和删除等。下面我们将分别进行介绍。

1. 遍历元素

jQuery 本身具有隐式迭代的效果，当一个 jQuery 对象中包含多个元素时，jQuery 会对这些元素进行相同的操作。如果想对这些元素进行遍历，可以使用 jQuery 提供的 each()方法，其基本语法如下。

```
$(selector).each(function(index, domEle) {
        //对每个元素进行操作的语句
});
```

上述语法结构中，each()方法会遍历$(selector)对象中的元素。该方法的参数是一个函数。这个函数将会在遍历时调用，每个元素调用一次。在函数中，index 参数是每个元素的索引，domEle是每个DOM元素的对象（不是jQuery对象），如果想使用jQuery方法，需要将这个DOM对象转换成jQuery对象，即$(domEle)。下面我们来看一个例子。

【案例 6.2.11】each()方法遍历元素

下面的例子使用each()方法遍历页面的div元素，遍历时分别设置元素的字号与上外边距。

```
<!DOCTYPE html>
<html>
    <head>
        <meta charset="utf-8" />
        <title></title>
        <script src="js/jquery-3.5.1.min.js"></script>
    </head>
    <body>
        <div>div1</div>
        <div>div2</div>
        <div>div3</div>
        <script>
            var arr = ["20px", "25px", "30px"];
            $("div").each(function(index, domEle) {
                console.log(index); // 查看索引
                console.log(domEle); // 查看DOM元素
                $(domEle).css("fontSize", arr[index]); // 对每个元素设置字号
                $(domEle).css("marginTop", "20px"); // 对每个元素设置上外边距
            });
        </script>
    </body>
</html>
```

在该例中，使用数组arr保存了3个像素值。使用each()方法对获取到的3个<div>标签进行遍历，分别查看3个<div>标签的索引和DOM元素。代码$(domEle).css("fontSize", arr[index])，用来对每个<div>标签设置文本的字号，值来自arr数组，使用$(domEle).css("marginTop", "20px")对每个元素设置相同的上外边距。该例在浏览器中的执行结果如图6-22所示。

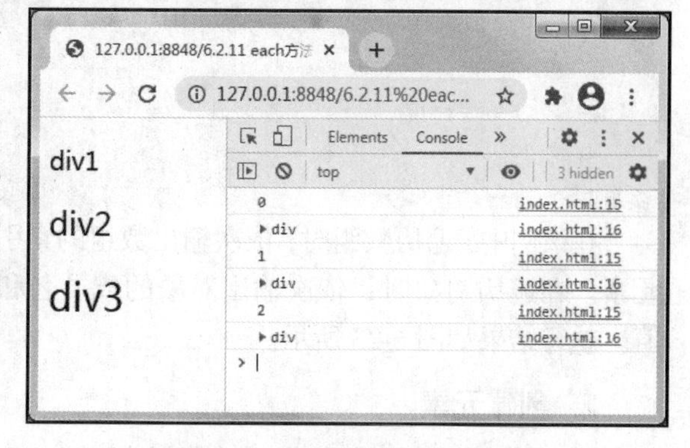

图 6-22　each()方法遍历元素

$.each()方法可用于遍历任何对象，主要用于数据（如数组、对象）处理。$.each()方法的使用和each()方法类似，具体语法如下。

```
$.each(arr, function(index,element){
        //对每个元素进行操作
});
```

在上面语法中，index 表示每个元素的索引，参数 element 表示遍历的内容。下面通过一个例子来进行演示。

【案例 6.2.12】$.each()方法遍历数组和对象

下面的例子使用$.each()方法遍历数组与对象，并输出遍历的内容。

```
<!DOCTYPE html>
<html>
    <head>
        <meta charset="utf-8" />
        <title></title>
        <script src="js/jquery-3.5.1.min.js"></script>
    </head>
    <body>
        <script>
             // 遍历数组
             var arr = ["JavaScript", "MySQL", "HTML5"];
             $.each(arr, function(index, element) {
                  console.log(index); //数组的索引
                  console.log(element); //数组元素
             });
             // 遍历对象
             var stud = {
                  name: "Tom",
                  gender: "male",
                  age: 20,
             };
             $.each(stud, function(index, element) {
                  console.log(index); //对象中的每个成员名
                  console.log(element); //对象中的每个成员的值
             });
        </script>
    </body>
</html>
```

在该例中，遍历数组时，依次输出数组的索引和数组元素。在遍历对象时，依次输出对象的成员名和成员的值。执行结果如图 6-23 所示。

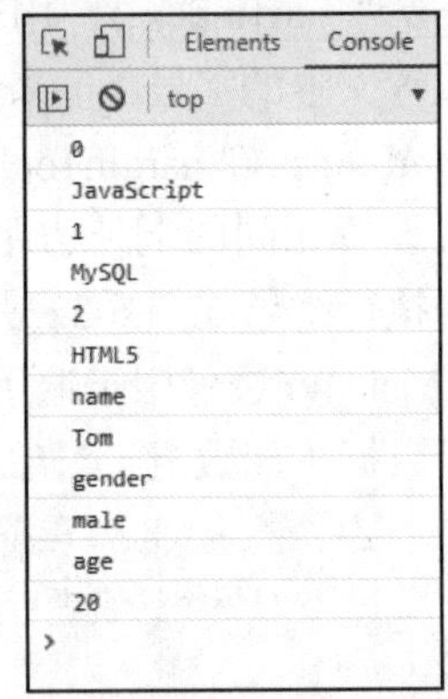

图 6-23　$.each()方法遍历数组和对象

2. 创建元素

通过 jQuery 可以很方便地动态创建一个元素，直接在“$()”函数中传入一个 HTML 字符串即可进行创建。

【案例 6.2.13】创建元素

下面是一个创建元素的例子。

```
<!DOCTYPE html>
<html>
```

```
    <head>
        <meta charset="utf-8" />
        <title></title>
        <script src="js/jquery-3.5.1.min.js"></script>
    </head>
    <body>
        <script>
            var li=$("<li>new li</li>");
            console.log(li);
        </script>
    </body>
</html>
```

在该例中，代码$("<li>new li</li>")直接能创建一个<li>元素，并赋值给变量<li>，在浏览器控制台查看结果如图 6-24 所示。

通过上述方法创建元素后，这个元素并不会在页面上显示出来，而是保存在内存中。如果需要在页面显示，还需要添加元素。

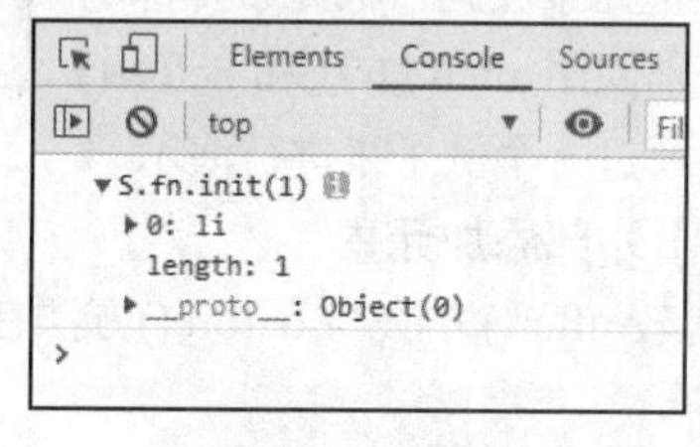

图 6-24 创建元素

微课 131

扫码观看微课视频

3. 添加元素

如果需要为目标元素添加某个元素，就需要用到添加方法。jQuery 提供了两种添加方式，分别是内部添加和外部添加。

（1）内部添加

内部添加的方式可以实现在元素内部添加元素，并且可以添加到内部的最后面或者最前面，分别可以使用append()方法和prepend()方法实现。下面通过一个例子来进行演示。

【案例 6.2.14】内部添加元素

下面的代码比较append()方法与prepend()方法在添加元素时的区别。

```
<!DOCTYPE html>
<html>
    <head>
        <meta charset="utf-8" />
        <title></title>
        <script src="js/jquery-3.5.1.min.js"></script>
    </head>
    <body>
        <ul>
            <li>我是原来的</li>
        </ul>
        <ol>
            <li>我是原来的</li>
        </ol>
        <script>
            var li_1 = $("<li>new li in ul</li>");
            $("ul").append(li_1); // 内部添加，放到<ul>内部的最后面
```

```
            var li_2 = $("<li>new li in ol</li>");
            $("ol").prepend(li_2); //内部添加，放到<ol>内部的最前面
        </script>
    </body>
</html>
```

在该例中，将新建的第一个<li>元素，添加到了<ul>内部的最后面。将新建的第二个<li>元素添加到了<ol>内部的最前面。在浏览器查看结果如图 6-25 所示。

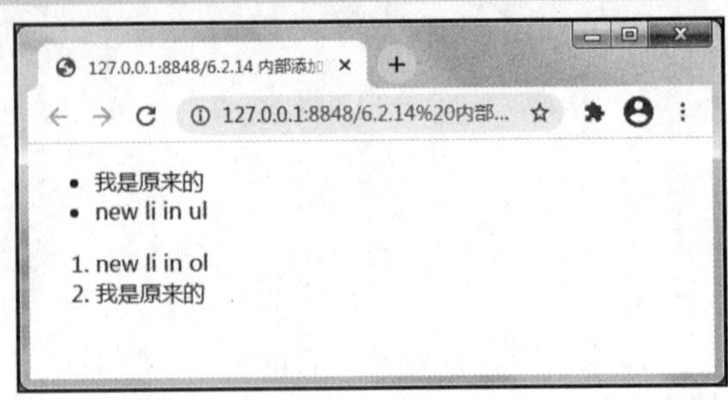

图 6-25　内部添加元素

（2）外部添加

外部添加就是把元素放到目标元素外部的后面或者前面，分别使用 after()方法和 before()方法来实现。下面通过一个例子来进行演示。

【案例 6.2.15】外部添加元素

下面的代码比较 after()方法与 before()方法在外部添加元素时的区别。

```
<!DOCTYPE html>
<html>
    <head>
        <meta charset="utf-8" />
        <title></title>
        <script src="js/jquery-3.5.1.min.js"></script>
    </head>
    <body>
        <ul>
            <li>我是原来的</li>
        </ul>
        <ol>
            <li>我是原来的</li>
        </ol>
        <script>
            var h2 = $("<h2>new h2</h2>");
            $("ul").after(h2); // 外部添加，放到<ul>外部的后面
            var h4 = $("<h4>new h4</h4>");
            $("ol").before(h4); //外部添加，放到<ol>外部的前面
        </script>
    </body>
</html>
```

在该例中，将新建的<h2>元素，添加到<ul>的外部，放在<ul>后面。将新建的<h4>元素，添加到<ol>的外部，放在<ol>前面。在浏览器查看结果如图 6-26 所示。

4．删除元素

删除元素分为删除匹配的元素本身、删除匹配的元素里面的子节点两种情况，用到如表 6-11 所示的两种方法。

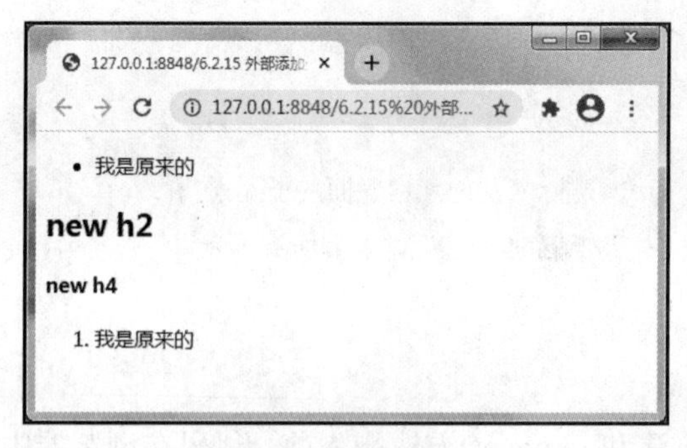

图 6-26 外部添加

表 6-11 删除元素的方法

方法	说明
empty()	清空元素的内容，但不删除元素本身
remove()	清空元素的内容，并删除元素本身

【案例 6.2.16】删除元素

下面的例子演示删除元素时 empty()方法与 remove()方法的区别。

```
<!DOCTYPE html>
<html>
    <head>
        <meta charset="utf-8" />
        <title></title>
        <script src="js/jquery-3.5.1.min.js"></script>
        <style>
            ul{
                width: 200px;
                height: 100px;
                background-color: pink;
            }
            ol{
                width: 200px;
                height: 100px;
                background-color: yellow;
            }
        </style>
    </head>
    <body>
        <ul>
            <li>apple</li>
            <li>orange</li>
        </ul>
        <ol>
            <li>红色</li>
```

```
            <li>橙色</li>
        </ol>
        <script>
            $('ul').empty();  //删除匹配的元素里面的子元素
            $('ol').remove(); //删除匹配的元素及其所有子元素
        </script>
    </body>
</html>
```

在该例中，未使用 empty()方法和 remove()方法删除前，代码在浏览器中执行的效果如图 6-27 所示。删除元素后的效果如图 6-28 所示。这也说明了 empty()方法是清空<ul>的子元素，但不删除<ul>，而 remove()方法将<ol>元素及其子元素统统删除了。

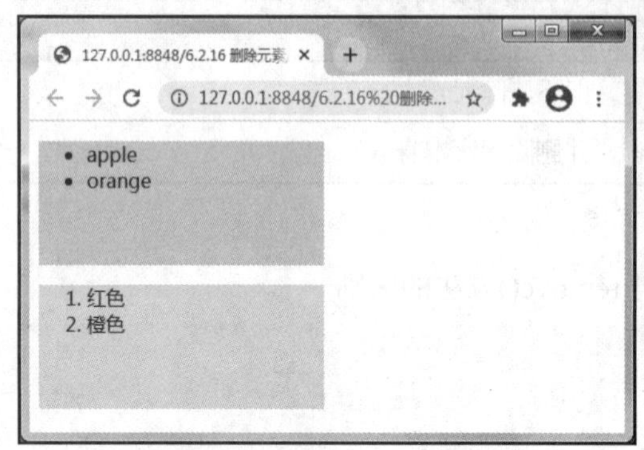

图 6-27　删除元素前的效果

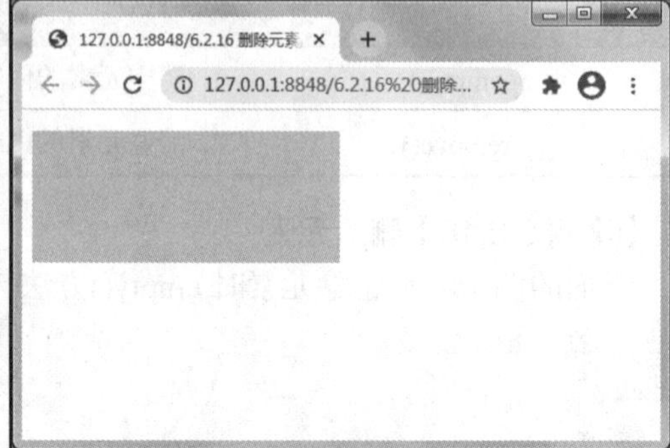

图 6-28　删除后的效果

拓展练习

一、单选题

1. 下面对$("p,.red,.blue")的描述正确的是（　　）。
   A. 获取 id 值是 red 或 blue 的<p>元素
   B. 获取 class 值是 blue 或 red 的<p>元素
   C. 获取 class 值是 blue 或 red 的元素及<p>元素
   D. 获取 id 值是 blue 或 red 的元素及<p>元素
2. jQuery 选择器中，通过符号（　　）可获取父元素下的所有子元素。
   A. 空格　　B. >　　C. +　　D. ～
3. 下面关于 each()方法描述错误的是（　　）。
   A. 用于遍历选择器匹配到的所有元素
   B. 参数可以是一个回调函数，每个匹配元素都会去执行这个函数
   C. 第一个参数可以是待遍历的选择器
   D. 以上说法都不正确
4. 以下选项中，通过标签名获取元素的是（　　）。
   A. $("#id")　　B. $(".class")　　C. $("h3")　　D. $("*")
5. 以下筛选选择器中，获取 li 元素，并选择索引为奇数的元素的是（　　）。
   A. $("li:first")　　B. $("li:last")　　C. $("li:odd")　　D. $("li:even")

6. 以下用法正确的是（ ）。

A. var p=document.querySelector('p'); p.text('abc');

B. var h5=$('h5'); h5.innerText='h5';

C. $(document.querySelector('h2')).textContent('h2');

D. $(document.querySelector('h2')).text('h2');

7. 以下用法错误的是（ ）。

A. $('h2')[0].innerHTML='H2'; B. $('h2').innerText='H2';

C. $('h2').get(0).innerText='H2'; D. $('h2').text('h2');

8. 以下哪个不是表单选择器（ ）。

A. :checked B. :selected C. :checkbox D. :textbox

9. 根据指定的类名可匹配所有元素的是（ ）。

A. $("div") B. $(".title") C. $("#title") D. $("li,p,div")

10. 以下选项中可以获取前三项<li>元素的是（ ）。

A. $("li:eq(3)") B. $("li:gt(3)")

C. $("li:lt(3)") D. $("li:not(li:eq(3))")

二、多选题

1. 以下（ ）可获取指定选择器中的第一个元素。

A. $('#fold>ul>li:first') B. $('#fold>ul>li').eq(0)

C. $('#fold>ul>li:lt(1)') D. 以上答案都不正确

2. 下面（ ）属于 jQuery 提供的页面加载方式。

A. $(document).ready() B. window.onload

C. $().ready() D. $()

三、判断题

1. jQuery 对象并没有解决不同浏览器兼容的问题。（ ）
2. 选择器$("li:parent")用于获取内容不为空的<li>元素。（ ）
3. 在 jQuery 中，为$()传递一个元素，就可以创建出一个元素对象。（ ）
4. “$.each($('li'),function(i,e){})” 等价于“ $('li').each(function(i,e){})”。（ ）
5. $('div').first()与$('div:first')都可获取第一个匹配到的<div>元素。（ ）
6. $("div>ul").eq(1)用于获取<div>元素下第 2 个<ul>元素对象。（ ）
7. 与 jQuery 相比，JavaScript 中的页面加载事件只允许编写一个。（ ）
8. jQuery 文件的压缩版本中不包括换行、缩进和注释等内容。（ ）
9. jQuery 中页面加载事件只允许编写一个。（ ）
10. $("div+ul")表示获取紧邻<div>元素下一个元素为<ul>的兄弟节点。（ ）

6.3 jQuery 事件处理机制

事件是网站中非常重要的一部分，事件的应用使得页面的行为与页面的结构之间耦合松散。虽然在前文中，已经介绍了通过 JavaScript 对事件进行处理，但是在某些浏览器中容易碰到兼容问题，使得网站无法正常执行。因此，jQuery 对常用的事件进行了封装，形成了一套 jQuery 事件处理机制。

6.3.1 页面加载事件

JavaScript 中很重要的一个操作是对页面中的 DOM 进行操作，如果 JavaScript 代码位于页面上方（如<head>标签内），很有可能因为 DOM 还未加载而出现错误。为了解决这个问题，一般来说 JavaScript 代码需要被包裹在 window.onload 事件的处理程序中。onload 事件会在页面所有内容（包括 DOM 元素和图片等资源文件）都加载完成后触发，如果页面结构复杂、图片资源很多，那么 JavaScript 代码就需要等待较长时间后才能执行，网页的响应速度就很慢，影响用户体验。

而 jQuery 提供了 ready 事件作为页面加载事件，该事件在 DOM 元素加载完成后就可以被触发，响应速度得到提高。ready 事件的语法如下：

```
//写法 1
$(document).ready(function(){
    //页面加载后要执行的代码
});
//写法 2
$(function(){
    //页面加载后要执行的代码
});
```

6.3.2 事件绑定

微课 133

扫码观看微课视频

在 jQuery 中，有两种方式可以实现事件的绑定：一种是通过 jQuery 事件方法进行绑定，另一种是通过 on()方法进行绑定。

1. 通过 jQuery 事件方法绑定

常用的事件方法如表 6-12 所示。

表 6-12 常用事件方法

分类	方法	说明
鼠标事件	click([[data], handler])	绑定 click 事件处理程序
	dblclick([[data], handler])	绑定 dblclick（鼠标左键双击）事件处理程序
	contextmenu([[data], handler])	绑定 contextmenu（鼠标右击）事件处理程序
	mousedown([[data], handler])	绑定 mousedown 事件处理程序
	mouseup([[data], handler])	绑定 mouseup 事件处理程序
	mouseenter([[data], handler])	绑定 mouseenter 事件处理程序
	mouseleave([[data], handler])	绑定 mouseleave 事件处理程序
	mousemove([[data], handler])	绑定 mousemove 事件处理程序
	mouseover([[data], handler])	绑定 mouseover 事件处理程序

续表

分类	方法	说明
鼠标事件	mouseout([[data], handler])	绑定 mouseout 事件处理程序
	hover([handlerIn[, handlerOut]])	绑定两个事件处理程序到元素上，鼠标指针移入（mouseenter）和移出（mouseleave）元素时分别执行，若只绑定一个事件处理程序，则鼠标指针移入、移出元素时，都执行该事件处理程序
键盘事件	keydown([[data], handler])	绑定 keydown 事件处理程序
	keypress([[data], handler])	绑定 keypress 事件处理程序
	keyup([[data], handler])	绑定 keyup 事件处理程序
浏览器事件	resize([[data], handler])	绑定 resize 事件处理程序
	scroll([[data], handler])	绑定 scroll 事件处理程序
表单事件	focus([[data], handler])	绑定 focus 事件处理程序
	blur([[data], handler])	绑定 blur 事件处理程序
	focusin([[data], handler])	绑定 focusin（支持冒泡）事件处理程序
	focusout([[data], handler])	绑定 focusout（支持冒泡）事件处理程序
	change([[data], handler])	绑定 change 事件处理程序。当表单域值发生改变时触发
	submit([[data], handler])	绑定 submit 事件处理程序

大部分事件方法可以接收两个参数：data 和 handler。其中 data 为可选参数，当传入 data 的时候，事件处理程序可以接收到这个参数，并通过事件对象的 data 属性获取数据。

【案例 6.3.1】change()事件

下面的代码演示 change()事件发生时如何处理接收到的数据。

```
<form>
    <div class="form-group">
        <label for="email1">Email address</label>
        <input type="email" class="form-control" id="email1">
    </div>
    <div class="form-group">
        <label for="password1">Password</label>
        <input type="password" class="form-control" id="password1">
    </div>
    <button type="submit" class="btn btn-primary">Submit</button>
</form>
<script>
    var data = {
        name: 'JavaScript',
        tool: 'jQuery'
    };
    var email = $('input[type="email"]');
```

```
    email.change(data, function (e) {
        console.log('change 事件被触发');
        console.log('传入的数据为：', e.data);
    });
</script>
```

在这个案例中，类型为 email 的输入框使用 change()方法绑定了 change 事件，当该输入框中被输入字符并失去焦点时，输入框的值发生改变，触发 change 事件处理程序，输出“change 事件被触发”，同时通过事件对象的 data 属性可以获取到传入的数据，如图 6-29 所示。

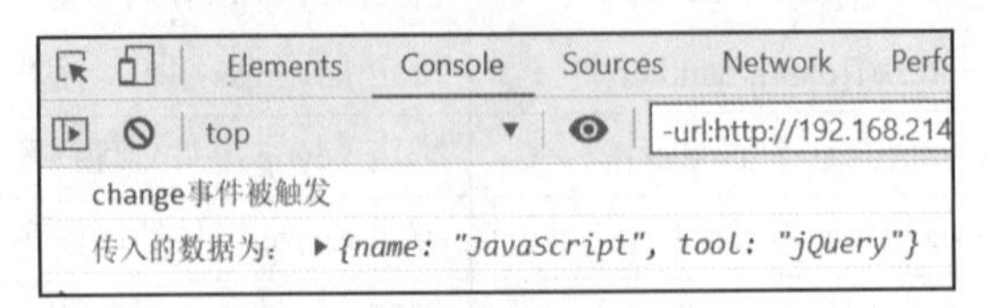

图 6-29　change()事件方法

相比于其他事件方法，hover()事件方法比较特殊，它可以接收一个或两个事件处理程序作为参数。当传入两个事件处理程序时，这两个程序会在鼠标指针移入（mouseenter）和移出（mouseleave）元素时分别执行；若只传入一个事件处理程序，那么当鼠标指针移入、移出元素时，都执行该事件处理程序。

【案例 6.3.2】hover()事件方法

下面代码通过 hover()事件方法处理程序实现菜单的隐藏与显示效果。

```
<nav class="navbar navbar-default">
    <div class="container-fluid">
        <!—品牌和切换进行分组以实现更好的移动显示-->
        <div class="navbar-header">
        ... // 此处省略，读者请查看源代码
        </div>
        <!—收集导航链接、表单和其他内容以进行切换-->
        <div class="collapse navbar-collapse" id="bs-example-navbar-collapse-1">
            <ul class="nav navbar-nav">
            ... // 此处省略，读者请查看源代码
            </ul>
            <ul class="nav navbar-nav navbar-right">
                <li><a href="#">服务</a></li>
                <li id="dropdown" class="dropdown">
                    <a href="#" class="dropdown-toggle" data-toggle=
"dropdown" role="button" aria-haspopup="true" aria-expanded="false">社区 <span
class="caret"></span></a>
                <ul id="dropdown-menu" class="dropdown-menu">
                    <li><a href="#">商城</a></li>
                    <li role="separator" class="divider"></li>
                    <li><a href="#">广场</a></li>
                    <li><a href="#">圈子</a></li>
```

```
                </ul>
            </li>
        </ul>
        <form class="navbar-form navbar-right">
        ... // 此处省略，读者请查看源代码
        </form>
    </div><!-- /.navbar-collapse -->
  </div><!-- /.container-fluid -->
</nav>
<script>
    $(function(){
        $('#dropdown').hover(function(){
            $('#dropdown-menu').show();
        }, function(){
            $('#dropdown-menu').hide();
        })
    });
</script>
```

在这个案例中，页面顶部有一个导航栏，最右侧“社区”是一个下拉菜单，通过 hover()事件方法绑定两个事件处理程序。如图 6-30 所示，当鼠标指针移入“社区”时，执行 show()方法，下拉菜单显示；当鼠标指针移出“社区”时，执行 hide()方法，下拉菜单隐藏。

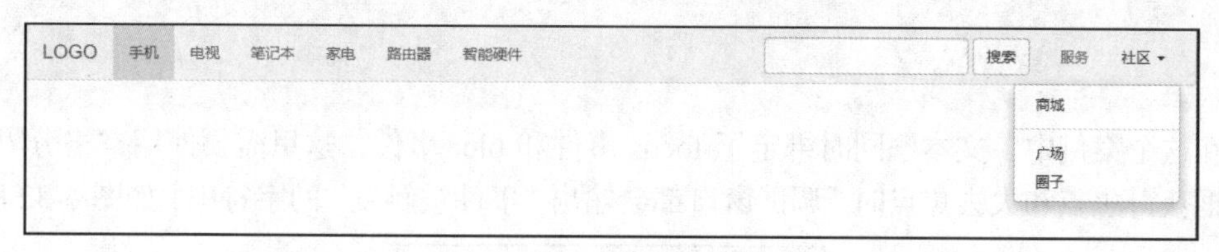

图 6-30 hover()事件方法

2. 通过 on()方法绑定

除了通过事件方法绑定事件，在 jQuery 中还可以通过 on()方法、bind()方法和 delegate()方法绑定事件。但由于在 jQuery 的新版本中，bind()方法和 delegate()方法已经被 on()方法取代，所以这里仅介绍 on()方法的使用。

on()方法的基本语法如下所示：

```
$(selector).on( events [, childSelector ] [, data ], handler )
```

其中各参数的说明如表 6-13 所示。

表 6-13 on()方法的参数说明

参数	说明
events	必选。一个或多个事件类型。当传入多个事件类型时，应以空格分隔
childSelector	可选。代表匹配元素的子元素，若传入该参数，则在子元素上触发事件
data	可选。传入事件处理程序的数据，可以通过事件对象的 data 属性获取到数据
handler	必选。事件被触发时所执行的处理程序

【案例 6.3.3】on()方法绑定事件

```
<button id="btn">点击</button>
<script>
    $('#btn').on('click', function(){
        alert('按钮被点击');
    });
</script>
```

在这个案例中点击按钮，弹出一个“按钮被点击”的对话框，如图 6-31 所示。

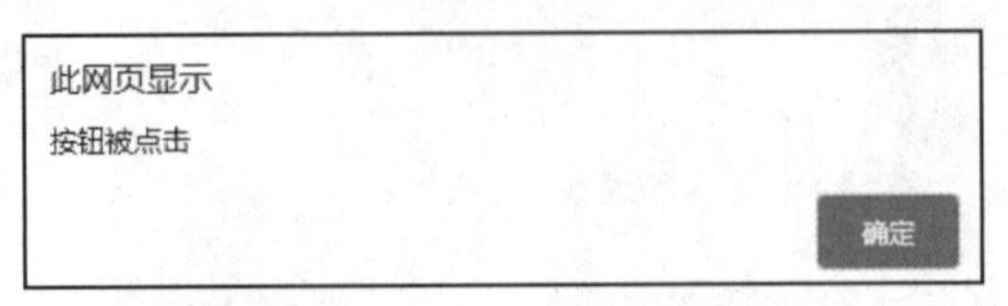

图 6-31　on()方法绑定事件

【案例 6.3.4】on()方法实现多个事件绑定同一个事件处理程序

```
<input type="text" id="input">
<script>
    $(function(){
        $('#input').on('focus blur', function(){
            console.log('事件被触发');
        });
    });
</script>
```

在这个案例中，文本框同时绑定了 focus 事件和 blur 事件，这里需要使用空格分隔。当文本框获得焦点和失去焦点时，调试窗口都会输出“事件被触发”的字符串，如图 6-32 所示。

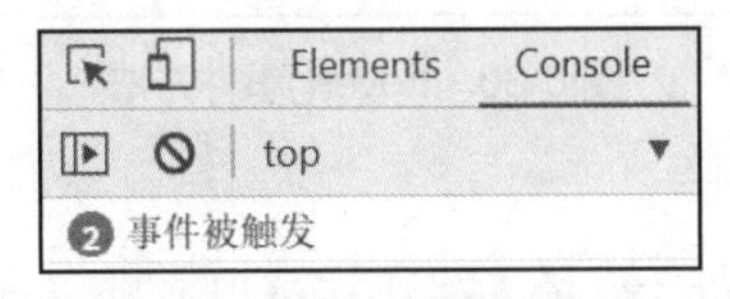

图 6-32　on()方法实现多个事件绑定同一个事件处理程序

【案例 6.3.5】on()方法实现多个事件绑定不同事件处理程序

```
<input type="text" id="input">
<script>
    $(function(){
        $('#input').on({
            'focus': function(){
                $(this).css('background', 'pink');
            },
            'blur': function(){
                $(this).css('background', '');
            }
        });
    });
</script>
```

on()方法也可以为不同的事件分别绑定不同的事件处理程序，此时 on()方法传入一个对象作为参数，该对象的键（key）为事件类型，值（value）为事件处理程序。在上述代码中，当文本框获得焦点时，触发 focus 事件，使得文本框的背景色变为粉色，如图 6-33 所示。

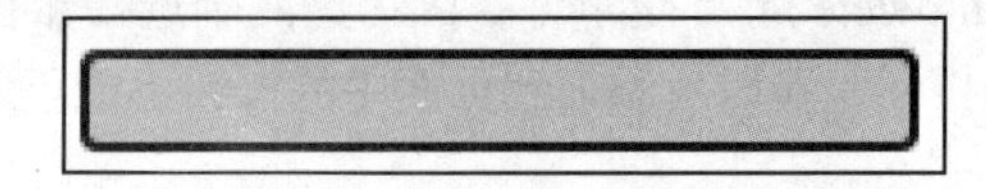

图 6-33 文本框获取焦点背景变色

而当文本框失去焦点时，触发 blur 事件，背景色又还原。这里$(this)获取到的是该文本框的 jQuery 对象。

【案例 6.3.6】on()方法实现事件委托

下面的例子中通过将事件委托给<form>，分别绑定“新增”按钮和“删除”按钮的单击事件处理代码。

```
<form class="form-horizontal">
    <div class="form-group">
        <label class="col-sm-3 control-label">表单元素</label>
        <div class="col-sm-5">
            <input type="text" class="form-control">
        </div>
        <button type="button" class="btn btn-default btn-add">新增</button>
        <button type="button" class="btn btn-default btn-delete">删除</button>
    </div>
    <button type="submit" class="btn btn-primary">提交</button>
</form>
<script>
    $('form').on('click', '.btn-add', function(){
        var group = $(this).parent('.form-group');
        var clone = group.clone();
        group.after(clone);
    })
    $('form').on('click', '.btn-delete', function(){
        var group = $(this).parent('.form-group');
        group.remove();
    })
</script>
```

在某些表单中，表单元素是不固定的，需要根据自己的需求新增或删除表单元素。如图 6-34 所示，点击“新增”按钮会增加一行表单元素，点击“删除”按钮会将当前行删除。

图 6-34 动态表单

上述代码在 on()方法中传入了可选参数 childSelector，表示使用事件委托的方式，委托父元素<form>监听“新增”、“删除”按钮点击事件。这样做的好处在于，对于因为点击“新增”按钮而动态生成的表单行，点击这一行的“新增”或“删除”按钮，其功能也是有效的。如果是在$('.btn-add')、$('.btn-delete')上绑定事件，因为这两个选择器在绑定事件的瞬间，并不包含动态生成表单行内的按钮，所以后添加到页面中的按钮不能正常发挥作用，需要做额外的事件处理。

有的时候，有些事件只需要作用一次，这时可以使用 one()方法来绑定单次事件。

【案例 6.3.7】one()方法绑定单次事件

```
<button id="btn">点击</button>
<script>
    $('#btn').one('click', function(){
        alert('按钮被点击');
    });
</script>
```

在这个例子中，按钮在第一次被点击后会弹出“按钮被点击”的对话框，以后再点击这个按钮就不会再有对话框弹出。

思考

实现五角星评分以下功能。

① 当鼠标指针移动到某一个五角星上时，把当前及其前面的五角星显示为实心五角星（★），其后面的五角星显示为空心五角星（☆）；当鼠标指针从五角星上移开时，则全部显示为空心五角星（☆）。

② 当鼠标指针移动到某一个五角星上并且单击鼠标时，使当前及其前面的五角星确定显示为实心五角星（★），其后面的五角星确定显示为空心五角星（☆），此时再把鼠标指针从五角星上移开，则不再发生变化。

6.3.3 事件解绑

微课 135

扫码观看微课视频

在 jQuery 中，可以通过 off()方法、unbind()方法和 undelegate()方法实现事件的解绑，但在 jQuery 新版本中，unbind()方法和 undelegate()方法都是通过 off()方法实现的，所以这里仅介绍 off()方法。

Off()方法的基本语法如下所示：

```
$(selector).off( events [, childSelector ] [, handler] )
```

其中各参数的说明如表 6-14 所示。

表 6-14 off()方法的参数说明

参数	说明
events	必选。一个或多个事件类型。当传入多个事件类型时，应以空格分隔
childSelector	可选。一个最初传递到 on()方法的选择器
handler	可选。以前绑定在事件上的事件处理程序，或特殊值 false

具体来说，解绑单个事件的语法为$(selector).off(事件类型)；解绑所有事件的语法为$(selector).off()；解绑被委托的事件的语法为$(selector).off(事件类型, '**')。

【案例 6.3.8】off()解绑单个事件

下面的例子中首先在 id 为 btn 的按钮上绑定 click 和 mouseenter 事件，然后在 remove 按钮发生 click 事件时，移除 btn 按钮上的 click 事件。

```
<button id="btn">按钮</button>
<button id="remove">解绑 click 事件</button>
<script>
$(function(){
    $('#btn').on({
            'click': function(){
                 console.log('触发 click 事件');
            },
            'mouseenter': function(){
                console.log('触发 mouseenter 事件');
            }
        });// 按钮绑定 click 事件和 mouseenter 事件
        $('#remove').on('click', function(){
             $('#btn').off('click');// 解绑 click 事件
        });
    });
</script>
```

如上述代码所示，id 为 btn 的按钮绑定了两个事件：click 事件和 mouseenter 事件。当鼠标指针移到 btn 按钮上并点击时，调试窗口会输出“触发 mouseenter 事件”和“触发 click 事件”的字符串，如图 6-35 所示。

id 为 remove 的按钮在点击时会解绑 btn 按钮上的 click 事件，而 mouseenter 事件保留，因此鼠标指针再次移到 btn 按钮上并点击时，调试窗口只会输出“触发 mouseenter 事件”，如图 6-36 所示。

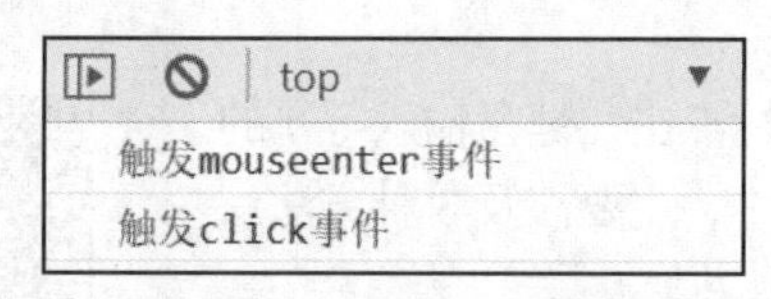

图 6-35　点击触发两个事件

图 6-36　click 事件被解绑

【案例 6.3.9】off()解绑事件委托

下面的代码展示在表单上通过 off()解绑事件委托。

```
<button id="remove">off()解绑事件委托</button>
<form class="form-horizontal">
   <div class="form-group">
         <label class="col-sm-3 control-label">表单元素</label>
         <div class="col-sm-5">
              <input type="text" class="form-control">
```

```
            </div>
            <button type="button" class="btn btn-default btn-add">新增</button>
            <button type="button" class="btn btn-default btn-delete">删除</button>
        </div>
        <button type="submit" class="btn btn-primary">提交</button>
    </form>
    <script>
        $('form').on('click', '.btn-add', function(){
            var group = $(this).parent('.form-group');
            var clone = group.clone();
            group.after(clone);
        });
        $('form').on('click', '.btn-delete', function(){
            var group = $(this).parent('.form-group');
            group.remove();
        });
        $('form').on('click', function(){
            console.log('form 被点击');
        });
        $('#remove').on('click', function(){
            $('form').off('click', '**');
        });
</script>
```

在这个例子中，“新增”按钮和“删除”按钮的单击事件委托在了<form>的单击事件上，所以点击“新增”按钮会增加表单行，点击“删除”按钮会删除当前表单行。同时<form>本身也绑定了点击事件，点击<form>，控制台会输出“form 被点击”的字符串。

当点击 id 为 remove 的按钮时，会解绑委托在<form>上的单击事件，但是不会解绑<form>本身绑定的单击事件。所以此时再去点击“新增”按钮和“删除”按钮，表单行不会增加，但是控制台仍会输出“form 被点击”的字符串。

6.3.4 事件触发

微课 136

扫码观看微课视频

对于网页中的事件，除了通过人机交互（如鼠标点击、键盘输入等）的方式触发，还可以通过代码的方式触发。在 jQuery 中，主要涉及 3 种方法：事件方法、trigger()方法和 triggerHandler()方法。

1. 事件方法

事件方法在 6.3.2 小节已经介绍过，它可以用来绑定事件，当事件方法不传递任何参数时，就可以触发绑定在元素上的相关事件。如$(selector).click()可以触发绑定在元素上的点击事件。

2. trigger()方法

trigger()方法的基本语法是$(selector).trigger（事件类型），如点击事件可以用$(selector).trigger('click')触发。使用这种方式触发事件和使用事件方法触发事件的效果是相同的。

3. triggerHandler()方法

Trigger()的基本语法是$(selector).triggerHandler（事件类型）。这种方法与前两种方法唯一的区别是不会触发浏览器的默认行为，如文本框在获得焦点时不会有光标闪烁等。

【案例 6.3.10】事件触发对比

下面代码展示通过 3 种方法触发事件的异同。

```
<input id="input1" type="text">
<button id="btn1">事件方法触发点击<Input>标签</button>
<br>
<input id="input2" type="text">
<button id="btn2">trigger()方法触发点击<Input>标签</button>
<br>
<input id="input3" type="text">
<button id="btn3">triggerHandler()方法触发点击<Input>标签</button>
<script>
    $(function(){
        $('#input1, #input2, #input3').focus(function(){
            $(this).css('background', 'beige');
        });
        $('#input1, #input2, #input3').blur(function(){
            $(this).css('background', '');
        });
        $('#btn1').click(function(){
            $('#input1').focus(); // 事件方法触发
        });
        $('#btn2').click(function(){
            $('#input2').trigger('focus'); // trigger()方法触发
        });
        $('#btn3').click(function(){
            $('#input3').triggerHandler('focus'); // triggerHandler()方法触发
        });
    });
</script>
```

上述代码中，3 个文本框都绑定了 focus 事件和 blur 事件，在获得焦点时背景色变为 beige 色，在失去焦点时背景色还原。有 3 个按钮分别用 3 种方式触发同一行文本框的 focus 事件。当使用事件方法触发时，第一个文本框获得焦点，背景色发生改变，光标在文本框内闪烁，如图 6-37 所示；当使用 trigger()方法触发时，第二个文本框获得焦点，背景色发生改变，光标在文本框内闪烁，如图 6-38 所示；当使用 triggerHandler()方法触发时，第三个文本框获得焦点，背景色发生改变，但是文本框内没有光标，如图 6-39 所示。

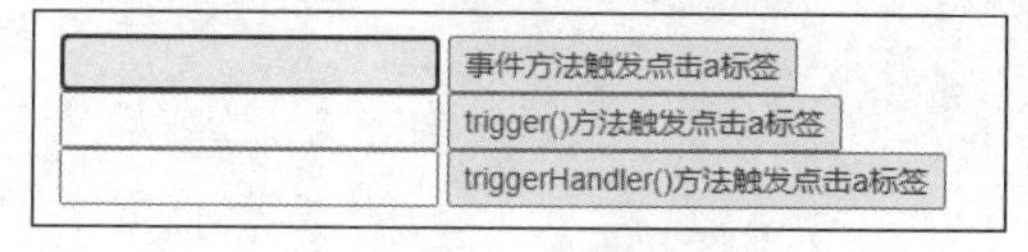

图 6-37 事件方法触发

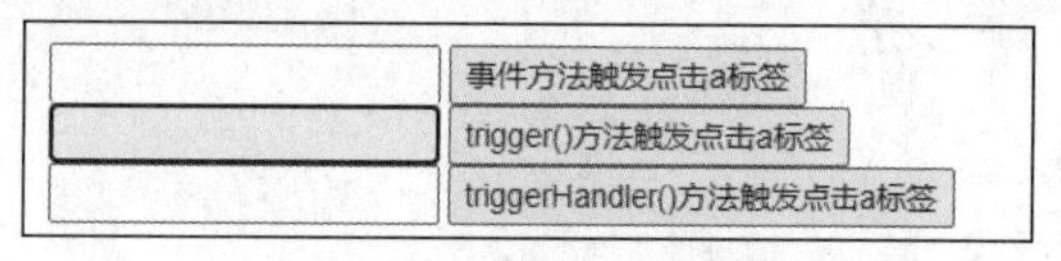

图 6-38 trigger()方法触发

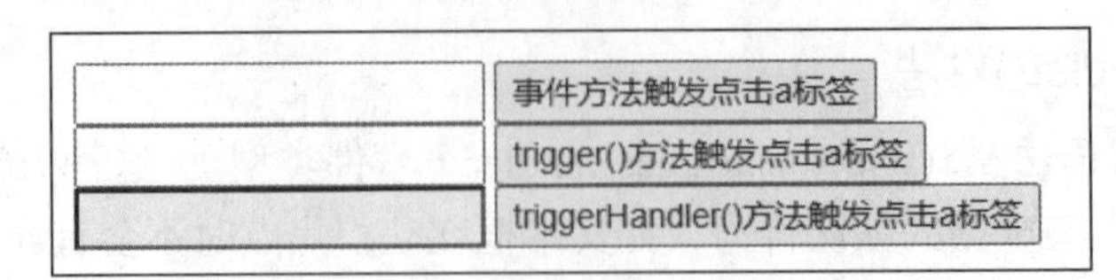

图 6-39　triggerHandler()方法触发

思考

请说明在使用 trigger()方法和 triggerHandler()方法触发事件时有什么不同？

6.3.5　事件对象

通过事件对象可以获取事件的状态，如触发事件的元素、绑定事件的元素、按键的键码等。但是由于市面上浏览器种类很多，各浏览器在事件对象的获取方式、事件对象的属性等方面可能存在差异。jQuery 在遵循 W3C 规范的前提下，对事件对象做了统一封装，使得可以兼容各大主流浏览器。在绑定事件处理程序时，jQuery 会将封装过的事件对象作为唯一参数传递给事件处理程序，语法如下所示：

```
$(selector).on(事件类型, function(event){
    console.log(event); // 获取到事件对象
});
```

事件对象有很多属性和方法，常用属性和方法如表 6-15 所示。

表 6-15　事件对象常用属性和方法

属性/方法	说明
type	事件类型
data	传递给事件处理程序的额外数据
pageX/Y	鼠标事件中，鼠标相对于页面原点的水平/垂直坐标
keyCode	键盘事件中，键盘按键的键码
delegateTarget	当前调用 jQuery 事件处理程序的元素
currentTarget	当前触发事件的 DOM 对象，等同于 this 对象
target	事件源，直接接受事件的目标 DOM 对象
stopPropagation()	阻止事件冒泡
preventDefault()	阻止默认行为

【案例 6.3.11】阻止事件冒泡

下面的代码展示通过标准事件对象阻止事件冒泡的方法。

```
<div id="green">
    <div id="blue">
        <div id="red"></div>
    </div>
</div>
<script>
```

```
    $('#red').on('click', function(e) {
        console.log('点击了红色方块');
    })

    $('#blue').on('click', function(e) {
        console.log('点击了蓝色方块');
        e.stopPropagation();
    })

    $('#green').on('click', function(e) {
        console.log('点击了绿色方块');
    })
</script>
```

这个案例中从外到内嵌套了绿色、蓝色和红色 3 个方块。当点击最内层的红色方块时，触发了红色方块的点击事件处理程序，随后点击事件向上冒泡，触发蓝色方块的点击事件处理程序，由于这里调用了 jQuery 事件对象的 stopPropagation()方法，阻止了事件的继续冒泡，所以最外层绿色方块上的点击事件处理程序没有触发。执行结果如图 6-40 所示。

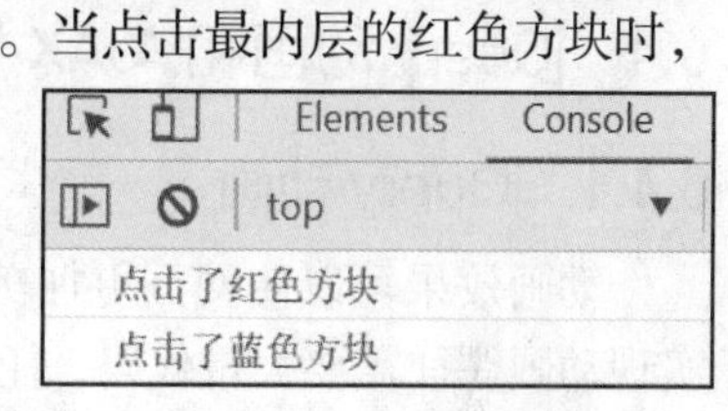

图 6-40 阻止事件冒泡

拓展练习

一、单选题

1. 以下（　　）方法不会触发浏览器的默认动作。
   A. on()　　B. trigger()　　C. one()　　D. triggerHandler()
2. 下列（　　）方法可同时为多个不同事件绑定不同的处理函数。
   A. on()　　B. off()
   C. one()　　D. 以上选项都不正确
3. 下列选项中可取消点击事件的方法是（　　）。
   A. on()　　B. off()　　C. one()　　D. trigger()
4. on()方法在为不同事件绑定相同处理函数时，多个事件名之间使用（　　）分隔。
   A. 空格　　B. 逗号　　C. 分号　　D. 冒号

二、多选题

以下方法能处理键盘事件的是（　　）。
A. keydown()　　B. keypress()
C. click()　　D. 以上选项都不正确

三、判断题

1. hover()方法的参数依次表示鼠标指针移出和移入事件的处理程序。（　　）
2. on()方法可以为不存在的元素委托事件。（　　）
3. on()方法可为不同事件绑定相同的事件处理程序。（　　）

四、填空题

在$('li').mouseover()的事件处理函数中，通过（　　　　）方法可获取当前<li>的相对位置。

五、简答题

编写代码在网页中利用键盘的方向键（↑、↓、←、→）控制<div>块的移动，每次移动的步长为 5px。

<div>块的设置如下所示。

```
<style>
.box {width:100px; height: 100px; background-color: #ccc;}
</style>
<div class="box"></div>
```

6.4 jQuery 动画和 AJAX 操作

6.4.1 jQuery 动画

动画效果可以使网页更加美观，增强用户体验。使用原生 JavaScript 实现动画往往需要大量代码，任务烦琐复杂，而 jQuery 内置了一系列用于动画的方法，开发者使用几行代码就能实现网页上的简单动画。

1. 显示和隐藏

元素的显示和隐藏是常见的网页动画效果，jQuery 中内置的有关元素的显示和隐藏的常用方法如表 6-16 所示。

表 6-16　jQuery 中有关元素的显示和隐藏的常用方法

方法	说明
show([duration][,easing][,complete])	显示匹配的元素
hide([duration][,easing][,complete])	隐藏匹配的元素
toggle([duration][,easing][,complete])	显示或隐藏匹配的元素

表 6-16 中的方法有 3 个相同的参数，各参数的说明如表 6-17 所示。

表 6-17　参数说明

参数	说明
duration	表示动画持续时间，可以是 3 种预定速度之一的字符串（slow、normal 或 fast），也可以是毫秒数值（如 1000）。默认为 400ms
easing	指定切换效果，默认是 swing，表示开头/结尾移动慢、中间移动快；linear，表示匀速移动
complete	动画完成后执行的回调函数

【案例 6.4.1】元素的显示和隐藏

下面的代码通过使用 jQuery 中元素显示与隐藏的方法控制 5 个<div>的显示效果。

```
<button id="showAll" class="btn">全部显示</button>
<button id="hideAll" class="btn">全部隐藏</button>
<button id="toggle" class="btn">toggle</button>
<button id="hideTwo" class="btn">隐藏第 2 个元素</button>
<div class="box-wrap">
    <div class="box">1</div>
    <div class="box">2</div>
    <div class="box">3</div>
    <div class="box">4</div>
    <div class="box">5</div>
</div>
<script>
    $(function(){
        $('#showAll').click(function(){
            $('.box').show('slow');
        });
        $('#hideAll').click(function(){
            $('.box').hide('fast', 'linear');
        });
        $('#toggle').click(function(){
            $('.box').toggle();
        });
        $('#hideTwo').click(function(){
            $('.box').eq(1).hide(function(){
                console.log('第二个元素已被隐藏');
            });
        });
    });
</script>
```

在这个例子中，页面上方有 4 个按钮，分别是“全部显示”“全部隐藏”“toggle”“隐藏第 2 个元素”，下方有编号为 1～5 的方块，如图 6-41 所示。

当点击“隐藏第 2 个元素”按钮时，由于 hide()方法里只传入了 complete 回调函数，编号为 2 的方块以默认 400ms 的时间执行动画、swing 的效果消失，并且在动画结束时，调试窗口会输出“第二个元素已被隐藏”的字符串，如图 6-42 所示。

图 6-41　初始页面

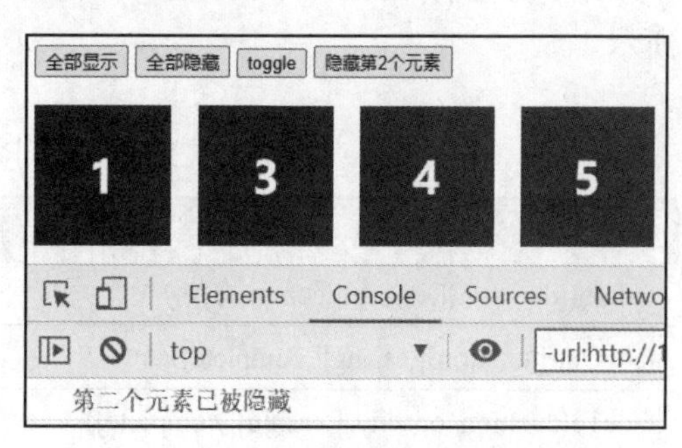

图 6-42　隐藏第 2 个元素

当点击“toggle”按钮时，编号为 2 的方块显示，而其他方块都被隐藏，如图 6-43 所示。再次点击“toggle”按钮时，编号为 2 的方块被隐藏，而其他方块显示，如图 6-44 所示。

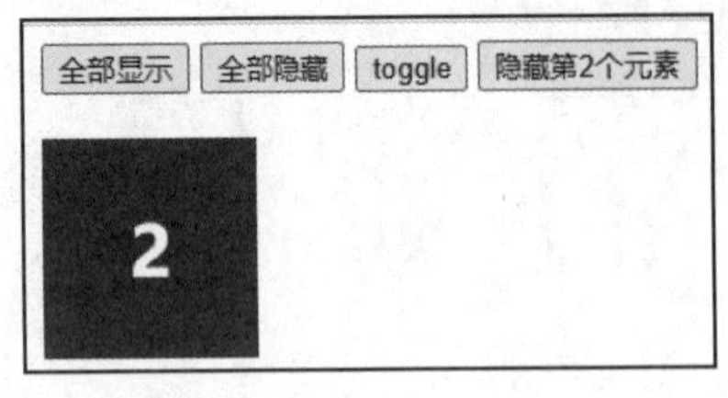

图 6-43　点击“toggle”按钮

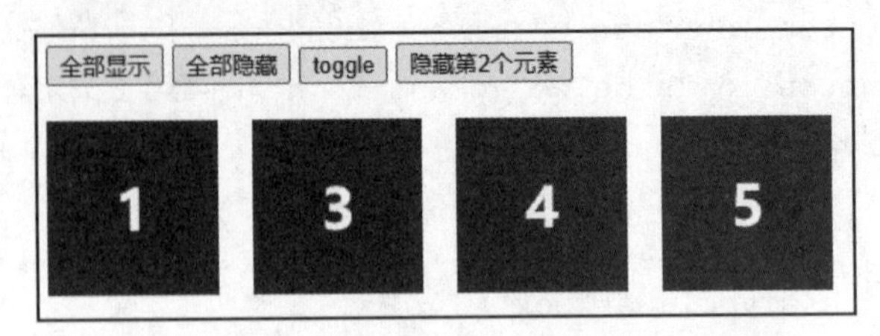

图 6-44　再次点击“toggle”按钮

点击“全部隐藏”按钮，编号为 1、3、4、5 的方块以快速、线性的效果被隐藏，如图 6-45 所示。

点击“全部显示”按钮，所有的方块以较慢的速度，在开头/结尾移动慢、在中间移动快的效果显示，如图 6-46 所示。

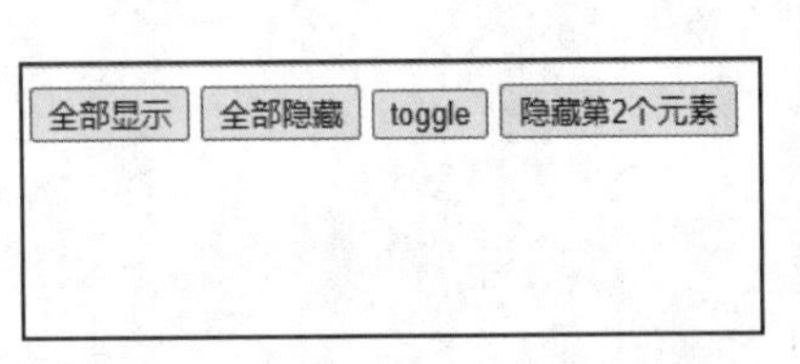

图 6-45　点击“全部隐藏”按钮

图 6-46　点击“全部显示”按钮

素养拓展

隐藏与显示

司马迁说过：不飞则已，一飞冲天；不鸣则已，一鸣惊人。隐藏并不是躲避，而是韬光养晦。韬光养晦，指的是隐藏锋芒，不使外露，同时，通过修身养性等方式，改进自己的不足之处，提升内在的修养，厚积薄发。等到时机成熟，把自己的优点显示出来，实现自己的人生目标。

2. 淡入和淡出

元素的淡入、淡出也被称为元素的渐显、渐隐。在 jQuery 中涉及这两个效果的方法有 fadeIn()、fadeOut()、fadeTo()和 fadeToggle()，如表 6-18 所示。

表 6-18　淡入、淡出方法

方法	说明
fadeIn([duration][,easing][,complete])	淡入显示元素
fadeOut([duration][,easing][,complete])	淡出隐藏元素
fadeTo(duration, opacity, [,easing][,complete])	以淡入、淡出方式将元素调整到指定的透明度
fadeToggle([duration][,easing][,complete])	淡入显示元素或淡出隐藏元素

上述方法都有多个可选参数，这些参数与表 6-17 所列参数作用一致，这里不赘述。

【案例 6.4.2】元素的淡入和淡出

下面的例子通过淡入、淡出方法展示 4 张图片的显示效果。

```
<div class="container">
    <div class="btns center-block">
        <button id="fadeIn" class="btn btn-primary">fadeIn</button>
        <button id="fadeOut" class="btn btn-primary">fadeOut</button>
        <button id="fadeTo" class="btn btn-primary">fadeTo(0.3)</button>
        <button id="fadeToggle" class="btn btn-primary">fadeToggle</button>
    </div>
    <h2 class="text-center">常信历史沿革</h2>
    <div class="pic-wrap center-block">
        <div class="box">
            <div class="bg bg1"></div>
            <div class="desc text-center bg-info">建院初期 1962.10~1966.5</div>
        </div>
        <div class="box">
            <div class="bg bg2"></div>
            <div class="desc text-center bg-info">动乱和恢复时期 1966.6~
1980.7</div>
        </div>
        <div class="box">
            <div class="bg bg3"></div>
            <div class="desc text-center bg-info">振兴发展时期 1980.8~2001</div>
        </div>
        <div class="box">
            <div class="bg bg4"></div>
            <div class="desc text-center bg-info">提高层次展翅腾飞 2001~</div>
        </div>
    </div>
</div>
<script>
    $(function(){
        $('#fadeIn').click(function(){
            $('.box:first-child').fadeIn(1000, function(){
                $(this).next().fadeIn(1000, arguments.callee);
            });
        });
        $('#fadeOut').click(function(){
            $('.box:first-child').fadeOut(1000, function(){
                $(this).next().fadeOut(1000, arguments.callee);
            });
        });
        $('#fadeTo').click(function(){
            $('.box').fadeTo(1000, 0.3);
```

```
        });
            $('#fadeToggle').click(function(){
                $('.box').fadeToggle();
            });
        });
</script>
```

这个例子展示了常州信息职业技术学院的历史沿革，上方有 4 个按钮，分别为“fadeIn”“fadeOut”“fadeTo(0.3)”“fadeToggle”，如图 6-47 所示。

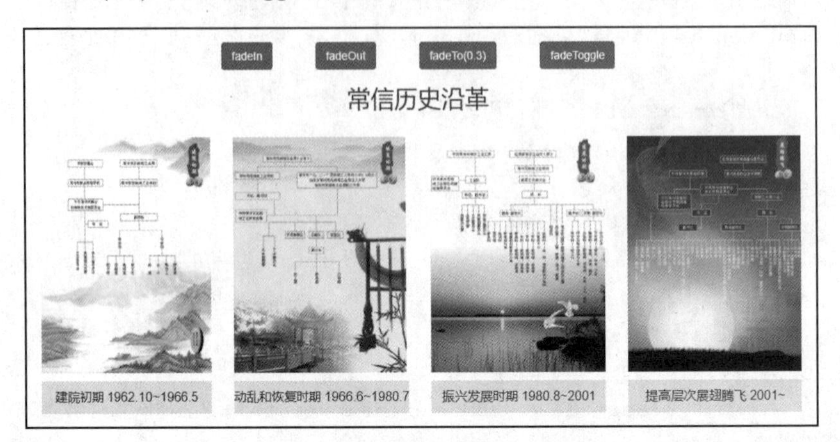

图 6-47　初始页面

点击“fadeToggle”按钮，页面下方的 4 个部分在 400ms 内逐渐消失，如图 6-48 所示；再次点击该按钮，下方的 4 个部分在 400ms 内逐渐出现，最终效果和图 6-47 一样。

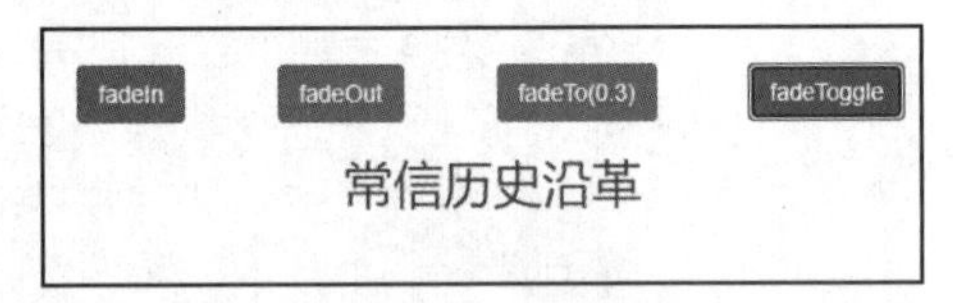

图 6-48　点击 1 次“fadeToggle”按钮

点击“fadeOut”按钮，这 4 个部分从第 1 个部分开始逐个消失，如图 6-49 所示，直到所有部分都消失。

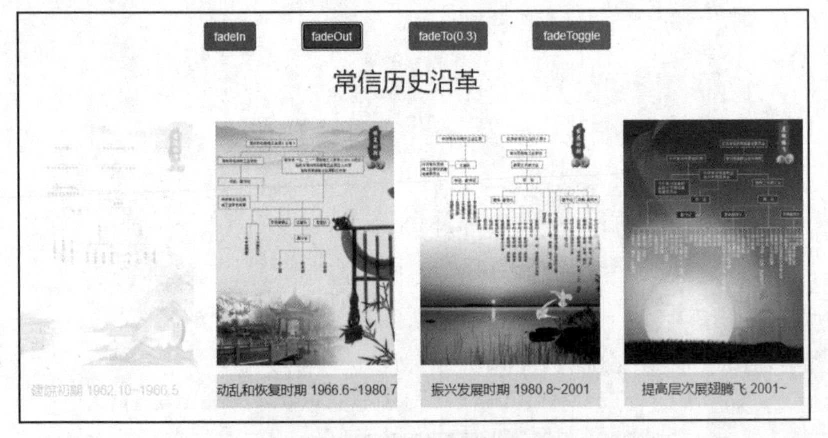

图 6-49　第 1 个部分逐渐消失

点击“fadeIn”按钮，这 4 个部分从第 1 个部分开始逐个出现，直到所有部分都出现。第 4 个部分逐渐出现如图 6-50 所示。

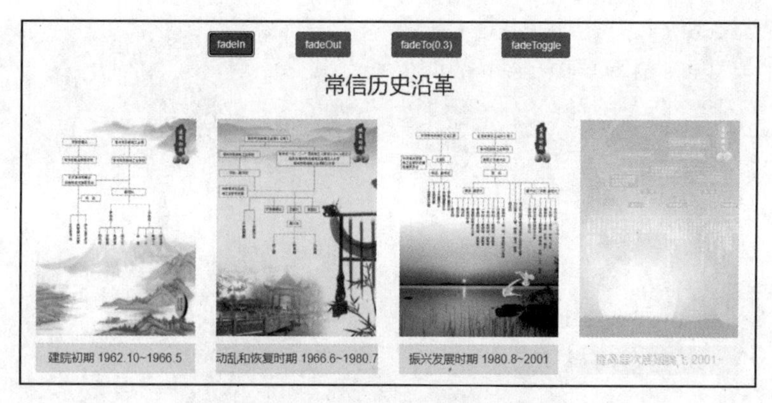

图 6-50　第 4 个部分逐渐出现

点击“fadeTo(0.3)”按钮，这 4 个部分都会以淡入、淡出的方式将透明度调整为 0.3，最终效果如图 6-51 所示。

图 6-51　透明度调整为 0.3

3. 上滑和下滑

除了前面介绍的几种动画效果，jQuery 还提供了 slideUp()方法、slideDown()方法、slideToggle()方法来实现类似幻灯片中拉窗帘的特效。这些方法的介绍如表 6-19 所示。

表 6-19　上滑和下滑方法

方法	说明
slideUp([duration][,easing][,complete])	垂直滑动隐藏元素（向上减小）
slideDown([duration][,easing][,complete])	垂直滑动显示元素（向下增大）
slideToggle([duration][,easing][,complete])	垂直滑动隐藏元素或显示元素

上述方法均有多个可选参数，这些参数与表 6-17 所列参数作用一致，些处不赘述。

【案例 6.4.3】元素的上滑和下滑

下面的代码通过上滑、下滑方法展示一个色块的显示效果。

```
<button id="slideUp">slideUp</button>
<button id="slideDown">slideDown</button>
<button id="slideToggle">slideToggle</button>
<div class="block">
  方块
</div>
<script>
     $(function(){
          $('#slideUp').click(function(){
               $('.block').slideUp();
          });
          $('#slideDown').click(function(){
               $('.block').slideDown();
          });
          $('#slideToggle').click(function(){
               $('.block').slideToggle();
          });
     });
</script>
```

在这个例子中，点击“slideUp”按钮，方块上滑消失；点击“slideDown”按钮，方块下滑出现；点击“slideToggle”按钮，方块则在消失和出现两个状态之间进行切换。

4. 自定义动画

微课 141

扫码观看微课视频

虽然 jQuery 已经内置了一些动画，但在实际开发中并不能满足所有需求。因此在 jQuery 中还提供了 animate()方法来实现自定义动画。animate()方法的语法如下：

```
$(selector).animate(params[,duration][,easing][,complete] );
```

其中，params 为希望进行变幻的 CSS 属性列表，以及变化后的最终值。duration、easing 和 complete 参数与表 6-17 所列参数作用一致，这里不赘述。

【案例 6.4.4】可伸缩导航栏

```
<ul id="navigation">
     <li class="nav0 current_page">
          <a href="#">我的日志</a>
     </li>
     <li class="nav1">
          <a href="#">资源下载</a>
     </li>
     <li class="nav2">
          <a href="#">相册</a>
     </li>
     <li class="nav3">
          <a href="#">人文知识</a>
     </li>
     <li class="nav4">
```

```
            <a href="#">标签记录</a>
        </li>
        <li class="nav5">
            <a href="#">友情链接</a>
        </li>
        <li class="nav6">
            <a href="#">联系我们</a>
        </li>
</ul>
<script>
    $(function(){
        $('#navigation li').each(function(){
            if (this.className.indexOf('current_page') == -1){
                $('a', this).css('left', '-120px');
                $(this).hover(function(){
                    $('a', this).animate({left: 0}, 'fast');
                }, function(){
                    $('a', this).animate({left: '-120px'}, 'fast');
                })
            }
        });
    });
</script>
```

这个案例使用 animate()方法实现了一个可伸缩的导航栏，当鼠标指针移动到“我的日志”之外的导航栏时，该导航栏会快速地从左侧页面展开；而鼠标指针移开时，该导航栏又会快速地从左侧收回，如图 6-52 所示。

图 6-52 可伸缩导航栏

6.4.2 jQuery 的 AJAX 操作

AJAX 简介

2005 年，Jesse James Garrett 撰写了一篇文章——“AJAX - A New Approach to Web Applications”，他在这篇文章中描述了一种称作 AJAX 的技术。通过这种技术可以在后台与服务器进行少量数据交换，使网页实现异步更新。如表 6-20 所示，传统方式与 AJAX 方式的区别在于：采用传统方式页面发出请求后，服务器会返回一个新页面；而采用 AJAX 方式服务器只会返回数据，再通过操作 DOM 实现页面的局部更新。

表 6-20 传统方式与 AJAX 方式对比

方式类型	遵循的协议	请求发出的方式	数据展示方式
传统方式	HTTP	页面链接跳转发出	重新载入新页面
AJAX 方式	HTTP	由 XMLHttpRequest 实例发出请求	通过 JavaScript 和 DOM 技术局部更新页面

（1）HTTP 简介

超文本传送协议（Hyper text Transfer Protocol，HTTP）是一种用于分布式、协作式和超媒体信息系统的应用层协议。HTTP 是万维网数据通信的基础，它的特点如下。

① 支持客户端/服务器模式。

② 简单快速：客户向服务器请求服务时，只需传送请求方法和路径。由于 HTTP 简单，使得 HTTP 服务器的程序规模小，因而通信速度很快。

③ 灵活：HTTP 允许传输任意类型的数据对象。传输的数据类型由 Content-Type 加以标记。

④ 无连接：无连接的含义是限制每次连接只处理一个请求。服务器处理完客户的请求，并收到客户的应答后，即断开连接。采用这种方式可以节省传输时间。

⑤ 无状态：HTTP 是无状态协议。无状态是指协议对于事务处理没有记忆能力。缺少状态意味着如果后续处理需要前面的信息，则它必须重传，这样可能导致每次连接传送的数据量增大。另一方面，在服务器不需要记录先前信息时它的应答就较快。

HTTP 包含的请求方法有 8 种，如表 6-21 所示。

表 6-21　HTTP 请求方法

方法	说明
GET	请求特定的资源，并返回实体主体
HEAD	类似于 GET 请求，只不过返回的响应中没有具体内容，用于获取报头
POST	向指定资源提交数据进行处理（例如提交表单或上传文件）。数据被包含在请求体中。POST 请求可能会导致新资源的建立和/或已有资源的修改
PUT	用从客户端向服务器传送的数据取代指定的文档的内容
DELETE	请求服务器删除指定资源
CONNECT	HTTP/1.1 中预留给能够将连接改为管道方式的代理服务器
OPTIONS	允许客户端查看服务器的性能
TRACE	回显服务器收到的请求，主要用于测试或诊断

HTTP 请求/响应的步骤如下。

① 客户端连接到 Web 服务器：一个 HTTP 客户端，通常是浏览器，与 Web 服务器的 HTTP 端口（默认为 80）建立一个 TCP 套接字连接。

② 发送 HTTP 请求：通过 TCP 套接字，客户端向 Web 服务器发送一个文本的请求报文，一个请求报文由请求行、请求头部、空行和请求数据 4 部分组成。

③ 服务器接收请求并返回 HTTP 响应：Web 服务器解析请求，定位请求资源。服务器将资源副本写到 TCP 套接字，由客户端读取。一个响应由状态行、响应头部、空行和响应数据 4 部分组成。

④ 释放 TCP 连接：若 connection 模式为 close，则服务器主动关闭 TCP 连接，客户端被动关闭连接，释放 TCP 连接；若 connection 模式为 keepalive，则该连接会保持一段时间，在该时间内可以继续接收请求。

⑤ 客户端浏览器解析 HTML 内容：客户端浏览器首先解析状态行，查看表明请求是否

成功的状态代码。然后解析每一个响应头，响应头告知以下为若干字节的 HTML 文件和文档的字符集。客户端浏览器读取响应数据 HTML，根据 HTML 的语法对其进行格式化，并在浏览器窗口中显示。

（2）XMLHttpRequest 对象

XMLHttpRequest（XHR）对象用于与服务器交互。通过 XMLHttpRequest 可以在不刷新页面的情况下请求特定 URL，获取数据。这允许网页在不影响用户操作的情况下，更新页面的局部内容。XMLHttpRequest 在 AJAX 编程中被大量使用。

微课 143

扫码观看微课视频

大部分浏览器（IE7+、Firefox、Chrome、Safari 和 Opera）都内置了 XMLHttpRequest 对象，通过一行代码就可以创建 XHR 实例。

```
var xhr = new XMLHttpRequest();
```

对于旧版本的 IE 浏览器，需要使用 ActiveX 对象。

```
var xhr = new ActiveXObject('Microsoft.XMLHTTP');
```

XHR 实例有一系列属性、方法和事件，如表 6-22 所示。

表 6-22　XHR 实例属性、方法和事件

名称	类型	说明
readyState	属性	无符号短整型数字，代表请求的状态码
open(method, url, async)	方法	初始化 HTTP 请求参数，但不发送请求。其中 method 代表 HTTP 的请求方法；url 是资源地址；async 值如果是 true 则表示异步执行操作，如果是 false 则表示同步执行操作
send()	方法	发送 HTTP 请求
onreadystatechange	事件	当 readyState 属性发生变化时，调用事件处理程序

请求的状态码如表 6-23 所示。

表 6-23　状态码

状态码	状态	说明
0	UNSENT	XHR 代理被创建，但尚未调用 open()方法
1	OPENED	open()方法已经被调用
2	HEADERS_RECEIVED	send()方法已经被调用，并且头部和状态已经可获得
3	LOADING	下载中，responseText 属性已经包含部分数据
4	DONE	下载操作已完成

典型的原生 JavaScript 实现 AJAX 代码如下。

【案例 6.4.5】原生 JavaScript 实现 AJAX

下面的例子演示原生的 JavaScript 如何通过 XHR 方式实现 AJAX 访问。

```
var xhr = null;
if (window.XMLHttpRequest){
    xhr = new XMLHttpRequest();
}else if (window.ActiveXObject){
```

```
    xhr = new ActiveXObject("Microsoft.XMLHTTP");
}
if (xhr != null){
    var requrl = ''; // 资源地址
    xhr.open( "GET", requrl, true);
    xhr.onreadystatechange = function(){
        if (xhr.readyState == 4 && xhr.status == 200){
        var d = xhr.responseText;
        // 处理返回结果
      }
    }
    xhr.send();
}else{
    alert("您的浏览器不支持 AJAX! ");
}
```

（3）jQuery 操作 AJAX

jQuery 对 AJAX 进行了封装，使用起来更简单方便、兼容性更好。在 jQuery 中，向服务器请求数据的方法有很多，其中最基本的方法是$.ajax()。在这个方法之上 jQuery 又封装了$.get()、$.post()等方法。

微课 144

扫码观看微课视频

① $.ajax()方法。

$.ajax()方法的语法格式如下：

```
$.ajax(options);
```

其中参数 options 是一个对象，该对象以 key/value 的形式将 AJAX 请求需要的设置包含在属性中，所有可设置的属性如表 6-24 所示。

表 6-24　属性说明

属性	说明
url	请求地址
data	发送至服务器的数据
xhr	用于创建 XMLHttpRequest 对象的函数
beforeSend(xhr)	发送请求前执行的函数
success(result, status, xhr)	请求成功执行的函数
error(xhr, status, error)	请求失败执行的函数
complete(xhr, status)	请求完成执行的函数（成功、失败都会执行，顺序在 success()、error()之后）
dataType	预期的服务器响应的数据类型
type	请求方式（GET 或 POST）
cache	是否允许浏览器缓存被请求页面，默认为 true
timeout	设置本地的请求超时时间（以毫秒计）
async	是否使用异步请求，默认为 true
username	在 HTTP 访问认证请求中使用的用户名

续表

属性	说明
password	在 HTTP 访问认证请求中使用的密码
contentType	发送数据到服务器时所使用的内容类型。默认为 application/x-www-form-urlencoded
processData	是否将请求发送的数据转换为查询字符串，默认为 true
context	为所有 AJAX 相关的回调函数指定 this 值
dataFilter(data, type)	用于处理 XMLHttpRequest 原始响应数据

【案例 6.4.6】$.ajax()方法的使用

下面的例子演示通过 jQuery 的$.ajax()方法访问服务器接口的方式。

```
<script>
  $(function(){
    $.ajax({
      url: 'https://www.fastmock.site/mock/cb3a1e570cfb8656862f736e7d4dc939/
ajax/student/list',
      type: 'GET',
      data: {
        pageSize: 10,
        currPage: 1
      },
      success: function(data){
        console.log(data);
        // 做其他 DOM 更新操作
      }
    });
  });
</script>
```

在这个案例中，通过在线 mock 平台模拟了一个学生列表的查询接口。使用 jQuery 的$.ajax()方法请求这个接口，url 为接口的地址，type 为 GET，data 传递查询参数（这里传入 pageSize 为 10，currPage 为 1，表示查询第一页的 10 条学生信息）。Success()是一个请求成功的回调函数，在这个回调函数里可以对数据进行处理，更新网页的部分内容。这里是通过 console.log()方法将服务器返回的模拟数据输出到控制台，如图 6-53 所示。

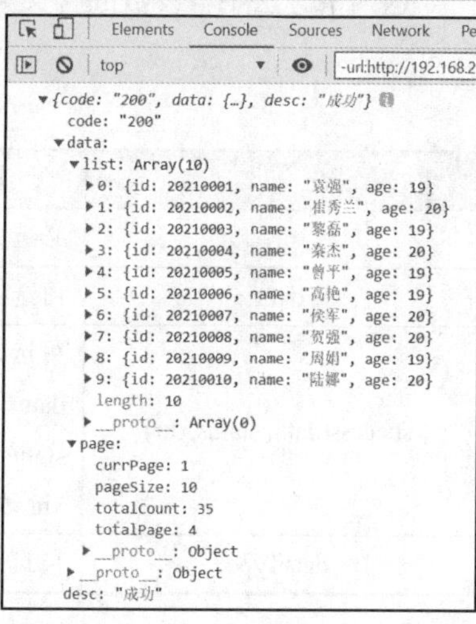

图 6-53　控制台输出服务器返回的数据

另外，通过 Chrome 浏览器开发者工具的 Network 面板，可以了解有关请求的更多信息。如通过 Headers 选项卡可以看到发送请求时附带的查询参数，如图 6-54 所示。通过 Preview 选项卡可以预览服务器返回的数据，如图 6-55 所示。这些都是网站实际开发中的利器，要学会使用这些工具。

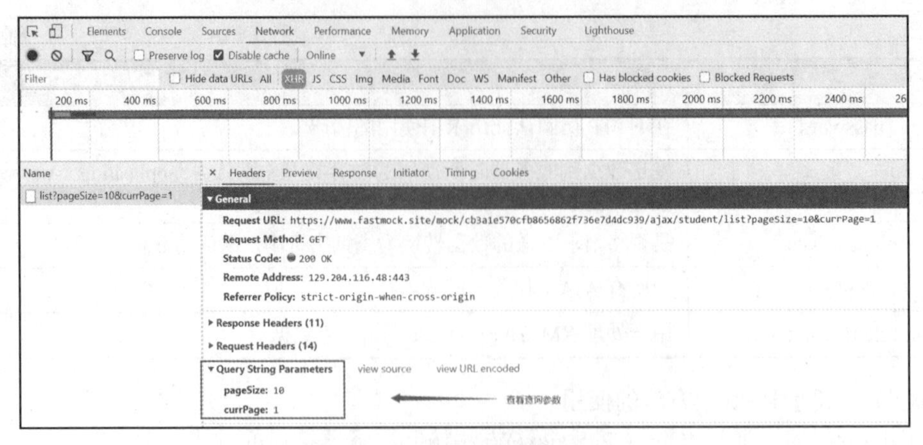

图 6-54　查看查询参数

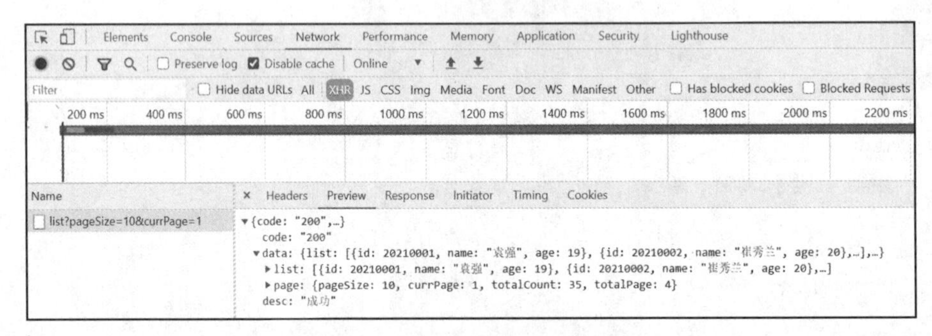

图 6-55　预览服务器返回的数据

② $.get()方法和$.post()方法。

$.get()方法和$.post()方法的语法格式如下：

```
$.get(url[,data][,success][,dataType])
$.post(url[,data][,success][,dataType])
```

这两个方法中各参数的含义如表 6-25 所示。

表 6-25　参数的含义

参数	说明
url	必选，指定请求发送的地址
data	可选，发送到服务器的数据
success(data, status,xhr)	可选，请求成功时执行的回调函数。 data 表示服务器返回的数据。 status 表示请求的状态值。 xhr 表示与当前请求相关的 xhr 实例
dataType	可选，表示期待服务器返回数据的类型（xml、json、script、text、html）

【案例 6.4.7】$.post()方法的使用

下面的代码演示通过$.post()方法将表单数据提交到服务器接口的方法。

```
<form id="form">
    <div class="form-group">
        <label>姓名：</label>
        <input type="text" class="form-control" name="name" placeholder="姓名">
    </div>
    <div class="form-group">
        <label>年龄：</label>
        <input type="text" class="form-control" name="age" placeholder="年龄">
    </div>
    <button type="submit" class="btn btn-primary">提交</button>
</form>
<script>
     $(function(){
         $('#form').on('submit', function(e){
              e.preventDefault();
              var formData = {};
              var formArray = $('#form').serializeArray();
              console.log(formArray);

              for(var i = 0; i < formArray.length; i++) {
                   formData[formArray[i]['name']] = formArray[i]['value'];
              }
              console.log(formData);
              $.post('https://www.fastmock.site/mock/
cb3a1e570cfb8656862f736e7d4dc939/ajax/student/add',
                   formData,
                   function(data){
                        alert(data.desc);
                   }
              )
         });
     });
</script>
```

这里实现的是一个新增学生的表单。在表单的提交事件里，首先通过事件对象的 preventDefault()方法阻止了表单的提交，否则由于<form>没有 action 属性，表单默认会提交到本页面，实现页面的刷新。这里通过$('#form').serializeArray()方法获取到表单数据，如图 6-56 所示。但这不是$.post()方法所需要的数据格式，通过 for 循环对数据进行处理，处理结果如图 6-57 所示。最后通过$.post()方法发出 post 请求，在成功回调函数中通过 alert()方法弹出服务器返回的信息，如图 6-58 所示。同样在这里观察 Network 面板，在 Headers 选项卡里面可以看到这里的请求方法是 POST 以及传递给服务器的数据，如图 6-59 所示；在 Preview 选项卡可以预览到服务器返回的数据，如图 6-60 所示。

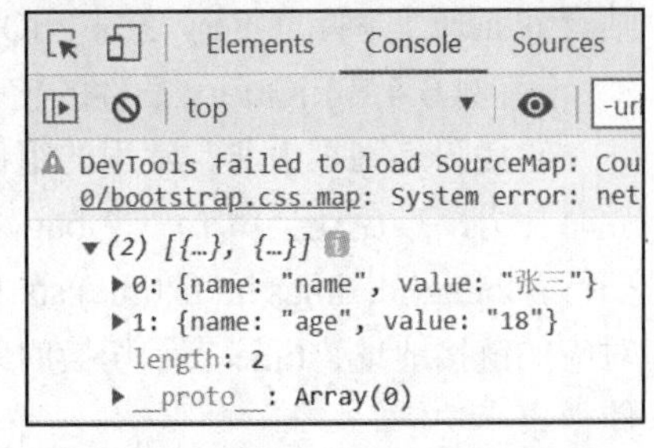

图 6-56　jQuery 获取到的表单数据

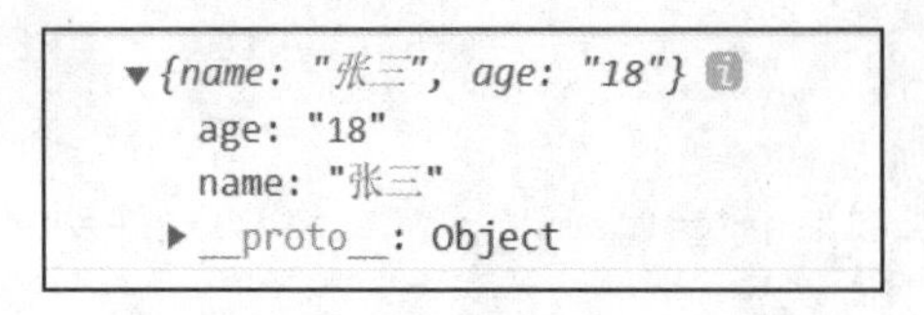

图 6-57　对表单数据进行处理

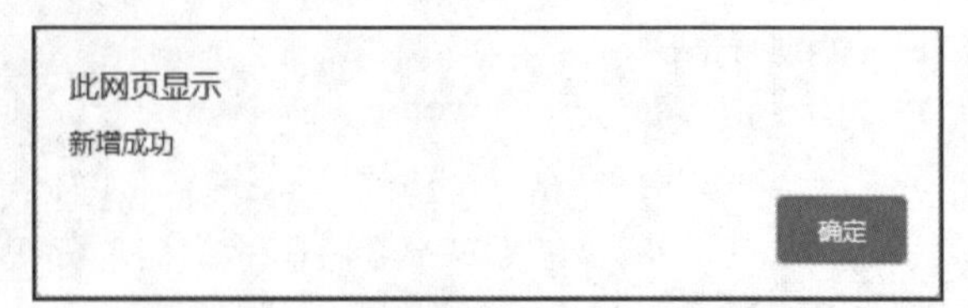

图 6-58　页面弹出服务器返回信息

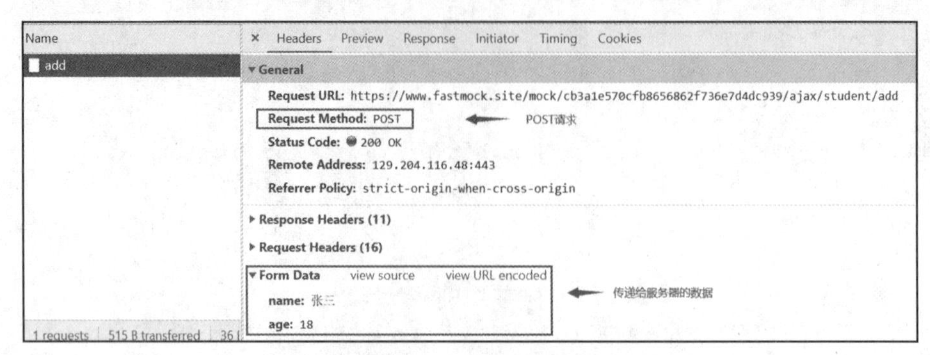

图 6-59　Network→Headers 选项卡

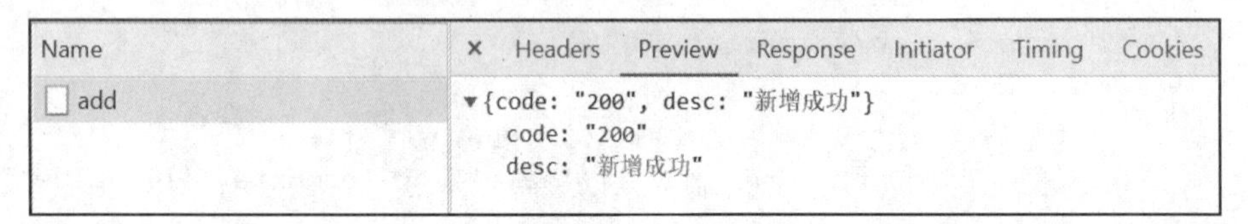

图 6-60　Network→Preview 选项卡

6.4.3　jQuery 插件

jQuery 本身功能有限，但它具有极好的扩展性，因而吸引了全世界众多开发者编写 jQuery 插件，从而诞生了很多优秀的插件可帮助大量网页开发者节约开发成本，制作出性能更稳定、用户体验更好的网页应用。

1．直接调用第三方插件

微课 146

扫码观看微课视频

通常来说，jQuery 插件的使用非常简单。首先引入相关文件（jQuery 文件和插件文件）；再在自己的页面进行调用。查找 jQuery 插件常用的网站有 jQuery 官网、jQuery 之家、jQuery 插件库等。

【案例 6.4.8】jQuery 插件的使用

轮播图是网页中非常常用的组件，如果从头开始写轮播图组件，不仅耗时耗力，难免还会留下一些 bug。案例 6.4.8 展现非常经典的轮播图的使用，关键语句仅仅一行，lbimg(id, imgs,hrefs,time).start()，其中 id 表示容器 id，imgs 表示图片列表，hrefs 表示对应的链接地址，time 表示切换时间。因此找到合适的插件，能够大大减少总体开发时间，使得事半功倍。

```
<!DOCTYPE html>
<html>
    <head>
        <meta charset="utf-8">
        <title>经典轮播图</title>
```

```
        <script src="../jquery-1.12.4.js"></script>
        <script src="js/lbt.js"></script>
        <style>
            #divs2 {
                height: 400px;
                width: 800px;
                border: 1px solid hsla(0,0%,100%,0.27);
                border-radius: 5px;
                margin-right: auto;
                margin-left: auto;
            }
        </style>
    </head>
    <body>
        <div id="divs2"></div>
    </body>
</html>
<script>
    //调用
    var imgs = ["imgs/t1.png", "imgs/t2.png", "imgs/t3.png", "imgs/t4.png"]
    var hrefs = ["", "", "", ""]
    var lbt = lbimg("divs2", imgs,hrefs,3000).start()
</script>
```

该例的执行结果如图 6-61 所示。

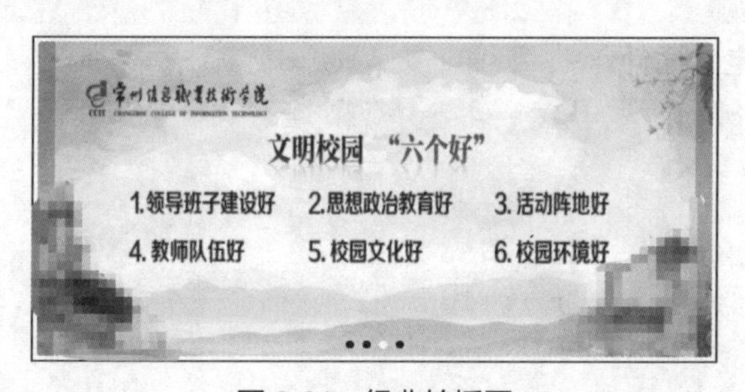

图 6-61 经典轮播图

2. 自定义插件

微课 147

扫码观看微课视频

当需要完成某些特殊功能时，如果没有现成的插件，可以考虑自行封装插件。在 jQuery 中自定义插件的方法有两种。一种是添加 jQuery 对象级的插件，语法格式如下：

```
;(function($){
    $.fn.extend({
        "函数名":function(自定义参数){
            //这里写插件代码
        }
    });
})(jQuery);
```

或

```
;(function($){
    $.fn.函数名=function(自定义参数){
        //这里写插件代码
    }
})(jQuery);
```

在这里，开头的分号是为了与其他代码区分开，避免因为某些语句缺少分号而在代码合并的时候产生错误。

另一种是静态方法插件，语法如下：

```
;(function($){
    $.extend({
        "函数名":function(自定义参数){
            //这里写插件代码
        }
    });
})(jQuery);
```

或

```
;(function($){
    $.函数名=function(自定义参数){
        //这里写插件代码
    }
})(jQuery);
```

【案例 6.4.9】自定义插件

```
//jquery.tableColor.js
;(function($){
    $.fn.extend({
        'tableColor': function(options){
            for(var key in options){
                this.find(key).css(options[key]);
            }
            return this;
        }
    });
})(jQuery);
```

这里用的是一个表格变色的插件，插件本身很简单。首先定义插件，这里是添加 jQuery 对象级的插件。参数 options 是一个对象，使用 for...in 的语法可以遍历到所有属性，再使用 jQuery 的 css()方法，为匹配的元素设置相应的样式。最后使用 return this 将这个 jQuery 实例对象返回，使得该插件可以继续被链式调用。接下来就是插件的调用，一定要注意 jQuery 与 jQuery 插件的先后顺序，jQuery 插件一定是依赖 jQuery 的，所以要在 jQuery 插件之前引入 jQuery，如下所示。

```
<script src="../jquery-1.12.4.js"></script>
<script src="js/jquery.tableColor.js"></script>
```

```
<button id="btn">调用插件</button>
    <table border="1">
        <thead>
            <tr>
                <td>序号</td>
                <td>姓名</td>
                <td>年龄</td>
                <td>性别</td>
            </tr>
        </thead>
        <tbody>
        ... // 此处省略，读者请查看源代码
        </tbody>
    </table>
    <script>
        $(function(){
         $('#btn').click(function(){
              $('table').tableColor({
                   'tbody tr:even': {
                        background: 'lightblue'
                   },
                   'tbody tr:odd': {
                        background: 'green',
                        color: '#fff'
                   }
              });
         });
        });
</script>
```

这里是一个带有 10 条数据的表格，如图 6-62 所示。当点击调用插件的按钮时，<tbody>元素中的奇数行的背景会被设置为淡蓝色，偶数行背景会被设置为绿色，字体颜色为白色，如图 6-63 所示。

调用插件

序号	姓名	年龄	性别
1	谢明	17	男
2	黄军	19	男
3	武秀兰	18	女
4	易超	17	男
5	赖磊	17	男
6	周明	19	男
7	唐明	18	男
8	赖磊	18	男
9	许静	19	女
10	梁磊	17	男

图 6-62　表格初始样

调用插件

序号	姓名	年龄	性别
1	谢明	17	男
2	黄军	19	男
3	武秀兰	18	女
4	易超	17	男
5	赖磊	17	男
6	周明	19	男
7	唐明	18	男
8	赖磊	18	男
9	许静	19	女
10	梁磊	17	男

图 6-63　调用插件改变样式

思考

自行查找 jQuery 树插件，并使用。

拓展练习

一、单选题

1. 在$.ajax()方法的参数中，（　　）选项用于指定 AJAX 请求成功时所触发的回调函数。

   A. complete　　B. type　　C. success　　D. async

2. 下面关于 show()方法的参数描述错误的是（　　）。

   A. 第 1 个参数表示动画速度，如 slow

   B. 第 2 个参数表示动画切换效果，如 linear

   C. 第 3 个参数表示在动画完成时执行的函数

   D. 以上选项都不正确

二、多选题

1. 下列方法中，（　　）方法可垂直滑动显示匹配元素。

   A. show()　　B. slideDown()　　C. slideUp()　　D. hide()

2. 下面（　　）方法可用于设置自定义的动画特效。

   A. queue()　　B. $.speed()　　C. animate()　　D. dequeue()

3. 以下选项中可在 jQuery 中实现自定义插件的是（　　）。

   A. 将插件封装成 jQuery 对象的方法　　B. 将插件定义成全局函数

   C. 利用自定义选择器的方式　　D. 以上选项都不正确

三、判断题

1. 方法 fadeTo(2000, 0.2)表示动画时长是 2s。（　　）
2. $.get()方法与$.post()方法的区别在于获取数据的类型不同。（　　）
3. animate()方法的第 1 个参数指定自定义的动画特效，如动画时长等。（　　）

四、填空题

1. 在一个插件中封装多个方法，需要借助（　　）方法实现。
2. （　　）方法能以淡入、淡出的方式将匹配元素调整到指定的透明度。
3. 方法（　　）用于以动画的形式隐藏显示的匹配元素。

6.5　综合项目实训——《俄罗斯方块》之消除方块

6.5.1　项目目标

- 掌握 jQuery 文件的引入。
- 掌握 jQuery 选择器的使用。
- 掌握 jQueryDOM 操作。
- 掌握 jQuery 事件并能正确使用。
- 综合应用本单元知识和技能，在《俄罗斯方块》上一个工程基础上进行迭代开发，即消除方块。

6.5.2 项目任务

1. 引入 jQuery 文件

将 jQuery 文件复制到项目中，在 index.html 文件中引入 jQuery 文件。

2. 底部固定方块模型

使用 jQuery 的 DOM 操作，当模型移动到底端时将模型固定到底端。

执行效果如图 6-64 所示。

3. 产生新的模型

当上一方块模型固定到底端后，产生新的方块模型，如图 6-65 所示。

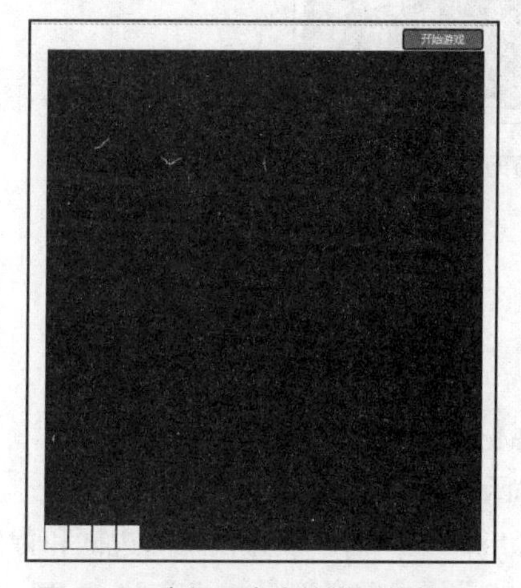

图 6-64 底部固定方块模型的效果

图 6-65 随机生成新方块的效果

4. 方块消除

（1）使用 jQuery 遍历整个容器内的方块，判断容器内是否有行满足消除条件，如图 6-66 所示。

（2）当一行满足消除条件后使用 jQuery 的 DOM 操作删除该行方块模型，如图 6-67 所示。

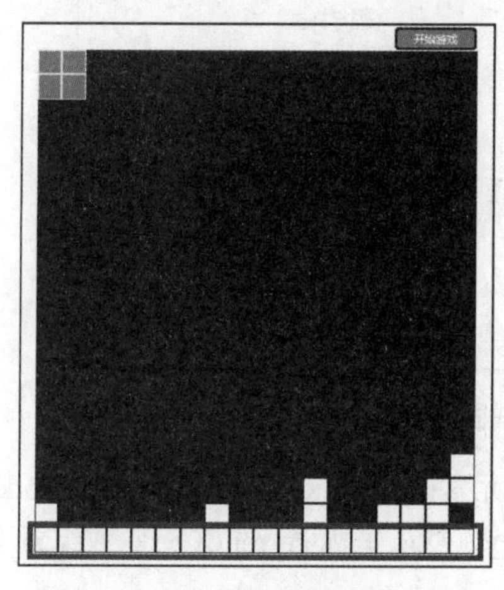

图 6-66 满足删除条件的示意图

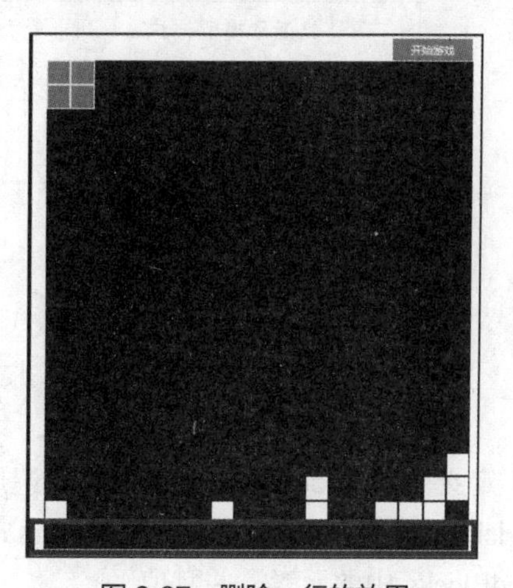

图 6-67 删除一行的效果

（3）消除后固定方块模型掉落，如图 6-68 所示。

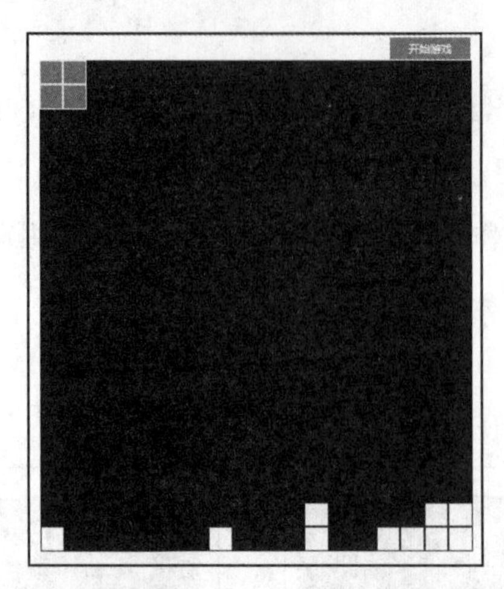

图 6-68　删除后上方方块掉落的示意图

6.5.3　设计思路

1. 在 index.html 中引入 jQuery 文件

2. 模型固定在底部

（1）创建把模型固定在底部的 fixedBottonModel()函数。

（2）在底部越界时调用 fixedBottonModel()函数。

（3）在 index.css 中定义模型触底的类样式 fixed_model，设置模型的边框和背景颜色。

（4）使用 jQuery 类选择器获取页面中触底的元素，定义变量 activityModelEles 存储获取的元素。

（5）遍历获取的类元素，获取当前遍历元素，使用 jQuery 的 DOM 操作，更改元素属性值，将原来的活动模型样式 activity_model 改为固定样式 fixed_model。

效果参考图 6-69。

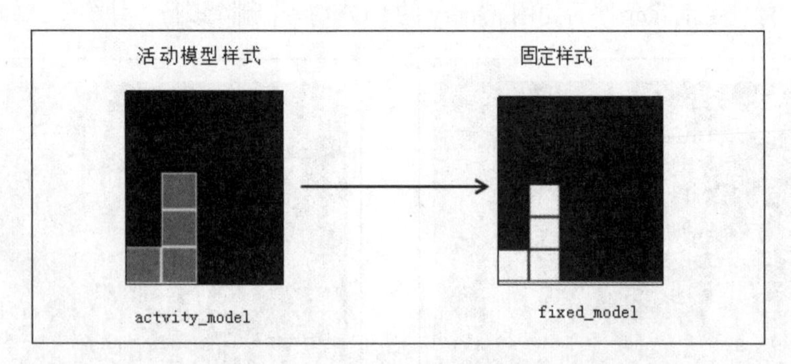

图 6-69　方块固定样式

（6）定义变量 blockModel 获取当前遍历元素的坐标(x,y)。x 是 blockModel [0],y 为 blockModel [1]，用坐标轴（默认坐标 currentY +y、默认坐标 currentX +x）数组索引访问二维数组 fixedBlocks 中的元素，并赋值。

（7）调用 createModel()函数，生成新的模型。

3. 创建触碰判断函数

（1）定义函数 isMent()判断模型之间的触碰问题，设置参数（x、y 表示 16 宫格将要移动到的位置，model 表示当前模型数据源将要完成的变化）。

（2）遍历获取的数据源 model，定义变量 blockModel 获取当前遍历元素的坐标（blockModel [0] 表示 *x* 轴坐标，blockModel[1]表示 *y* 轴坐标）。使用坐标作为访问数组 fixedBlocks 的索引，判断数组此处是否存在元素，如果存在则说明元素之间发生了触碰，返回值 true。如果不存在则说明未发生触碰，返回值为 false。

（3）在 move()函数中使用 isMent()函数判断模型是否发生触碰。

（4）如果模型之间发生了触碰就调用 fixedBottonModel()函数固定模型。

（5）方块旋转后调用函数进行触碰判断。

在 rotate()函数中使用了全局变量 currentModel 获取当前数据源，在模型旋转过程中可能会触碰到模型，产生新的模型。此时 currentModel 数据会发生变化，影响模型坐标的变化。

4. 判断是否发生了碰撞

由于 JavaScript 对象的复制默认为浅拷贝（即只赋值指针），所以需要定义一个深拷贝的函数 deepClone()，设置参数 obj，obj 就是需要进行转换的数据。

（1）使用 JSON.parse()函数、JSON.stringify()函数实现对对象的深拷贝，由不包含引用对象的普通数组深拷贝得到启发，不拷贝引用对象，拷贝一个字符串会开辟一个新的存储地址，这样就切断了引用对象的指针联系。函数返回转换后的值。

（2）在 rotate()函数中实例化 deepClone()函数，定义 cloneModels 变量获取实例化后的数据。将函数中原来的 currentModel 改为 cloneModels。

（3）在 rotate()函数中调用 isMent()函数（设置参数 currentX、currentY、cloneModels），判断旋转后是否发生了触碰。

（4）调用 locationBlocks()函数，重置模型坐标。

5. 判断是否被铺满

（1）创建判断一行是否被铺满的函数 isRemoveLine()。

（2）在模型固定在底部的时候（在 fixedBottonModel()函数中）调用 isRemoveLine()函数。

（3）遍历游戏界面中的行数，定义变量 flag 值为 true（表示当前一行已被铺满）。

（4）遍历当前这行中的所有列，使用遍历序号作为索引访问二维数组 fixedBlocks，如果当前行中有一列没有数据就说明没有被铺满，flag 值为 false。如果当前行每列都有数据说明该行已经被铺满，flag 值为 true。调用 removeLine()函数清理被铺满的一行，设置参数 line 为当前被铺满行的行数。执行效果如图 6-70 所示。

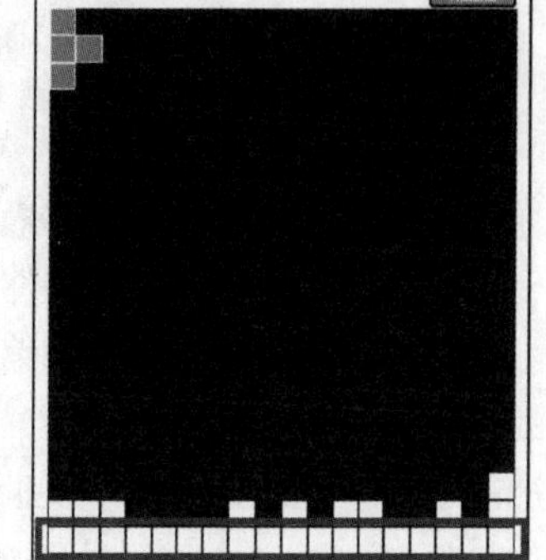

图 6-70 判断一行铺满后示意图

6. 清理被铺满的一行

（1）创建清理铺满行的函数 removeLine()，参数为行号 line。

（2）遍历该行中的所有列，使用 jQuery 的 DOM 操作删除该行中的所有方块模型。使用 line 作为数组 fixedBlocks 的索引，删除 fixedBlocks 中该行的数据，将数组源设置为 null。

（3）调用 downLine()函数，让被清理行之上的方块模型下落。设置参数为行号 line。

7. 让被清理行之上的方块模型下落

（1）创建下落函数 downLine()。

（2）遍历被清理行之上的所有行和列，使用遍历序号访问二维数组 fixedBlocks 中的元素，判断当前元素是否存在，如果不存在，被清理行之上的所有块元质数据源所在的行数加 1。

（3）设置该元素中的 CSS 样式，让方块模型在容器中的位置下落。

（4）清理掉之前的方块模型，设置数据对象为 null。

6.5.4 编程实现

1. 步骤说明

在“移动控制”迭代工程基础上进行开发，步骤如下所示。

步骤一：引入 jQuery 文件。

步骤二：创建 fixedBottonModel()函数，固定模型。

步骤三：创建 isMent()函数，判断模型是否发生触碰。

步骤四：编辑 rotate()函数，判断旋转后模型是否发生触碰。

步骤五：创建 isRemoveLine()函数，判断一行是否被铺满。

步骤六：创建 removeLine()函数，清理被铺满的一行。

步骤七：创建 downLine()函数，让被清理行之上的方块模型下落。

2. 实现

步骤一：打开 index.html 文件，在页面引入 jQuery 文件。需注意，jQuery 文件应在 index.js 之前引入。

```
<!DOCTYPE html>
<html>
    <head>
        <meta charset="UTF-8">
        <title>《俄罗斯方块》——消除方块</title>
        <link rel="stylesheet" href="css/index.css" />
    </head>
    <body>
    ......
    <script type="text/javascript"src="js/jquery.min.js"></script>
    <script type="text/javascript" src="js/index.js"></script>
    </body>
</html>
```

步骤二：在 index.js 文件中，创建 fixedBottonModel()函数，固定模型。

（1）在 index.js 文件中编写，使用 jQuery 类选择器获取页面中类名为“activity_model”的元素。

```
function fixedBottonModel() {
    var activityModelEles = $("activity_model");
}
```

（2）打开 css 文件夹中的 index.css 文件，新建 fixed_model 样式。

```
/*滑到底部固定方块*/
.fixed_model {
    background-color: #FFF;
    border: 1px solid #333;
    box-sizing: border-box;
    position: absolute;
}
```

（3）在 fixedBottonModel()函数中遍历获取的类元素，获取当前遍历元素，使用 jQuery 的 DOM 操作更改元素属性值。

```
function fixedBottonModel() {
    var activityModelEles = $("activity_model");
    //遍历获取的类元素
for(var i = activityModelEles.length - 1; i >= 0; i--) {
        //获取当前的模型
        var activityModelEle = activityModelEles[i];
        //更改方块模型的类名
        $(activityModelEle).attr("class","fixed_model");
    }
}
```

（4）遍历获取的当前模型的坐标，赋值给 fixedBlocks 函数，表示该区域已有值。

```
//遍历获取的当前模型的坐标
for (var i = activityModelEles.length - 1; i >= 0; i--) {
    ..... //省略其他代码
    var blockModel = currentModel[i];
    //把该坐标放入变量
    fixedBlocks[currentY + blockModel[0]][currentX + blockModel[1]] =
activityModelEle;
}
```

（5）在 fixedBottonModel()函数底部执行 CreateModel()函数判断一行是否铺满，创建新模型。

```
function fixedBottonModel() {
    ..... //省略其他代码
    //创建新的模型
    createModel();
}
```

步骤三：在 index.js 文件中，创建 isMent()函数，判断模型是否发生触碰。

（1）设置函数参数，x、y 表示 16 宫格将要移动到的位置，model 表示当前模型数据源将要完成的变化。

（2）遍历当前模型数据，判断 fixedBlocks 数组对应的行与列是否存在元素，如果存在函数返回值为 true，否则返回 false。

```
function isMent(x, y, model) {
     for (var k in model) {
          var blockModel = model[k];
          //先判断一维数组是否存在元素
          if(!fixedBlocks[y + blockModel[0]]) {
               return true;
          }
          //再判断二维数组里面是否存在元素
          if (fixedBlocks[y +blockModel[0]][x + blockModel[1]]) {
               return true;
          }
     }
     return false;
}
```

（3）在 move()函数顶部调用 isMent()函数，如果当前模型发生触碰，并且模型坐标在底部，使用 console.log()函数输出“发生了触碰”。

```
function move(x, y) {
    if (isMent(currentX + x, currentY + y, currentModel)) {
        if (y !== 0) {
            console.log("发生了触碰");
        }
    }
    ...... //省略其他代码
}
```

代码调试结果如图 6-71 所示。

图 6-71　方块触碰的示意图

（4）修改调试代码，调用 fixedBottonModel()函数固定模型，终止 move()函数执行。

```
function move(x, y) {
    if (isMent(currentX + x, currentY + y, currentModel)) {
         if (y !== 0) {
              //方块模型与底部发生了触碰
```

```
                fixedBottonModel();
            }
            return;
        }
    ...... //省略其他代码
}
```

步骤四：在 index.js 文件中，定义 deepClone(obj)函数，编辑 rotate()函数，判断方块模型旋转后是否发生触碰。

（1）定义一个深拷贝的函数，实现数据深拷贝。

```
function deepClone(obj) {
    var _obj = JSON.stringify(obj),
    cloneObj = JSON.parse(_obj);
    return cloneObj;
}
```

（2）在 rotate()函数中实例化 deepClone()函数。

```
//旋转模型
function rotate() {
    var cloneModels = deepClone(currentModel);
    //测试代码
    console.log(cloneModels);
    //遍历模型数据源
    ...... //省略其他代码
}
```

代码执行效果如图 6-72 所示。

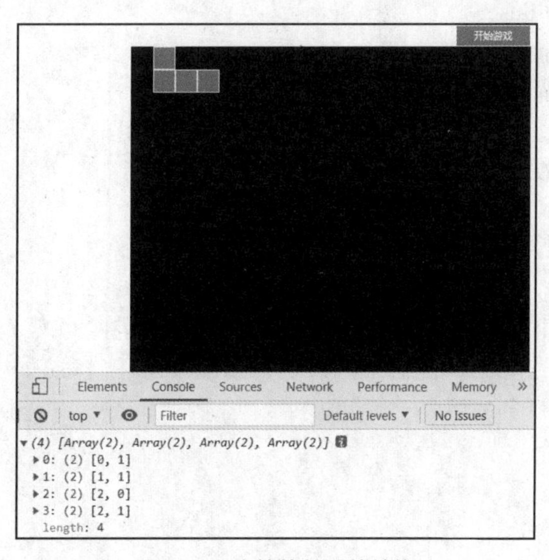

图 6-72　方块旋转后的结构

（3）在 rotate()函数中使用深拷贝过来的数据源 cloneModels 替换原有的数据源 currentModel。调用 isMent()函数设置参数为当前坐标 currentX、currentY。

```
//旋转模型
function rotate() {
var cloneModels = deepClone(currentModel);
    //测试代码
    console.log(cloneModels);
    //遍历模型数据源
    for(var key in currentModel) {
        //方块模型数据源
        var blockModel = currentModel[key];
        var temp = blockModel[0]
        //旋转前的行=旋转后的列
        blockModel[0] = blockModel[1];
        //旋转后的行=3-旋转前的行
        blockModel[1] = 3 - temp;
    }
    if(isMent(currentX, currentY, cloneModels)) {
        return;
    }
    //重新定位方块模型
    locationBlocks();
}
```

步骤五：在 index.js 文件中，创建 isRemoveLine() 函数，判断一行是否被铺满。

（1）遍历当前行数 H_COUNT 和当前列数 W_COUNT，创建变量 flag，默认设置为 true。获取二维数组 fixedBlocks 对应的行列，判断二维数组 fixedBlocks 对应坐标内是否存在值，如果存在设置 flag 值为 false。

```
function isRemoveLine() {
    //遍历所有行中的列
    for (var i = 0; i < H_COUNT; i++) {
        //标记符，假设当前行被铺满
        var flag = true;
        //遍历当前行中的所有行
        for (var j = 0; j < W_COUNT; j++) {
            //如果当前行中有一列没有数据就说明没有被铺满
            if(!fixedBlocks[i]) fixedBlocks[i] = [];
            if (!fixedBlocks[i][j]) {
                flag = false;
                break;
            }
        }
    }
    //判断 flag 值是否为 true
    if (flag) {
```

```
            //该行已经被铺满
            console.log("该行已经被铺满");
        }
}
```

（2）在 fixedBottonModel()函数中调用 isRemoveLine()函数。

```
function fixedBottonModel() {
    //...... 省略其他代码
    //判断是否要清理
    isRemoveLine();
    //创建新的模型
    createModel();
}
```

代码执行效果如图 6-73 所示。

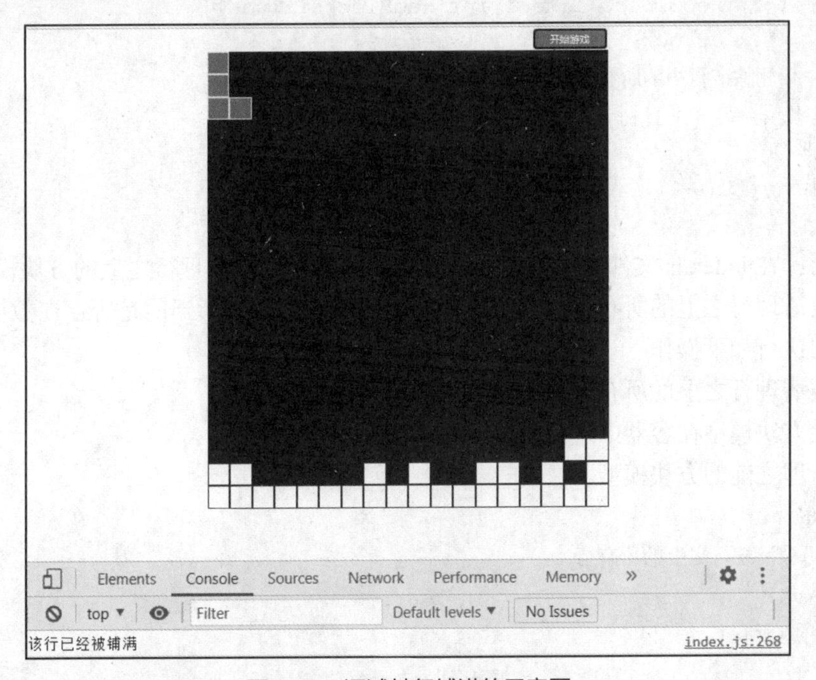

图 6-73　调试某行铺满的示意图

（3）如果当前行被铺满（flag 值为 true），执行清理被铺满的一行的 removeLine()函数，并将当前行的行数 i 作为参数。

```
function isRemoveLine() {
    //遍历所有行中的列
    for (var i = 0; i < H_COUNT; i++) {
    ...../省略其他代码
if (flag) {
            //该行已经被铺满
            //console.log("该行已经被铺满");
```

```
            //清理被铺满的行
            removeLine(i);
        }
    }
}
```

步骤六：在 index.js 文件中，创建 removeLine()函数，清理被铺满的一行。

（1）获取行号“i”，遍历该行中的所有列，使用 jQuery 的 DOM 操作 remove()方法删除该行节点。

（2）清理 fixedBlocks 二维数组中的数据。

```
function removeLine(line) {
    //遍历该行中的所有列
    for (var i = 0; i < W_COUNT; i++) {
        //清理该行中的所有方块模型
        if(!fixedBlocks[line-1]) fixedBlocks[line-1] = [];
        $(fixedBlocks[line-1][i]).remove();
        //删除该行中的所有方块模型的数据源
        fixedBlocks[line-1][i] = null;
    }
    downLine(line-1);
}
```

步骤七：在 index.js 文件中，创建 downLine()函数，让被清理行之上的方块模型下落。

遍历被清理行之上的所有行，遍历这些行中的所有列，判断当前是否存在数据，如果存在数据，则执行如下操作。

（1）被清理行之上的所有方块模型数据源所在的行数加 1。

（2）让方块模型在容器中进行下落。

（3）清理之前的方块模型。

```
function downLine(line) {
    //遍历被清理行之上的所有行
    for (var i = line - 1; i >= 0; i--) {
    //该行中所有列
        for (var j = 0; j < H_COUNT; j++) {
            if(!fixedBlocks[i]) fixedBlocks[i] = [];
            //假如不存在数据
            if (!fixedBlocks[i][j]) continue;
            //存在数据
            //①被清理行之上的所有方块模型数据源所在的行数加 1
            if(!fixedBlocks[i+1]) fixedBlocks[i+1] = [];
            fixedBlocks[i+1][j] = fixedBlocks[i][j];
            //②让方块模型在容器中进行下落
            fixedBlocks[i+1][j].style.top = (i + 1) * STEP + "px";
            //③清理之前的方块模型
```

```
                fixedBlocks[i][j] = null;
            }
        }
}
```

6.6 综合项目实训——《俄罗斯方块》之判断胜负

6.6.1 项目目标

- 掌握 jQuery DOM 操作。
- 掌握 jQuery 动画并能正确使用。
- 综合应用本单元知识和技能，在《俄罗斯方块》上一个工程基础上进行迭代开发，即判断胜负。

6.6.2 项目任务

1. 判断胜负

使用 jQuery 遍历元素，判断上边界是否有方块越界，即判断胜负如图 6-74 所示。

2. 结束游戏

如果有方块越界则游戏结束，使用 jQuery 动画提示本轮游戏结束，如图 6-75 所示。

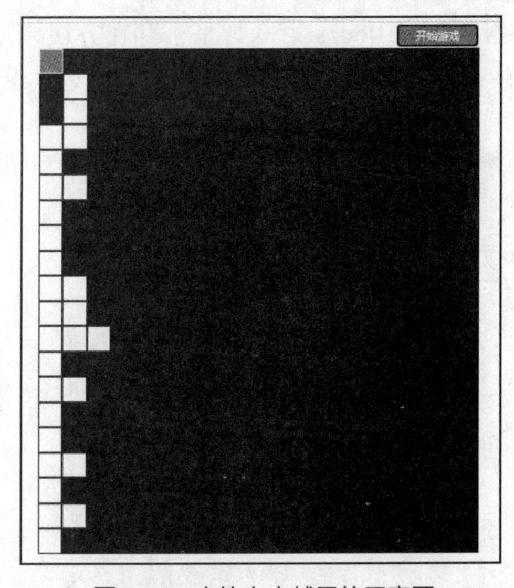

图 6-74　方块上方越界的示意图

图 6-75　游戏结束界面

6.6.3 设计思路

1. 创建 isGameOver()函数，用于判断游戏是否结束

（1）创建 isGameOver()函数，遍历行数，判断 fixedBlocks 二维数组中第 0 行是否存在方块模型，isGameOver()函数返回 true 表示游戏结束，若不存在方块模型，则返回 false。

（2）在生成模型前判断游戏是否结束（isGameOver()函数返回 true），如果游戏结束，终止 createModel()函数，调用 gameOver()函数。

2．游戏结束，创建 gameOver()函数，生成游戏结束提示框

（1）在 index.css 文件中设置 id 为#modal 提示框的样式，设置提示框为垂直居中浮动在页面中间，默认为隐藏状态。

（2）创建 gameOver()函数，使用 jQuery DOM 操作，在游戏区域生成提示框元素节点。提示内容为“本轮游戏结束！”。

（3）提示框默认为隐藏状态，使用 jQuery 动画显示提示内容。

（4）删除游戏区域内生成的方块模型。

（5）在开始游戏时清除页面中的提示框元素。

6.6.4　编程实现

1．步骤说明

在“消除方块”迭代工程基础上进行开发，步骤如下所示。

步骤一：创建 isGameOver()函数，判断游戏是否结束。

步骤二：创建游戏结束提示框。

步骤三：创建 gameOver()函数，结束游戏。

2．实现

步骤一：在 index.js 文件中，创建判断游戏是否结束的函数 isGameOver()。

（1）使用 for 语句遍历列数组，判断二维数组 fixedBlocks 第 0 行是否存在方块模型，如果存在则表示游戏结束，返回 true。如果不存在方块模型，则表示游戏还未结束，返回 false。

```
function isGameOver() {
     //当第 0 行存在方块模型的时候，表示游戏结束
     for (var i = 0; i < W_COUNT; i++) {
          //第 1 行的前四个存在方块模型时，无法再落下新元素，也表示游戏结束
          if(fixedBlocks[1][0]||fixedBlocks[1][1]||fixedBlocks[1][2]||
fixedBlocks[1][3]){
                return true;
          }
          if (fixedBlocks[0][i]) {
                 return true;
          }
     }
     return false;
}
```

（2）在 index.js 文件中，在 createModel()函数顶部调用 isGameOver()函数。

```
//根据模型的数据创建对应的方块模型
function createModel() {
     //判断游戏是否结束
     if(isGameOver()){
      console.log("本轮游戏结束！ ")
```

```
        }
    ...... //省略其他代码
}
```

代码执行效果如图 6-76 所示。

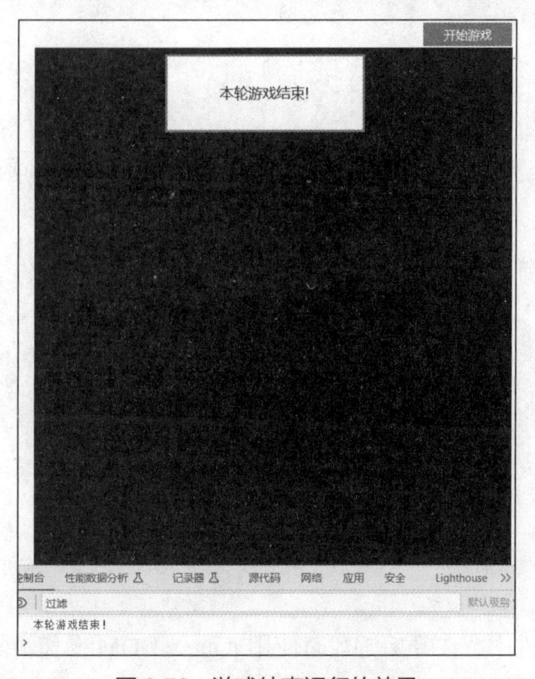

图 6-76 游戏结束运行的效果

步骤二： 打开 css 文件夹中的 index.css 文件，编辑提示框样式。

```
/*提示框*/
#modal{
   margin: auto;
   width: 200px;
   border: 3px solid cadetblue;
   padding: 30px 10px;
   position: fixed;
   margin-left: -122px;
   margin-top: -262px;
   text-align: center;
   left: 50%;
   top: 50%;
   background: #fff;
   display: none;
 }
```

步骤三： 创建 gameOver()函数，结束游戏。

（1）在 index.js 文件中，创建 gameOver()函数。校验页面是否存在提示框元素，如果不存在则使用 jQuery DOM 操作在页面游戏区添加提示框。使用 jQuery 动画显示隐藏的提示框元素，删除游戏区中方块模型。

```
function gameOver() {
    if($("#modal").length <= 0) {//校验页面是否存在提示框元素
    var modal = $("#container").append("<div id='modal'><p>本轮游戏结束!</p></div>");
    }
    //淡入效果显示提示框
    $("#modal").fadeIn(1000);
    $(".fixed_model").remove();
}
```

（2）isGameOver()返回 true 则表示游戏结束，调用 gameOver()函数，并终止创建模块函数 createModel()的执行。

```
//根据模型的数据创建对应的方块模型
function createModel() {
    //判断游戏是否结束
    if(isGameOver()){
    // console.log("本轮游戏结束！")
    gameOver();
            return;
        }
    ...... //省略其他代码
}
```

（3）在 index.js 文件中，在开始游戏时使用 jQuery DOM 操作清除页面中的提示框元素。

```
document.getElementById("start").onclick = function() {
    //清除已有提示框元素
    $("#modal").remove();
    .....//省略其他代码
}
```

单元小结

本单元讲解了 jQuery 的相关知识。jQuery 是一款优秀的 JavaScript 库，本单元主要介绍了 jQuery 选择器、使用 jQuery 操作 DOM、jQuery 事件处理机制、jQuery 动画及 AJAX 操作等。

通过本单元的学习，读者应能使用 jQuery 更高效地完成原生 JavaScript 的任务。